大模型应用开发

RAG 实战课

黄佳 | 著

人民邮电出版社
北京

图书在版编目（CIP）数据

大模型应用开发：RAG 实战课 / 黄佳著. -- 北京：人民邮电出版社, 2025. -- ISBN 978-7-115-67185-1

Ⅰ.TP391

中国国家版本馆 CIP 数据核字第 2025LP1196 号

内 容 提 要

在大模型逐渐成为智能系统核心引擎的今天，检索增强生成（RAG）技术为解决模型的知识盲区以及提升响应准确性提供了关键性的解决方案。本书围绕完整的 RAG 系统生命周期，系统地拆解其架构设计与实现路径，助力开发者和企业构建实用、可控且可优化的智能问答系统。

首先，本书以"数据导入—文本分块—信息嵌入—向量存储"为主线，详细阐述了从多源文档加载到结构化预处理的全流程，并深入解析了嵌入模型的选型、微调策略及多模态支持；其次，从检索前的查询构建、查询翻译、查询路由、索引优化，到检索后的重排与压缩，全面讲解了提高召回质量和内容相关性的方法；接下来，介绍了多种生成方式及 RAG 系统的评估框架；最后，展示了复杂 RAG 范式的新进展，包括 GraphRAG、Modular RAG、Agentic RAG 和 Multi-Modal RAG 的构建路径。

本书适合 AI 研发工程师、企业技术负责人、知识管理从业者以及对 RAG 系统构建感兴趣的高校师生阅读。无论你是希望快速搭建 RAG 系统，还是致力于深入优化检索性能，亦或是探索下一代 AI 系统架构，本书都为你提供了实用的操作方法与理论支持。

◆ 著　　黄　佳
　责任编辑　秦　健
　责任印制　焦志炜
◆ 人民邮电出版社出版发行　北京市丰台区成寿寺路 11 号
　邮编 100164　电子邮件 315@ptpress.com.cn
　网址 https://www.ptpress.com.cn
　雅迪云印（天津）科技有限公司印刷
◆ 开本：700×1000　1/16
　印张：22.5　　　　　2025 年 5 月第 1 版
　字数：476 千字　　　2025 年 5 月天津第 1 次印刷

定价：99.80 元

读者服务热线：(010)81055410　印装质量热线：(010)81055316
反盗版热线：(010)81055315

推荐语 RECOMMENDATION

在推进具身智能落地的实践中，RAG 技术正在重构机器人的知识处理范式。本书既有手把手的代码级指导，又包含架构设计的顶层思考，可作为 AI 工程师的案头工具书，也可作为 CTO 规划技术栈的决策参考。相信每一位追求智能系统实用价值的读者，都能从本书中获得跨越技术鸿沟的桥梁。

——宇树科技创始人兼 CEO　王兴兴

本书系统构建了 RAG 技术的完整实施框架，涵盖从数据预处理、文本分块到向量存储与检索优化的全流程技术架构。书中深入解析了 RAG 核心组件的运行机制，并结合可落地的性能评估体系，为开发者提供了构建智能知识系统的全周期方法论。同时，本书还展望了 GraphRAG、Multi-Modal RAG 等新一代知识引擎的发展趋势。无论是希望了解大模型相关知识的专业人士，还是探索 AI 应用创新的实践者，都能从本书中获得兼具理论与实践的指导。

——新浪微博首席科学家，AI 研发部负责人　张俊林

RAG 是一种非通用的实验性技术范式。在实际应用中，通常是为了满足具体业务需求而采用 RAG，而非围绕 RAG 来设计业务。这意味着需要针对不同的场景和问题进行专门的调整、优化，甚至定制化处理。《大模型应用开发 RAG 实战课》一书从实现原理到代码实践，全面介绍了 RAG 技术的应用方法，涵盖了数据导入、文本分块、信息嵌入、向量存储、检索、系统评估及复杂范式等全链路知识，非常适合初级者入门学习。理解这些原理是进行有效优化的基础，读者可以以本书为起点，通过大量实践来深化理解，一定会有所收获。

——360 人工智能研究院资深算法专家，老刘说 NLP 社区作者　刘焕勇

对大多数企业来说，要从大模型中获得生产力与提升运营效率，"招募"成千上万的数字员工是关键途径。然而，管理如此规模的数字员工队伍，即使对有管理万人团队经验的管理者来说，也是一个全新的挑战。企业不仅要借助大模型和流程编排工具，还需将这些技术与自身知识体系深度融合，具备幻觉对抗、权限控制、知识重构与解耦、自动更新以及过程可溯等能力，而实现这些目标的核心技术正是 RAG。《大模型应用开发 RAG 实战课》一书给我留下了深刻印象，尤其是咖哥精心绘制的技术图解。全书内容紧密贴合企业级 RAG 的实施路径，非常适合希望在

企业中落地 AI 能力的朋友细读参考。

——杭州萌嘉（TorchV）创始人兼 CEO　卢向东（@ 土猛的员外）

　　将大模型的通用智能与特定领域知识有效结合，是 AI 应用落地的核心挑战。RAG 为此提供了重要的工程框架。本书深入浅出地剖析了 RAG 的技术栈与实践要点，对致力于构建高性能、可信赖 AI 应用的工程师和架构师而言，极具参考价值。

——谷歌 AI 开发者专家，极客时间"AI 大模型系列训练营"作者　彭靖田

序
未来奔涌而来：从 RAG、AI Agent 到 MCP 和 A2A

这是最好的时代，

也是最坏的时代；

这是智慧之春，

也是愚昧之冬；

这是信仰的纪元，

也是怀疑的日子。

——查尔斯·狄更斯 《双城记》

好奇怪，大模型时代的时间流仿佛被加速了。

我的《大模型应用开发 动手做 AI Agent》于 2024 年 5 月出版之后，一系列新的模型、工具和架构如潮水般涌现。

OpenAI 的 o1/o3/o4 系列模型能实现深度推理与严谨分析；DeepSeek 的 V3/R1 以极低的训练成本和强大的推理能力，在一夜之间缩短了中美两国在 AI 大模型领域的差距；AI 编程工具 Cursor 可以快速生成和优化代码，几近替代了初级程序员的日常工作；Anthropic 的 Computer Use 和 OpenAI 的 Operator 能够通过屏幕控件直接操控计算机的操作界面；模型上下文协议（Model Context Protocol，MCP）强势登场，旨在为大语言模型（Large Language Model，LLM，简称大模型）提供一个标准化接口，使其能够直接连接并交互外部的数据源和工具；与此同时，Agent2Agent（简称 A2A）协议的推出为多智能体协同提供了开放标准，使得不同框架和供应商构建的智能体能够实现无缝通信。

每一项技术突破都如同汹涌的海浪，不断冲击并拓展着我们对于 AI 及大模型应用开发的认知边界。新模型迅速取代旧模型，甚至在其广为人知之前便已被更新的技术超越；新工具刚一推出，就有成百上千个类似的竞品紧随其后，令人目不暇接；一本关于新技术的图书尚未出版，可能就已经过时。这或许是技术人员的悲哀，但同时也是他们的幸运。

这是最坏的时代，这是最好的时代。

在这个呼啸奔腾的时代，我们置身于滚滚浪潮中，努力捕捉那些闪耀的浪花。这些代表着人类智慧结晶的技术成就，值得我们反复端详，思考它们的价值。

- 真希望，这些浪花具有代表性，能够在当下为技术人员提供实用指导，使基于大模型的开发变得更加清晰、便捷且得心应手。
- 真希望，这些浪花具有生命力，是能够在汹涌澎湃的浪潮中沉淀下来的底层技术核心，是能够持续创造实际价值的算法、框架和理论，而不是转瞬即逝的泡沫。

那么，一个关键问题摆在面前：技术人员如何在迅猛增长的知识浪潮中筛选精华，去除糟粕，深入理解大模型应用开发的本质？

我的看法是从两条主线出发。

第一条主线是利用大模型的逻辑思维和工具调用能力，在业务和产品的各个层次开发出具有Agentic（代理性）的应用。这一路径可以参考我在《大模型应用开发 动手做AI Agent》中引用并详细描述的"Agent演化过程的5个层级"。A2A协议的出现为这一方向注入了新的活力，它通过定义智能体之间的通信标准（例如Agent Card、任务管理和消息传递），使得不同框架下的智能体能够协同工作，并动态协商交互方式。

第二条主线是做好大模型时代的知识检索。通俗地说，可以将大模型视为一个汇聚了人类历史上所有智慧与知识的水晶球。然而，获取这些知识是有门槛且不易的。如何在特定的时间、场景、环境及企业需求下，快速而精准地获取所需的知识，正是大模型时代应用开发需要解决的核心问题。

基于大模型进行知识检索的应用开发，其复杂程度可高可低。从通过简单的提示词与大模型对话到涉及万亿参数的大模型训练与微调，只要你是通过大模型来获取所需的知识，就是在进行大模型应用开发。随着应用需求难度的增加，逐步引入更复杂的技术以充分发挥大模型的潜力变得尤为重要。

在此过程中，从简单到复杂，从通用到专业，存在一条重要的技术演进路径，覆盖了提示工程、检索增强生成（Retrieval-Augmented Generation，RAG）和模型微调这三大技术领域。

提示工程（Prompt Engineering）对模型和外部知识的改动需求较低，主要依靠大模型本身的能力；相比之下，一系列微调（Finetuning）技术则需要进一步训练模型，这对开发者提出了更高的技术要求，并增加了成本。RAG平衡了这两者的特点，对模型改动的需求相对较小，目前处于技术演进路径的核心位置，如图1所示。

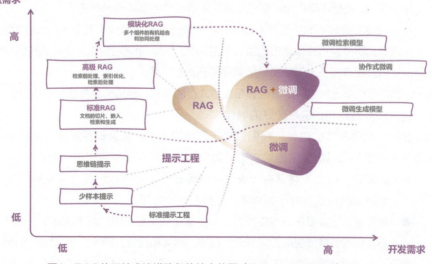

图1　RAG位于技术演进路径的核心位置（Fan, et al, 2024）

让我们从开发者的角度简单解读这条重要技术演进路径中的关键技术。

起步：标准提示工程

标准提示工程是大模型应用开发中的"Hello World"。如果你曾经在网页上直接与模型对话，那么恭喜你已经迈出了大模型应用开发的坚实第一步。

值得注意的是，尽管标准提示工程使用起来非常简单，但它并不意味着低效。朋友圈中广泛流传的"李继刚神级Prompt：汉语新解"就曾备受关注。该案例结合Claude 3.5 Sonnet模型展现出了令人惊艳的效果（见图2），其创意和巧妙之处让人耳目一新。

图2　大模型通过标准提示工程创建的文案

上面的提示词受到Lisp风格的启发，包含了一些Lisp语法元素的伪代码。这种设计旨在表达抽象的思想，并借用Lisp的语法元素来清晰地阐述概念和复杂的逻辑关系。当然，这段提示词也可以完全转换为自然语言，在网页中传递给大模型，让大模型根据这一思路解释新词。

此外，李继刚分享的关于提示词创作过程中的感悟[①]也给人留下了深刻印象：**并非大模型生成的内容缺乏创意，而是其创造潜力需依赖人类创造力的引导才能充分释放。**

因此，尽管标准提示工程看似基础，但它是通往更高级大模型应用开发的重要入口。

思维框架：提示工程的进阶之路

对于开发者，提示工程及其与大模型的交互往往通过程序代码和API（Application Program Interface，应用程序接口）调用来实现。随着对模型输出质量要求的提高，

---

① 李继刚在社交媒体上表达了自己编写提示词时的感受："如果只能用一个词来形容，那就是'压缩'。需要把大脑里的知识不断地浓缩，再浓缩，直到能用一个词来表达它。然后根据结果差异，再回到这个词，往深里想，找到一个更精准的词。整个过程中，脑子被压缩到爆炸，而最终形成的结果，就是看起来平平无奇的几十个字符。"

开发者很快就会意识到标准提示工程的局限性。因此，诸如少样本提示、思维链、思维树及 ReAct 等高级提示技术和大模型思维框架[①]应运而生。

图 3 所示的代码段展示了在调用 DeepSeek 大模型生成文案时，加入少样本提示示例和思维链[②]引导，可以更好地满足生成要求。

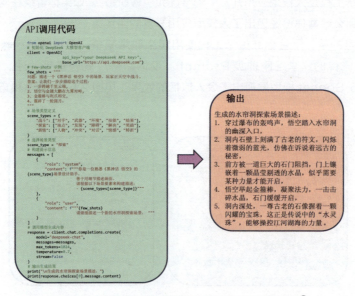

图3　通过程序代码和API调用来实现提示工程的过程[③]

通过少样本提示等方式建立起一套思维框架或思维协议，目的是将大模型的思维能力提升至一个新的高度。例如，涂津豪在 GitHub 网站上发布了一份名为"Thinking Claude"的指南和一个浏览器插件，该指南旨在指导 Claude 在回答之前进行深入且系统的思考。他说："我只想探索我们能用 Claude 的'深度思维'走多远。当你在日常任务中使用它时，你会发现 Claude 的内心独白（思考过程）非常有趣。"

而 DeepSeek-R1 在思维链引导下经过强化学习训练，能够在复杂问题的解答上展现出很强的推理能力。这恰恰证明了这种结合了提示工程与思维框架的方法，使得大模型能够更接近人类的思考方式，从而在文本创作、代码生成以及知识问答等任务中取得更好的效果。

---

① 李继刚的"汉语新解"提示词虽然简单，但也已经运用了少样本提示等技术。
② 关于少样本提示和思维链的更多知识，可以参考《大模型应用开发 动手做AI Agent》一书。
③ 请访问咖哥的GitHub仓库https://github.com/huangjia2019/rag-in-action以获取完整代码示例。

RAG：知识的跃迁

当应用需要引入大量外部知识时，RAG 成为关键。这是一种结合信息检索与生成式 AI 的技术框架，旨在通过从外部知识库中检索相关信息，增强大模型的生成能力，从而提高上下文相关性和回答的准确性。

RAG 的核心在于，当大模型面对一个问题时，并非依赖于其在训练过程中"记住"的知识来作答；相反，它可以访问一个外部知识库或文档集，从中检索与当前问题相关的片段，将这些最新或特定领域的外部信息纳入"思考过程"，然后再进行回答生成。换句话说，RAG 使大模型能够"查阅资料"，将静态、受限于训练时间的语言模型转变为能够动态获取信息、实时扩展知识的智能体。如此一来，对大模型的"闭卷考试"瞬间变成了"开卷考试"，可以想象这种变化对大模型应用效果提升的巨大潜力。

RAG 的核心组件包括知识嵌入、检索器和生成器。

- 知识嵌入（Knowledge Embedding）：读取外部知识库的内容并将其拆分成块，通过嵌入模型将文本或其他形式的知识转化为向量表示，使其能够在高维语义空间中进行比较。这些嵌入向量捕捉了句子或段落的深层语义信息，并被索引存储在向量数据库中，以支持高效检索。
- 检索器（Retriever）：负责从外部知识库（向量表示的存储）中查找与用户输入相关的信息。检索器采用嵌入向量技术，通过计算语义相似性快速匹配相关文档。常用的方法包括基于稀疏向量的 BM25 和基于密集向量的近似最近邻检索。
- 生成器（Generator）：利用检索器返回的相关信息生成上下文相关的答案。生成器通常基于大模型，在内容生成过程中整合检索到的外部知识，确保生成的结果既流畅又可信。

从 RAG 的执行流程来看，又可以将整个系统进一步细化为以下 10 个阶段。

- 数据导入（Loading）：将原始数据加载到系统中，通常包括多种格式的文档、数据库和文件。
- 文本分块（Chunking）：将大文档切分为易于处理的小块，以优化检索效率和信息嵌入。
- 信息嵌入（Embedding）：为每个文本块生成向量表示，捕捉其语义信息，便于高效检索。
- 向量存储（Vector Store）：存储生成的嵌入向量及其关联的原始文本，常用工具包括 Milvus、Pinecone 等。
- 检索前处理（Pre-Retrieval）：对查询进行预处理或转换，提升检索精度，例如通过查询扩展或语义重构。
- 基于索引的检索（Retrieval）：基于知识库构建时所设计的索引结构，从向量存储中查找最相关的文档，并返回给生成器。
- 检索后处理（Post-Retrieval）：对检索到的结果进行清洗、排序或格式化，以便生成器更好地利用。
- 响应生成（Generation）：生成器根据用户输入及检索结果生成最终答案。
- 系统评估（Evaluation）：对生成结果进行质量评估，包括准确性、一致性和覆盖率。
- 复杂检索策略和范式：在特定场景下，采取各种策略来优化整体性能，如与知识图谱结合、与自主代理结合进行多轮检索或多知识源检索。

RAG 是大模型时代应用开发的一项伟大创新，它弥补了大模型单纯靠参数记忆知识的不足，使之在应对不断变化或高度专业化的问题时具有更强的适应性和灵活性。因此，RAG 不仅提高了大模型回答的准确性、时效性和权威性，也为大模型落地各类垂直领域应用提供了广阔的空间和技术基础（见图4）。

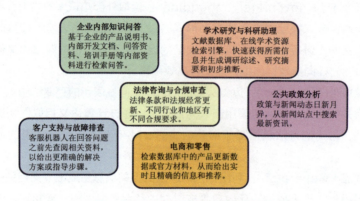

图4　RAG在各类垂直领域的应用场景

通过 RAG，我们真正实现了"模型的智力"与"人类知识宝库"的有机结合，使得智能系统更加紧密地嵌入实际业务流程，为用户提供始终符合时代、情境、专业要求的智慧服务。可以说，在当前阶段，我所接触到的大模型落地应用项目中，RAG 技术栈是最常被采用且最为扎实的选择，无论从项目数量还是应用质量上看，都超过了 AI Agent 这条开发路径。（当然，AI 知识检索和 AI Agent 这两条开发路径是你中有我，我中有你，并非互斥关系。）

微调：终点与新起点

当 RAG 技术手段仍不足以满足应用需求时，可以考虑微调。相比通过提示工程和 RAG 来优化输出，微调能够从底层直接改进模型的内在参数，使其对特定任务、领域和用例有更强的适应能力。

大模型的微调是一个与 RAG、AI Agent 开发都截然不同的技术栈，主要涉及深度学习和模型训练优化技术。本书并不过多讨论这些技术。此外,绝大多数"应用级别"的大模型开发也通常止步于微调。

微调和 RAG 并非没有交集,通过某些特定的微调策略,可将大模型嵌入特定业务场景中,提升 RAG 系统的性能。

AI Agent 与 RAG 的融合:双轮驱动

AI Agent 与 RAG 作为大模型应用开发的双轮驱动,正在经历深刻的融合。AI Agent 的代理属性使其能够主动执行任务、调用工具并与环境交互,而 RAG 通过知识检索为 AI Agent 提供了动态的外部信息支持。

二者的结合将催生更强大的智能体系统:AI Agent 不仅能"做事",还能"查资料"以确保决策的准确性和上下文相关性。例如,一个基于 RAG 的 AI Agent 在处理客户服务请求时,可以实时检索最新的产品文档或用户历史记录,从而生成更加精准的响应。

MCP 与 A2A:奔涌而来的未来

这种融合通过 MCP 和 A2A 协议的标准化接口得以进一步放大。MCP 为 AI Agent 和 RAG 系统提供了统一的外部数据和工具接入方式,通过标准化接口打破了模型与外部数据源之间的壁垒,使其能够无缝整合企业内部的数据库、API 及其他知识源。而 A2A 协议则更进一步,通过定义智能体间的通信规范解决了多智能体协作的痛点,使不同生态中的智能体能够"用同一种语言"沟通,协同完成复杂任务。

例如,一个基于 AutoGen 的财务分析 Agent 可以通过 A2A 协议与 LangGraph 驱动的市场预测 Agent 协作,实时共享任务状态,并结合 RAG 检索到的实时市场数据,共同生成综合报告。这种多智能体协同与知识增强的结合,正在将单一的 AI 应用推向分布式、模块化的智能生态,重塑 AI 应用的边界,推动从单体智能到协同智能网络的跃迁。

MCP 和 A2A 协议的出现,恰使 RAG 与 AI Agent 的应用如涓涓细流汇聚成汹涌的江河,为基于大模型的应用开发注入了全新的动能。未来的 AI 系统将不再是孤立的模型或应用,而是由无数智能体和知识模块组成的动态网络。开发者能够以前所未有的便捷性,将 AI Agent、RAG、MCP 和 A2A 协议的能力整合到业务场景中,构建出高效、灵活且可扩展的解决方案。

智能体不仅能通过 RAG 获取知识,还能通过 A2A 协议与其他智能体协同工作,并利用 MCP 接入全球化的数据和工具资源。在这一生态系统中,创新将以指数级速度涌现,企业和个人将共同见证 AI 潜力的全面释放。

上述从简单到复杂、从通用到专业的技术演进路径,正是大模型应用开发浪潮中最具代表性的底层内核。作为开发者，我们的任务是在这条技术演进的道路上不断学习、实践和创新。既要夯实那些经得起时间考验的技术基础，也要持续跟进并敏锐捕捉新技术带来的机遇与挑战，以充分发挥大模型的潜力，创造出对个体有用、对企业实用，乃至能够真正改变世界的应用。

RAG 作为这一路径的核心技术，尽管其潜力巨大且学习曲线相对平缓，但其所涵盖的技术栈特别广泛，实现过程也伴随着若干难点。数据导入需处理多源异构数据，确保清洗和标准化的高效性；查询预处理过程中的 Text2SQL 要求准确地将自然语言转换为结构化查询，以应对复杂的数据库模式和动态需求；索引的构建与优化则需要在语义准确性、查询速度和动态更新之间找到平衡。这些挑战构成了 RAG 开发的核心，也是开发者需要重点攻克的技术障碍。

在大模型时代，下定决心深入学习某项技术的内核是有风险的，因为一些未经充分验证的技术可能很快就会过时。鉴于时间有限而知识资源极其丰富，在选择学习的内容和方法时就需要更加审慎。因此，非常感谢你对我的信任。接下来，让我们一同开启 RAG 技术的大门，共同探索它所带来的无限可能。

黄佳
2025 年春

题记 EPIGRAPH

譬如为山，未成一篑，止，吾止也。譬如平地，虽覆一篑，进，吾往也。

——《论语·子罕》

自反而缩，虽千万人，吾往矣。

——《孟子·公孙丑上》

让我来解释一下这两段话，以及为什么我会选择这两段话作为这本书的开篇。

孔子说："堆土成山，只差一筐土便能完成，却停下来，这是我自己选择的停止。从平地开始，自第一筐土起，不断向上堆积，这是我自己选择的向前。"

曾子对子襄说："你有勇气吗？我曾经在孔子那里听到过关于大勇的道理：反省自己觉得理亏时，即便面对普通百姓，我难道就不感到害怕吗？反省自己觉得理直时，纵然面对千万人，我也勇往直前。"

技术图书的写作并非易事，在大模型辅助写作的时代，尤其需要保持真诚。从《零基础学机器学习》起步，梯度下降算法引领我进入了一个崭新的成长与学习的世界；《数据分析咖哥十话 从思维到实践促进运营增长》则是我尝试把机器学习技术应用于更广阔数据世界的一次实践；大模型的出现改变了这一切，我试图通过《GPT 图解 大模型是怎样构建的》一书揭开其神秘面纱，让普通读者能够理解其训练原理的精妙之处；而《大模型应用开发 动手做 AI Agent》恰逢其时地问世，与《大模型应用开发 RAG 实战课》一道，为大模型技术的落地实操提供了完整的解决方案——这些图书远非完美，但它们都是我真诚的技术分享。孔子和孟子所言的"真诚"与"勇气"，贯穿于我的求学与创作旅程中的每一天。

《大模型应用开发 RAG 实战课》是我写作生涯中迄今为止投入精力最多的作品，或许也是原创性最强的一部。面对一个既崭新又非常实用的主题，我试图构建一个适合初学者理解的认知框架，将各个组件逐一拆解讲解，同时展示它们如何整合在一起。在书中，我没有局限于 LangChain 或 LlamaIndex 等具体的 RAG 框架，也没有拘泥于 DeepSeek 或 OpenAI GPT 等特定模型，更没有追逐热点或急于求成，而是努力构建整个 RAG 技术栈的认知体系和底层架构。然而，当书稿最终完成并交到编辑手中时，我突然感到书中的各个章节似乎还不够透彻。随着我个人学习的速度以及技术的进展，在回顾某些技术栈时，我觉得仍有未尽之处——如果能写得更加深入该有多好。

我对自己所做的事情充满了信心，同时也感到忐忑不安，不确定这些作品是否真的能为读者带来价值。在本书即将问世的这一刻，我用孔子、曾子和孟子的精神来激励自己："虽千万人，吾往矣！"

也以此与大家共勉：可以不完美，但既然选择向前，就要真诚而勇敢。

目录 CONTENTS

楔子　闹市中的古刹	001
开篇　RAG 三问	003

一问　从实际项目展示到底何谓 RAG　　003

文档的导入和解析	005
文档的分块	005
文本块的嵌入	006
向量数据库的选择	006
文本块的检索	007
回答的生成	008

二问　如何快速搭建 RAG 系统　　008

使用框架：LlamaIndex 的 5 行代码示例	008
使用框架：LangChain 的 RAG 实现	011
使用框架：通过 LCEL 链进行重构	016
使用框架：通过 LangGraph 进行重构	018
不使用框架：自选嵌入模型、向量数据库和大模型	020
使用 coze、Dify、FastGPT 等工具	023

三问　从何处入手优化 RAG 系统　　025

第 1 章　数据导入　　028

1.1　用数据加载器读取简单文本　　030

1.1.1　用 LangChain 读取 TXT 文件，以生成 Document 对象	030
1.1.2　LangChain 中的数据加载器	031
1.1.3　用 LangChain 读取目录中的所有文件	032
1.1.4　用 LlamaIndex 读取目录中的所有文档	034
1.1.5　用 LlamaHub 连接 Reader 并读取数据库条目	036
1.1.6　用 Unstructured 工具读取各种类型的文档	038

1.2　用 JSON 加载器解析特定元素　　040

1.3　用 UnstructuredLoader 读取图片中的文字　　042

1.3.1　读取图片中的文字	042

1.3.2	读取 PPT 中的文字	043
1.4	**用大模型整体解析图文**	**044**
1.5	**导入 CSV 格式的表格数据**	**048**
1.5.1	使用 CSVLoader 导入数据	048
1.5.2	比较 CSVLoader 和 UnstructuredCSVLoader	050
1.6	**网页文档的爬取和解析**	**051**
1.6.1	用 WebBaseLoader 快速解析网页	051
1.6.2	用 UnstructuredLoader 细粒度解析网页	052
1.7	**Markdown 文件标题和结构**	**054**
1.8	**PDF 文件的文本格式、布局识别及表格解析**	**057**
1.8.1	PDF 文件加载工具概述	057
1.8.2	用 PyPDFLoader 进行简单文本提取	059
1.8.3	用 Marker 工具把 PDF 文档转换为 Markdown 格式	060
1.8.4	用 UnstructuredLoader 进行结构化解析	063
1.8.5	用 PyMuPDF 和坐标信息可视化布局	069
1.8.6	用 UnstructuredLoader 解析 PDF 页面中的表格	072
1.8.7	用 ParentID 整合同一标题下的内容	073
1.9	**小结**	**075**
第 2 章	**文本分块**	**077**
2.1	**为什么分块非常重要**	**077**
2.1.1	上下文窗口限制了块最大长度	078
2.1.2	分块大小对检索精度的影响	079
2.1.3	分块大小对生成质量的影响	081
2.1.4	不同的分块策略	081
2.1.5	用 ChunkViz 工具可视化分块	082
2.2	**按固定字符数分块**	**083**
2.2.1	LangChain 中的 CharacterTextSplitter 工具	083
2.2.2	在 LlamaIndex 中设置块大小参数	085
2.3	**递归分块**	**085**
2.4	**基于特定格式分块**	**086**
2.5	**基于文件结构或语义分块**	**088**
2.5.1	利用 Unstructured 工具基于文档结构分块	088
2.5.2	利用 LlamaIndex 的 SemanticSplitterNodeParser 进行语义分块	089
2.6	**与分块相关的高级索引构建技巧**	**090**

2.6.1	带滑动窗口的句子切分	090
2.6.2	分块时混合生成父子文本块	091
2.6.3	分块时为文本块创建元数据	092
2.6.4	在分块时形成有级别的索引	094
2.7	小结	095

第 3 章 信息嵌入 — 097

3.1	嵌入是对外部信息的编码	097
3.2	从早期词嵌入模型到大模型嵌入	100
3.2.1	早期词嵌入模型	101
3.2.2	上下文相关的词嵌入模型	102
3.2.3	句子嵌入模型和 SentenceTransformers 框架	102
3.2.4	多语言嵌入模型	104
3.2.5	图像和音频嵌入模型	105
3.2.6	图像与文本联合嵌入模型	105
3.2.7	图嵌入模型和知识图谱嵌入模型	106
3.2.8	大模型时代的嵌入模型	107
3.3	现代嵌入模型：OpenAI、Jina、Cohere、Voyage	107
3.3.1	用 OpenAI 的 text-embedding-3-small 进行产品推荐	108
3.3.2	用 jina-embeddings-v3 模型进行跨语言数据集聚类	110
3.3.3	MTEB：海量文本嵌入基准测试	112
3.3.4	各种嵌入模型的比较及选型考量	114
3.4	稀疏嵌入、密集嵌入和 BM25	115
3.4.1	利用 BM25 实现稀疏嵌入	116
3.4.2	BGE-M3 模型：稀疏嵌入和密集嵌入的结合	118
3.5	多模态嵌入模型：Visualized_BGE	119
3.6	通过 LangChain、LlamaIndex 等框架使用嵌入模型	120
3.6.1	LangChain 提供的嵌入接口	120
3.6.2	LlamaIndex 提供的嵌入接口	121
3.6.3	通过 LangChain 的 Caching 缓存嵌入	122
3.7	微调嵌入模型	123
3.8	小结	127

第 4 章 向量存储 — 128

4.1	向量究竟是如何被存储的	129
4.1.1	从 LlamaIndex 的设计看简单的向量索引	129

4.1.2	向量数据库的组件	133
4.2	**向量数据库中的索引**	**135**
4.2.1	FLAT	136
4.2.2	IVF	137
4.2.3	量化索引	137
4.2.4	图索引	138
4.2.5	哈希技术	139
4.2.6	向量的检索（相似度度量）	140
4.3	**主流向量数据库**	**141**
4.3.1	Milvus	141
4.3.2	Weaviate	141
4.3.3	Qdrant	142
4.3.4	Faiss	142
4.3.5	Pinecone	142
4.3.6	Chroma	142
4.3.7	Elasticsearch	143
4.3.8	PGVector	143
4.4	**向量数据库的选型与测评**	**143**
4.4.1	向量数据库的选型	144
4.4.2	向量数据库的测评	146
4.5	**向量数据库中索引和搜索的设置**	**146**
4.5.1	Milvus 向量操作示例	147
4.5.2	选择合适的索引类型	151
4.5.3	选择合适的度量标准	158
4.5.4	在执行搜索时度量标准要与索引匹配	161
4.5.5	Search 和 Query：两种检索方式	164
4.6	**利用 Milvus 实现混合检索**	**165**
4.6.1	浮点向量、稀疏浮点向量和二进制向量	166
4.6.2	混合检索策略实现	167
4.6.3	利用 Milvus 实现混合检索系统	168
4.7	**向量数据库和多模态检索**	**173**
4.7.1	利用 Visualized BGE 模型实现多模态检索	173
4.7.2	利用 ResNet-34 提取图像特征并检索	179
4.8	**RAG 系统的数据维护及向量存储的增删改操作**	**182**
4.8.1	RAG 系统中的数据流维护与管理	182

4.8.2	Milvus 中向量的增删改操作	183
4.8.3	向量数据库的集合操作	184
4.9	小结	186

第 5 章　检索前处理　187

5.1	查询构建——以自然语言提问	188
5.1.1	Text-to-SQL——从自然语言到 SQL 的转换	189
5.1.2	Text-to-Cypher——从自然语言到图数据库查询	201
5.1.3	Self-query Retriever——自动从查询中生成元数据过滤条件	204
5.2	查询翻译——更好地阐释用户问题	210
5.2.1	查询重写——将原始问题重构为合适的形式	210
5.2.2	查询分解——将查询拆分成多个子问题	212
5.2.3	查询澄清——逐步细化和明确用户的问题	214
5.2.4	查询扩展——利用 HyDE 生成假设文档	219
5.3	查询路由——找到正确的数据源	221
5.3.1	逻辑路由——决定查询的路径	221
5.3.2	语义路由——选择相关的提示词	222
5.4	小结	224

第 6 章　索引优化　226

6.1	从小到大：节点 - 句子滑动窗口和父子文本块	226
6.1.1	节点 - 句子滑动窗口检索	227
6.1.2	父子文本块检索	230
6.2	粗中有细：利用 IndexNode 和 RecursiveRetriever 构建从摘要到细节的索引	232
6.3	分层合并：HierarchicalNodeParser 和 RAPTOR	236
6.3.1	利用 HierarchicalNodeParser 生成分层索引	236
6.3.2	利用 RAPTOR 递归生成多层级索引	240
6.4	前后串联：通过前向 / 后向扩展链接相关节点	241
6.5	混合检索：提高检索准确性和扩大覆盖范围	245
6.5.1	利用 Ensemble Retriever 结合 BM25 和语义检索	245
6.5.2	利用 MultiVectorRetriever 实现多表示索引	250
6.5.3	混合查询和查询路由	251
6.6	小结	252

第 7 章　检索后处理　253

7.1	重排	254
7.1.1	RRF 重排	254

7.1.2	Cross-Encoder 重排	259
7.1.3	ColBERT 重排	261
7.1.4	Cohere 重排和 Jina 重排	264
7.1.5	RankGPT 和 RankLLM	266
7.1.6	时效加权重排	268

7.2 压缩   270

7.2.1	Contextual Compression Retriever	271
7.2.2	利用 LLMLingua 压缩提示词	272
7.2.3	RECOMP 方法	275
7.2.4	Sentence Embedding Optimizer	275
7.2.5	通过 Prompt Caching 记忆长上下文	276

7.3 校正   277

7.4 小结   286

第 8 章   响应生成   287

8.1 通过改进提示词来提高大模型输出质量   288

8.1.1	通过模板和示例引导生成结果	288
8.1.2	增强生成的多样性和全面性	289
8.1.3	引入事实核查机制以提升真实性	290

8.2 通过输出解析来控制生成内容的格式   290

8.2.1	LangChain 输出解析机制	291
8.2.2	LlamaIndex 输出解析机制	291
8.2.3	OpenAI 的 JSON 模式和结构化输出	294
8.2.4	Pydantic 解析	295
8.2.5	Function Calling 解析	297

8.3 通过选择大模型来提高输出质量   298

8.4 生成过程中的检索结果集成方式   300

8.4.1	输入层集成	301
8.4.2	输出层集成	301
8.4.3	中间层集成	301

8.5 Self-RAG：自我反思式生成   302

8.6 RRR：动态生成优化   303

8.7 小结   304

第 9 章   系统评估   305

9.1 RAG 系统的评估体系   306

9.1.1	RAG 的评估数据集	306
9.1.2	检索评估和响应评估	307
9.1.3	RAG TRIAD：整体评估	308

9.2　检索评估指标　　308

9.2.1	精确率	309
9.2.2	召回率	310
9.2.3	F1 分数	310
9.2.4	平均倒数排名	310
9.2.5	平均精确率	311
9.2.6	P@K	311
9.2.7	文档精确率、页面精确率和位置文档精确率	311

9.3　响应评估指标　　313

9.3.1	基于 n-gram 匹配程度的指标	313
9.3.2	基于语义相似性的指标	315
9.3.3	基于忠实度或扎实性的指标	316

9.4　RAG 系统的评估框架　　318

9.4.1	使用 RAGAS 评估 RAG 系统	318
9.4.2	使用 TruLens 实现 RAG TRIAD 评估	321
9.4.3	DeepEval：强大的开源大模型评估框架	324
9.4.4	Phoenix：交互式模型诊断分析平台	325

9.5　小结　　326

第 10 章　复杂 RAG 范式　　327

10.1	GraphRAG：RAG 和知识图谱的整合	328
10.2	上下文检索：突破传统 RAG 的上下文困境	329
10.3	Modular RAG：从固定流程到灵活架构的跃迁	330
10.4	Agentic RAG：自主代理驱动的 RAG 系统	331
10.5	Multi-Modal RAG：多模态检索增强生成技术	331
10.6	小结	332

参考文献　　334

后记　一期一会　　337

楔子

闹市中的古刹

秋天是北京最好的季节。天高云淡，阳光温暖而柔和，洒在大地上，为城市披上一层金色的薄纱。街道两旁的银杏树渐渐变黄，叶子在微风中沙沙作响，时不时有几片缓缓飘落，宛如一封封写满秋日诗意的信笺，轻盈地铺在地上。

没有春天的风沙、夏季的闷热，也没有冬日的严寒。现在空气清新，微风带着一丝丝凉意，吹拂过小雪的脸庞，她的精神为之一振。午饭后走回公司，穿过一条小胡同，看着阳光透过树叶斑驳地洒在老墙上，耳边偶尔传来远处的鸟鸣，宁静而悠然。她的心情也是怡然自得的，因为有一件开心的事儿，她要赶回去和创业搭档咖哥及小冰姐分享（见图1）。

图1　小雪穿梭在小胡同中

咖哥和小冰果然都在，看到小雪进来，齐声开口。

咖哥：项目谈得怎么样？

小冰：到底是哪个客户，这么重要，突然神秘兮兮地约人家吃午餐，连我们俩都不带上？

小雪：嘿嘿，不是我约客户，是客户约我。他们上午去法源寺参观考察，刚巧知道咱们公司在附近，就喊了我过去聊聊。我想着怎么说也得请人家吃顿饭，如果带上你们俩，不是增加成本吗？

咖哥：啥？

小雪：哪承想，人家怎么也不让我买单。唉，早知如此，我就带上你们俩了……

小冰：这！

小雪：哈哈。不过，今天我还真长知识了。他们告诉我，咱们公司附近的法源寺是北京市历史悠久的唐代古刹。我们在这里创业一年多，还不曾去拜访过这座名刹（见图2）。

小雪：还有另一件事。咖哥、小冰，咱仨创业这一年多来也够辛苦的，大家都很疲惫。开发团队前一阵子连续熬夜，我都看在眼里。作为

图2　法源寺，又称悯忠寺，是北京市历史悠久的佛寺

CEO，我觉得是时候给大家安排一次团建了。公司里都是年轻人，你们看，咱们下个月安排一次山西之旅，好好玩几天如何？

咖哥和小冰面面相觑，心里都在想：小雪自从创业以来，对花钱的事情一直都很谨慎，怎么突然如此大方？团建的话，去京郊的野三坡、苟各庄，远一点的话，去灵山、金山岭，住一两晚也就可以了。这十来号人去山西一趟，得花多少钱？

看到咖哥和小冰的疑惑，小雪又哈哈笑了起来。

小雪：实话实说啦！其实，我刚刚和来自山西文旅宣传部门的同志签了一个大型的 AI+ 文旅项目。说起来，这件事和《黑神话：悟空》的突然爆火有关。

咖哥和小冰：《黑神话：悟空》？

图3　游戏《黑神话：悟空》带火山西旅游

小雪：对呀，《黑神话：悟空》带火了山西旅游（见图3）。山西文旅部门的同志就想借着这个机会把这把火烧得更旺一些。之前，我在一些 AI 论坛和峰会上介绍过我们之前做的几个文旅相关的项目，例如智能导游、智能解说、景点知识问答库等，刚好也认识了山西文旅部门的赵书记。这一次，赵书记来北京开会，今天的行程是参观法源寺，同时也就和我敲定了一个即将开展的大项目。赵书记说，下个月邀请我们项目组的所有小伙伴去山西实地考察，结合我们之前做的 AI 文旅项目经验，好好挖掘一下山西省的旅游文化资源……

咖哥：我说呢。我觉着小雪作为咱公司的 CEO，不可能白白花投资人的钱带大家去那么远的地方团建。说到最后，其实还是去做项目，给你卖苦力啊。不过，这个项目还真不是一般的卖苦力，一边做项目一边到此一游，还能熏陶一下中华传统文化，我求之不得。

小雪：那就好。既然咖哥求之不得，今天晚上你就加班吧，人家已经把第一个需求发过来了。客户让你基于这几份文档，搭建一个智能问答检索系统的基本流程和框架。过两天就要看效果，我已经夸下海口，说咖哥干活快。你现在就加班完成一下吧。

咖哥：好嘞！

开篇

RAG 三问

咖哥的效率果然很高,仅仅用了一个星期,他连基于《黑神话:悟空》知识库的 RAG 系统(见图 0-1)都搭建好了。

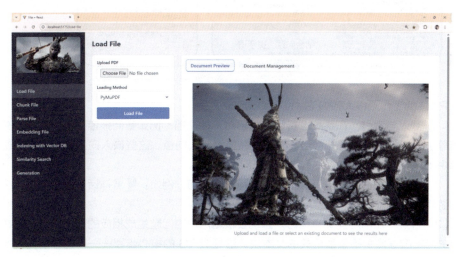

图 0-1 咖哥开发的 RAG 系统

小雪:咖哥,给小冰和其他同事讲一讲这个系统是如何构建的。

咖哥:当然可以,让我们从 3 个与 RAG 相关的基本问题开始。

一问 从实际项目展示到底何谓 RAG

何谓 RAG?

咖哥
发言

RAG(Retrieval-Augmented Generation)是一种提高大模型回答质量和准确性的技术方法。简单来说,它将语言模型(如 GPT 类模型)与检索系统(如向量数据库)相结合,从而使模型在生成回答时可以直接访问与用户问题相关的外部知识或文档数据。RAG 的工作流程如图 0-2 所示。

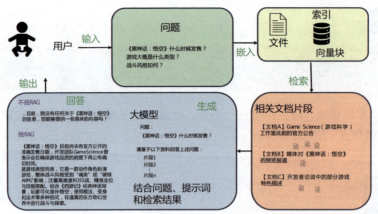

图0-2 RAG的工作流程

RAG的工作流程大致如下。

（1）**嵌入与索引**：在系统准备阶段，已对一批文档（例如新闻报道、博客文章、分析报告等）进行分块处理，并将这些文本块转换为嵌入向量。这些嵌入向量会存储在向量数据库中（这个过程也称为索引），以便用于后续检索。

（2）**用户输入**：用户向系统提出一个问题或查询。例如：" 《黑神话：悟空》是什么类型的游戏？"

（3）**检索**：在用户提交查询时，系统会根据用户的问题生成相应的查询向量，并在已建立的向量数据库中检索最相关的文本块。这是RAG的核心步骤——在回答前先查找适合的外部信息。

（4）**生成并输出**：将用户原始问题和检索到的文本块一并传递给大模型。大模型在接收到相关上下文信息后，整合用户问题与检索到的信息，生成更准确的回答。在这一过程中，大模型的回答不仅依赖其自身的参数与训练记忆，还结合了更新、更权威的外部参考资料。

RAG通过将信息检索和文本生成相结合，使得大模型的回答更有依据且上下文相关，从而提高了回答的质量、可靠性和即时性。

那么，RAG系统究竟长什么样？如何设计？如果使用LangChain、LlamaIndex、Dify或者Ragflow等框架，可以在30 min之内构建一个RAG系统，但这样做会掩盖很多底层细节，不利于深入探究技术细节。

实际上，咖哥手动构建了一个简易且自主的RAG框架[①]。这个框架并不依赖LangChain或者LlamaIndex等任何开源RAG框架。它有利于在做项目时调试不同的配置，比较不同的文档导入工具、分块工具及向量数据库，选择更合适的嵌入模型以及生成模型，这也有利于帮助理解RAG系统的设计细节。

接下来用这个简易的《黑神话：悟空》问答系统带你一窥RAG系统框架。

---

① 关于RAG框架完整代码示例，请访问咖哥的GitHub仓库https://github.com/huangjia2019/rag-project01-framework。

文档的导入和解析

在这个阶段，你需要将原始数据（如 PDF 文件、纯文本文件、HTML 文件甚至图片中的文本）加载到系统中，以便后续进行分块和处理。就像图 0-3 展示的界面一样，这个简单的 RAG 系统支持从本地上传 PDF 文件，然后根据不同的解析方式加载文档。目前，这个系统支持 PyMuPDF、PyPDF、Unstructured 等不同的文档解析工具。当然，你也可以添加更多的文档解析工具。

图 0-3　文档的导入和解析

不同的文档解析工具有各自的特点。在实际项目中，文档格式、结构和排版方式的不同，会导致文本提取质量的差异。下面列举了 3 款文档解析工具的特点。

- PyMuPDF：基于 MuPDF 引擎，通常对 PDF 文件的解析准确且高效，但在处理复杂排版时，可能会出现字符错位或者换行混乱的问题。
- PyPDF：作为一款更基础的 Python PDF 文件解析工具，它对简单的 PDF 文件处理效果良好。然而，在面对扫描版 PDF 文件或者具有复杂格式的文件时，其解析质量可能不及 MuPDF。
- Unstructured：这款工具不仅能解析 PDF 文件，还支持解析各种类型的文件，如 HTML 文件、Word 文档、电子邮件等，并能提供更为高级的结构化输出。对于非 PDF 格式的文档，或者需要对文档结构（如标题、段落、列表等）进行更细粒度的控制时，它具有明显的优势。

在《黑神话：悟空》问答系统中，会将游戏官方发布的一些游戏设定文档、媒体采访稿、预告片文案或相关背景资料通过这些工具加载进来。具体到各种类型文件如何载入，以及各种解析工具的使用方法，包括解析表格、图片等细节，将会在后续内容中详细讲解。

文档的分块

文档成功导入并被解析为纯文本之后，下一步是对文本进行合理的切分（见图 0-4）。这是因为在进行检索增强生成时，大模型需要从外部存储中迅速找到与用户查询最相关的文本片段。常见的做法是将长文档切分成较小的文本块，每个文本块可能包含几百个字符或几句话。

图 0-4　文档的分块

为何要进行分块？

长文档无法一次性全部加载到大模型的上下文中，即便可以这样做，也非常耗费资源。此外，将长文档切分成多个文本块后，可以对每个文本块独立执行嵌入操作和建立向量索引。在检索阶段，只需将用户查询的向量与这些文本块向量进行计算（例如采用相似度

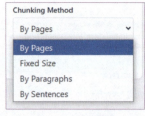

图0-5 分块策略

计算），即可快速找到最为相关的文本段落。

另外，存在多种分块策略，如图0-5所示。例如，对于PDF文件，可以根据页码进行分块（如By Pages），以保留原始的版面布局和分页逻辑。也可以根据固定的字符数或Token数来切分文本，均衡控制每个文本块的大小，便于计算嵌入并进行向量化处理。然而，这种方法可能会破坏句子或段落的语义完整性，因此，依据自然结构（如按照段落、句子）进行切分，更加符合文本的语义构造，使得检索出的内容在语义上更加连贯，更易于大模型理解和回应。

选择合适的分块策略时，应在语义完整性和检索粒度之间寻求平衡。关于这些细节知识，我们将在后续内容中详细探讨。

文本块的嵌入

接下来，通过嵌入模型对每个文本块进行向量嵌入，将文本转换为高维向量表示（见图0-6），随后这些向量会被存储到向量数据库中。嵌入模型的选择是可配置的，例如，可以选择OpenAI的text-embedding-3-large、Hugging Face基于transformers库的嵌入模型（如sentence-transformers）、智源研究院的BGE模型、阿里巴巴通义实验室的GTE模型，以及由Cohere、VoyageAI、Jina等提供的嵌入模型。

图0-6 文本块的嵌入

在这个自建的RAG系统中，分块完成后咖哥会调用一个嵌入模型，将每个文本块转换成向量。在代码层面，可以灵活配置和替换嵌入模型。例如，可以先使用OpenAI的embedding服务测试效果，然后切换到本地部署的sentence-transformers模型，以观察差异。

向量数据库的选择

将文本块转换成向量后，将其存储在哪里？接下来该向量数据库上场了。在这一阶段，咖哥会将得到的文本块向量及其关联的元数据（例如所属文档ID、段落位置、主题标签等）写入向量数据库。

向量数据库有多个选择，如图0-7所示。

- Faiss：由Meta开源的轻量级向量检索库，适合本地快速搭建。
- Pinecone、Weaviate和Qdrant：均为云端或本地环境下的先进向量数据库方案，提供丰富的API（Application Program Interface，应用程序接口）和可扩展性。
- Milvus：一款国产开源向量数据库，提供优化的大规模相似度检索策略。

图0-7 向量数据库的选择

在开发原型系统时，可以先选用 Faiss 或 Chroma 这种简单易用的向量数据库，以便快速迭代和调试。当准备部署到生产环境时，再切换到更强大的向量数据库，如 Milvus 及其完全托管版本 Zilliz Cloud。

索引是向量数据库用来高效存储和检索嵌入向量的底层数据结构。它通过组织向量数据，使得在大规模数据中查找相似向量的操作既快速又节省资源。多数向量数据库支持多种索引结构。

- 平铺索引：也称为扁平索引、线性索引或全量索引等，意味着不必对数据进行降维、压缩或聚类等预处理，直接将所有向量存储在一个平面内，逐一计算查询向量与所有存储向量的距离，以找到最相似的结果。
- 聚类索引：采用聚类算法（如 k-means）将向量划分为多个簇，在查询时首先定位到最近的簇，然后仅在该簇内执行搜索。
- 量化索引：采用量化技术对向量数据进行压缩存储，同时减少检索过程中的计算复杂度。
- 图结构索引：这是一种基于图结构的索引方法，通过构建向量间的近邻图来迅速定位相似向量。

关于向量数据库的选择和索引设置的细节，将在后续内容中详细探讨。

文本块的检索

检索（Retrieval，或称相似度检索）是整个 RAG 系统中至关重要的一步，其目的是从庞大的向量数据库中迅速找到与用户问题（也称为查询）最相关的信息，为后续生成回答提供上下文支持。

当用户输入问题（例如"悟空的战斗工具是什么？"）时，系统会首先通过嵌入模型将这段自然语言转化为一个高维向量（见图 0-8）。这个向量在语义空间中代表用户的查询意图，以便与向量数据库中的文本向量进行相似度匹配。

在检索页面中，用户可以设置以下关键参数。

- Top K：指定返回的相关结果数量，例如返回相似度最高的 3 个结果。
- Similarity Threshold（相似度阈值）：设定一个界限，只有相似度分数达到或超过此界限的结果才会被返回。
- Minimum Word Count（最小词数）：通过限制文本块的最小长度，避免返回过于简短或不完整的内容。

图0-8　文本块的检索

系统会在选定的向量数据库中对查询向量执行相似度检索，返回与其语义最接近的文本块。这一步利用之前存储的向量索引结构，实现了高效检索。

检索到的文本块会根据相似度分数进行排序，排序后的列表可以在后台查看，也可以直接作为查询结果呈现给用户。更为常见的情况是，这些检索结果将作为上下文输入生成步骤，供大模型进一步优化答案。

回答的生成

在检索完成后,系统将进入生成阶段。生成界面(见图0-9)会自动把检索到的相关文本块传递给大模型,作为上下文输入,并与用户的问题结合,形成完整的输入信息。然后,系统利用大模型和检索到的文本块来生成针对用户问题的回答。

图0-9 传入大模型的检索结果(右上)和生成的回答(右下)

生成模块的设计重点在于选择合适的大模型。例如,OpenAI 的 GPT 系列模型和 Anthropic 的 Claude 系列模型适用于追求高质量回答的场景;Llama 和 Qwen 系列模型由于其免费开源的特点,适合需要灵活部署的情况;DeepSeek、Kimi 和 ChatGLM 等中文模型则更适合中文场景的应用,同时支持本地高效运行。用户可以切换不同的模型,并比较它们在生成质量、响应速度和资源消耗等方面的表现。

提示词同样是调整生成模块的关键因素之一。例如,通过提示词,可以指示模型使用专业术语作答或以通俗易懂的方式解释概念。此外,还可以通过设置选项来使得生成结果多样化,例如,可用温度(temperature)参数控制生成文本的随机性:较高的温度值可产生更具创意性的回答,而较低的温度值则有助于产出更为精确严谨的回答。

至此,你应该已经全面了解了一个清晰的自制 RAG 系统所需的设计过程。

二问 如何快速搭建RAG系统

提到快速搭建 RAG 系统,LlamaIndex 提供了一个著名的 5 行代码示例,非常适合新手快速上手——在获得成就感的同时了解整个 RAG 的开发架构。

使用框架:LlamaIndex的5行代码示例

在本示例中,咖哥将使用从互联网上获取的游戏设定文档。你可以从咖哥的 GitHub 仓库①中下载相关资料。

---

① 关于完整代码示例,请访问咖哥的GitHub仓库https://github.com/huangjia2019/rag-in-action。

首先,搭建相关的开发环境。新建一个 Python 环境并安装 LlamaIndex 包[①]。

In
```
pip install llama-index
```

由于 LlamaIndex 的默认嵌入模型和生成模型都是 OpenAI 家族模型,因此还需要在环境变量中设置 OpenAI API Key。(如果没有,也没关系,在后续内容中会介绍如何使用 DeepSeek 作为替代方案。)

In
```
export OPENAI_API_KEY="你的 OpenAI API Key"
```

LlamaIndex 的 5 行代码如下。

In
```python
# 第一行代码:导入相关的库
from llama_index.core import VectorStoreIndex, SimpleDirectoryReader
# 第二行代码:加载数据,形成文档
documents = SimpleDirectoryReader("data/ 黑神话 ").load_data()
# 第三行代码:基于文档构建索引
index = VectorStoreIndex.from_documents(documents)
# 第四行代码:基于索引创建问答引擎
query_engine = index.as_query_engine()
# 第五行代码:基于引擎开始问答
print(query_engine.query("《黑神话:悟空》中有哪些战斗工具? "))
```

Out
在《黑神话:悟空》中,主要的战斗工具包括如意金箍棒等棍棒类武器,玩家可以使用劈棍、戳棍和立棍 3 种主要棍法进行多样化的战斗选择。

咖哥:看到了吧,在这 5 行代码中,流程和思路都非常清晰。不过,用这种方式来实现一个简单的 RAG 系统,有好处也有坏处。

小冰:怎么说?

咖哥:好处自然是简单方便,容易上手。而坏处嘛,在于所有的细节都被封装在 LlamaIndex 内部,这不利于我们深入了解 RAG 系统每个环节中的技术细节和内涵。若要深刻理解 LlamaIndex 中的索引、检索器、问答引擎等组件的技术细节与优化方法,仍需要仔细阅读 LlamaIndex 的官方文档,并进行大量的实践操作。

如果获取 OpenAI API Key 遇到困难,可以考虑使用开源的嵌入模型(如智源研究院的 BGE 系列模型)。在生成模型方面,国产的 DeepSeek 模型完全可以和 GPT 系列模型中最强模型相媲美。

要更换嵌入模型,首先需要安装 llama-index 的 HuggingFace 接口包。

---

① 关于LlamaIndex、LangChain最新的包安装信息,建议访问LlamaIndex和LangChain官网获取。

```
pip install llama-index-embeddings-huggingface
```

然后，通过 HuggingFaceEmbedding 来加载开源嵌入模型。

```
from llama_index.embeddings.huggingface import HuggingFaceEmbedding
# 加载本地嵌入模型
embed_model = HuggingFaceEmbedding(
    model_name="BAAI/bge-small-zh" # 模型路径名，首次执行时会从 Hugging Face 社区网站下载
)
```

同时在构建索引时指定新的嵌入模型。

```
# 构建索引
index = VectorStoreIndex.from_documents(
    documents, # 导入的文档
    embed_model=embed_model # 设置嵌入模型
)
```

要更换生成模型，则可以先安装 LlamaIndex 与 DeepSeek 等模型的接口包。

```
pip install llama-index-llms-deepseek
```

随后，导入 DeepSeek 接口，使用最新的 DeepSeek 模型[①]完成生成任务。

```
from llama_index.llms.deepseek import DeepSeek
# 创建 DeepSeek 模型（通过 API 调用 DeepSeek-V3 模型）
llm = DeepSeek(
    model="deepseek-chat",
    api_key=" 你的 DeepSeek API Key" # 也可以通过环境变量设置 DEEPSEEK_API_KEY
)
```

在创建问答引擎的同时指定新的生成模型。

```
# 创建问答引擎
query_engine = index.as_query_engine(
    lm=llm # 设置生成模型
)
```

当然，你也可以根据上面的方式任意选择自己喜欢的嵌入模型和生成模型。

小雪：那么，构建好索引之后，将其存储在哪里？

---

① 截至2025年2月，DeepSeek Chat模型已全面升级为DeepSeek-V3模型，接口保持不变。通过指定model='deepseek-chat'即可调用DeepSeek-V3模型。DeepSeek-Reasoner是DeepSeek公司推出的推理模型DeepSeek-R1。通过指定model='deepseek-reasoner'，即可调用DeepSeek-R1模型。

咖哥：默认情况下，刚加载的数据以向量嵌入的形式存储在内存中，并在内存中进行索引。添加下面这行代码，可以将上面生成的纯文本文件中的向量数据保存到 storage 目录中，形成 LlamaIndex 默认的本地向量索引存储。

In | `index.storage_context.persist()`

运行程序后，会看到系统生成图 0-10 所示的本地向量索引存储文件。

小冰：应该如何理解这里所说的"索引"？

咖哥：向量索引作为 RAG 系统中的核心概念，在此上下文中，首先作为一个动词，指的是存储经过嵌入处理的文档数据的过程，其目的是支持高效的语义搜索。文档在加载后会被切分成多个文本块，每个文本块通过嵌入模型转换成高维嵌入向量，这些嵌入向量与元数据（如文档 ID、段落位置等）一起存储在索引中（注意，此时索引作为一个名词）。索引利用底层的数据结构（如 HNSW、平铺索引等），实现快速近似最近邻（Approximate Nearest Neighbors，ANN）搜索功能。

图 0-10　本地向量索引存储文件

在前面的 LlamaIndex 示例中，VectorStoreIndex 没有连接任何向量数据库，也不涉及复杂的索引算法，默认情况下，只是将数据存储在内存中，但可以通过调用 storage_context.persist 函数将其保存到磁盘中。检索时仍然使用最直接的平铺索引在内存中完成线性扫描。

你可以查看这个目录下每个文件的内容，观察其存储格式，了解 LlamaIndex 如何组织和管理嵌入向量，相信这会让你对嵌入向量及其在本地的索引方式有更清晰的理解（关于更多内容，可以参见 4.1 节）。

使用框架：LangChain的RAG实现

介绍完 LlamaIndex 的 5 行代码示例，我们再来看看 LangChain 如何组织其接口和组件来完成一个基础的 RAG 系统，同时也看看 LangChain 和 LlamaIndex 在 RAG 实现思路和理念上的异同。

LangChain 的安装也非常简单。执行以下命令来安装 LangChain。

In | `pip install langchain`

与 LlamaIndex 相似，如果需要与其他生态圈内的工具（如 Hugging Face、Unstructured 等）集成，可能还需要额外安装一些包（见图 0-11）。完成本节示例还需要 langchain-openai（非必需，可替换为国产模型）、langchain-deepseek（同样需要设置环境变量 DEEPSEEK_API_KEY）和 langchain-community，此外，还需要网页爬取工具 BeautifulSoup。

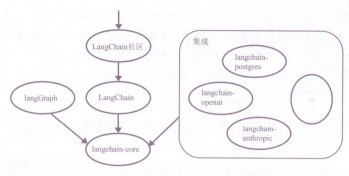

图0-11　LangChain安装包的生态圈

首先，安装相关的包。

```
pip install langchain-openai # 非必需，可替换为国产模型
pip install langchain-deepseek
pip install langchain-community
pip install beautifulsoup4
export DEEPSEEK_API_KEY=" 你的 DeepSeek API Key"
```

LangChain 在其文档中将 RAG 过程分为两个主要阶段——索引（Indexing）和检索加生成（Retrieval+Generation）。

先看一下索引阶段，LangChain 将其细化为加载、分块、嵌入和存储 4 个环节，如图 0-12 所示。

图0-12　索引阶段的4个环节

首先，利用 WebBaseLoader 加载相关的网页。当然，LangChain 提供了丰富的数据和文档导入工具（也称为数据加载器）供选择。这里仅以导入网页为例。

```
# 加载文档
from langchain_community.document_loaders import WebBaseLoader
loader = WebBaseLoader(
    web_paths=("https://zh.wikipedia.org/wiki/ 黑神话：悟空 ",) # 这是《黑神话：悟空》的维基百科链接
)
docs = loader.load()
```

接着，使用 RecursiveCharacterTextSplitter 对文档进行分块。

```python
# 文本分块
from langchain_text_splitters import RecursiveCharacterTextSplitter
text_splitter = RecursiveCharacterTextSplitter(  # 创建文本分割器
    chunk_size=1000,  # 设置每个文本块的最大字符数
    chunk_overlap=200  # 设置相邻文本块的重叠部分
)
```

随后，将 OpenAIEmbeddings 作为嵌入模型创建嵌入向量。

```python
# 设置嵌入模型
from langchain_openai import OpenAIEmbeddings
embed_model = OpenAIEmbeddings()
```

当然，也可以通过 LangChain 的 HuggingFace 接口替换 OpenAI 的嵌入模型。此处需要安装 langchain-huggingface 和文本嵌入工具包 sentence-transformers。

```
pip install langchain-huggingface
pip install sentence-transformers
```

这样就可以使用开源嵌入模型了，在进行嵌入时可以拥有更多自由度。

```python
# 设置嵌入模型，用开源模型替换 OpenAI 的嵌入模型
from langchain_community.embeddings import HuggingFaceEmbeddings
embed_model = HuggingFaceEmbeddings(
    model_name="BAAI/bge-small-zh",  # 模型的名称，首次运行会从 Hugging Face 社区网站下载
    model_kwargs={'device': 'cpu'},  # 设备为 CPU 或者 GPU（CUDA）
    encode_kwargs={'normalize_embeddings': True}  # 设置向量值归一化
)
```

接下来，创建向量存储机制。

```python
# 创建向量存储（本例采用内存向量存储机制，不使用外部向量数据库）
from langchain_core.vectorstores import InMemoryVectorStore
vector_store = InMemoryVectorStore(embed_model)  # 使用之前定义的嵌入模型创建内存向量存储实例
vector_store.add_documents(all_splits)  # 将分割后的文本块添加到向量存储中
```

接下来，进入检索加生成阶段（见图 0-13）。在这个阶段，首先需要接收用户查询的问题，其次搜索与该问题相关的文本块，接下来将检索到的文本块和初始问题传递给大模型，最后大模型生成回答。

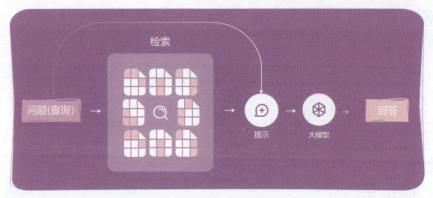

图0-13 检索加生成阶段的各个环节

首先,构建用户查询的问题。

```
# 构建用户查询的问题
question = "《黑神话:悟空》有哪些游戏场景?"
```

其次,根据问题,使用前面的向量存储进行检索,并根据检索结果准备传递给大模型的上下文内容。

```
# 在向量存储中搜索相关文档,并准备上下文内容
retrieved_docs = vector_store.similarity_search(
    question,  # 问题,也就是查询文本
    k=3        # 返回前 3 个最相关的文档
)
docs_content = "\n\n".join(doc.page_content for doc in retrieved_docs)
```

接下来,根据检索得到的上下文,为大模型生成答案构建提示模板。

```
# 构建提示模板
from langchain_core.prompts import ChatPromptTemplate
prompt = ChatPromptTemplate.from_template(
    """ 基于以下上下文回答问题。如果上下文中没有相关信息,请说
    " 我无法从提供的上下文中找到相关信息 "。
    上下文:{context}
    问题:{question}
    回答:"""
)
```

最后,使用大模型生成回答。

```
In    # 使用大模型生成回答
      from langchain_openai import ChatOpenAI
      llm = ChatOpenAI(model="gpt-4")
      answer = llm.invoke(
          prompt.format(
              question=question, # 问题，也就是查询文本
              context=docs_content # 检索到的文本块，也就是上下文
          )
      )
      print("\n 最终答案： ", answer.content)
```

生成答案时，可以调整代码，通过 ChatDeepSeek 调用 DeepSeek 模型。

```
In    # 使用大模型生成回答，此处可以使用 DeepSeek 模型替换 OpenAI 的模型
      from langchain_deepseek import ChatDeepSeek
      llm = ChatDeepSeek(
          model="deepseek-chat",  # DeepSeek API 支持的模型名称
          temperature=0.7,        # 控制输出的随机性
          max_tokens=2048,        # 最大输出长度
          api_key=" 你的 DeepSeek API Key" # 如果没有设置环境变量，则需要在此指定 DeepSeek API Key
      )
```

Out   最终答案：游戏的设定融合了中国的文化和自然地标。例如重庆市的大足石刻、山西省的小西天、南禅寺、铁佛寺、广胜寺和鹳雀楼；贵州省的承恩寺；云南省的崇圣寺；天津市的独乐寺；四川省的安岳石刻、南充醴峰观、新津观音寺；河北省的蔚县玉皇阁、南安寺塔、井陉福庆寺等。

当然，因为 DeepSeek 公司已经将所有模型开源，因此通过 API 调用 DeepSeek 模型并不是唯一的方法，也可以通过 LangChain 和 HuggingFace 的接口在本地部署开源模型。需要注意的是，负责生成的大模型对 GPU 的需求通常比嵌入模型（这些模型通常参数较少）更多。因此，部署一个完整的 671B DeepSeek-V3 模型或者 DeepSeek R1 模型需要较高的成本。可以考虑通过 Hugging Face 社区网站下载 DeepSeek 公司提供的各种参数规模的蒸馏版模型。

LangChain 的 RAG 整体实现流程与 LlamaIndex 非常相似。实际上，LangChain（也包括 LlamaIndex）在此方面的主要贡献在于提供了多种嵌入模型、向量数据库和大模型的接口，使得我们可以进行无缝切换。

可以看出，LangChain 更侧重于各组件的组合和流程的编排，并没有像 LlamaIndex 那样提供大量的内部附加功能。例如，LlamaIndex 的 5 行代码中包括索引的自动生成，而 LangChain 则需要手动选择一款向量数据库；LlamaIndex 的查询引擎自带提示词以及检索和生成的逻辑，而 LangChain 则需要用户自己设置提示模板后传递给大模型，还需要手工处理大模型返回的结果。从这个角度来看，LlamaIndex 在文档索引和检索算法方面封装了更多的逻辑，并提供了许多专门的优化，关于这一点我们将在第 4 章和第 5 章中详细讨论。

使用框架：通过LCEL链进行重构

由于 LangChain 强调流程编排，因此它在 2023 年末推出了 LCEL（LangChain Expression Language，LangChain 表达式语言）。这是一种专为构建和组合大模型应用链设计的声明式编程框架，也是新版 LangChain 的核心组件。它通过简化的语法和统一接口，支持从简单提示词到复杂多步骤链的高效开发与部署。

开发者使用类似 Unix 管道操作符（|）的语法，将提示模板、模型调用、输出解析器等组件无缝连接，形成可扩展的生产级应用链。

LCEL 的核心特点如下。

- 代码简洁与复用性：相比传统链式代码（如 LLMChain），LCEL 通过声明式语法减少冗余代码，且无需修改即可从原型迁移到生产环境。
- 灵活的组合能力：支持复杂逻辑，如并行执行（RunnableParallel）、动态输入传递（RunnablePassthrough）和条件分支。例如，在 RAG 链中并行检索多个数据源，合并结果后生成回答。
- 并行加速：通过 RunnableParallel 执行独立任务（如多检索器调用），或利用 RunnableBatch 处理输入数据，将串行延迟优化为并行计算，显著提升吞吐量，适合混合 I/O 与计算密集型场景。
- 异步高并发：所有 LCEL 链原生支持 .ainvoke() 和 .abatch() 异步接口，可无缝集成至 LangServe 等异步框架，单节点轻松应对千级并发请求，避免资源阻塞，实现服务器资源利用最大化。
- 流式低延迟：通过 .stream() 接口逐块流式输出结果，并结合底层优化确保首个响应 Token 在毫秒级返回，用户无需等待完整生成即可实时获取内容，提升长文本场景下的交互体验。
- 中间结果访问与调试：无缝对接 LangSmith（链路追踪与监控）、LangServe（API 部署）等工具，实时监控或调试复杂链的执行过程，实现全生命周期管理。例如，在 RAG 链中，可查看检索到的文档和模型生成的中间回答。
- 输入输出模式验证：支持基于链结构的 Pydantic 和 JSONSchema 模式，确保输入输出的数据类型和格式合规，减少运行时错误。

可以使用 LCEL 链重构前面的 RAG 系统。

In
```
#加载文档
from langchain_community.document_loaders import WebBaseLoader
loader = WebBaseLoader(
    web_paths = ("https://zh.wikipedia.org/wiki/黑神话：悟空",)
)
docs = loader.load()
# 文本分块
from langchain_text_splitters import RecursiveCharacterTextSplitter
text_splitter = RecursiveCharacterTextSplitter(
```

```python
        chunk_size = 1000,  # 每个文本块的大小（字符数）
        chunk_overlap = 200  # 相邻文本块之间的重叠字符数
)
all_splits = text_splitter.split_documents(docs)
# 设置嵌入模型
from langchain_huggingface import HuggingFaceEmbeddings
embed_model = HuggingFaceEmbeddings(model_name="BAAI/bge-small-zh")
# 创建向量存储
from langchain_core.vectorstores import InMemoryVectorStore
vectorstore = InMemoryVectorStore(embed_model)
vectorstore.add_documents(all_splits)
# 创建检索器
retriever = vectorstore.as_retriever(search_kwargs={"k": 3})  # 返回前 3 个检索结果
# 创建提示模板
from langchain_core.prompts import ChatPromptTemplate
prompt = ChatPromptTemplate.from_template("""
        基于以下上下文回答问题。如果上下文中没有相关信息，请说
        " 我无法从提供的上下文中找到相关信息 "。
        上下文：{context}
        问题：{question}
        回答：""")
# 设置语言模型和输出解析器
from langchain_openai import ChatDeepseek
from langchain_core.output_parsers import StrOutputParser
from langchain_core.runnables import RunnablePassthrough
llm = ChatDeepSeek(model="deepseek-chat")
# 构建 LCEL 链
chain = (
        {
                "context": retriever | (lambda docs: "\n\n".join(doc.page_content for doc in docs)),  # 上下文
                "question": RunnablePassthrough()  # 查询
        }
        | prompt  # 提示词
        | llm  # 生成模型
        | StrOutputParser()  # 输出解析器
)
# 执行查询
question = "《黑神话：悟空》有哪些游戏场景？"
```

```python
response = chain.invoke(question)
print(response)
```

这段代码通过 vectorstore.as_retriever 函数把检索器作为一个组件封装在链中，使得整个流程更加模块化和可组合，而前面的 LangChain 代码中的 vector_store.

开篇　RAG 三问

similarity_search 函数则是更底层的直接调用。代码也体现了 LCEL 在构建处理链时的核心语法特性：首先，通过 RunnablePassthrough 函数构建包含 context 和 question 的字典，动态传递原始文档及查询问题；然后，将这些信息传入提示模板；接下来，由语言模型处理；最后，使用 StrOutputParser 函数解析输出。LCEL 使得代码更加简洁明了，易于开发者理解数据的流向，也方便调试和修改。

关于 LCEL 是否好用，可能因人而异。对于小型 RAG 系统，如果没有先前使用 LCEL 的经验，切换为 LCEL 并非绝对必要。然而，LCEL 确实通过其极简的语法和强大的功能抽象解决了大模型应用开发中的模块化组合、生产部署和实时监控等核心问题。

使用框架：通过LangGraph进行重构

截至本书撰写时，在最新的 LangChain 文档中，RAG 的实现示例通过 LangGraph 来完成。LangGraph 通过将应用程序的工作流程表示为图结构，使开发者能够直观地设计和管理复杂的任务流程。

在 LangGraph 中，图由节点（node）和边（edge）组成，每个节点代表一个独立的操作或任务，而边则定义了节点间的执行顺序和条件。由于"图"相对来说是较为复杂的数据结构和设计模式，因此使用 LangGraph 实现 RAG 系统会比传统的线性处理链更加复杂。然而，这种方法也带来了一些额外的好处。

首先，LangGraph 提供了更清晰的状态管理。它使用 TypedDict 显式定义状态，使得状态的流转更容易理解和维护。其次，LangGraph 提供了灵活的流程控制，可以轻松地添加条件分支和循环，支持更复杂的检索-生成模式。然后，LangGraph 具有更好的可观察性，支持 LangSmith 跟踪功能，能够可视化流程图以便调试。最后，LangGraph 支持多种运行模式（如同步、异步、流式），便于集成到更大的应用中。

接下来使用 LangGraph 来完成与前面功能类似的 RAG 系统。

首先，安装 LangGraph 包。

```
pip install langgraph
```

其次，设置环境变量以启用 LangSmith 跟踪功能（需要在 LangChain 网站上注册 LangSmith 并申请 API Key）。

```
export LANGCHAIN_TRACING_V2 = true
export LANGCHAIN_API_KEY = < 你的 LangSmith API Key>
```

前面索引部分保持不变，后续用 LangGraph 来实现检索和生成的代码如下。

```python
# 定义 RAG 提示词
from langchain import hub
prompt = hub.pull("rlm/rag-prompt") # 这里我们换一种方式来构建 RAG 提示词
# 定义应用状态
from typing import List
from typing_extensions import TypedDict
from langchain_core.documents import Document
class State(TypedDict):
    question: str
    context: List[Document]
    answer: str
# 定义检索步骤
def retrieve(state: State):
    retrieved_docs = vector_store.similarity_search(state["question"])
    return {"context": retrieved_docs}
# 定义生成步骤
def generate(state: State):
    from langchain_openai import ChatDeepSeek
    llm = ChatDeepSeek(model="deepseek-chat") # 大模型
    docs_content = "\n\n".join(doc.page_content for doc in state["context"]) # 上下文
    messages = prompt.invoke({"question": state["question"], "context": docs_content}) # 提示词
    response = llm.invoke(messages) # 响应（也就是回答）
    return {"answer": response.content}
# 构建和编译应用
from langgraph.graph import START, StateGraph
graph = (
    StateGraph(State) # 图的状态定义，用于管理 RAG 流程中的状态转换
    .add_sequence([retrieve, generate]) # 添加检索和生成两个节点的顺序执行序列
    .add_edge(START, "retrieve") # 设置图的起始点为检索节点
    .compile() # 编译图，使其可执行
)
# 运行查询
question = "《黑神话：悟空》有哪些游戏场景？"
response = graph.invoke({"question": question})
print(f"\n 问题：{question}")
print(f" 答案：{response['answer']}")
```

LangGraph 还提供了用于可视化应用程序控制流的内置实用程序。

```python
from IPython.display import Image, display
display(Image(graph.get_graph().draw_mermaid_png()))
```

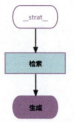

运行上述代码,将输出图0-14所示的流程。

而与大模型交互的细节都被LangSmith所记录(见图0-15)。这也是使用LangGraph和LangChain来实现RAG系统带来的额外好处。

图0-14　通过LangGraph构建的检索和生成流程

图0-15　LangSmith对RAG流程中与大模型交互的细节进行了清晰的追踪

小冰:咖哥,你讲到这里,我的选择困难症已经犯了。仅LangChain这一个框架,就提供了直接调用模型、LCEL链和LangGraph这3种选择,那我应该怎么选?

咖哥:嗯。LangChain给出了一些指导原则。

- 如果是单个大模型调用,则不需要LCEL链,直接通过LangChain提供的接口调用底层大模型即可。
- 如果要实现一个简单的链(例如,包含提示词、大模型、输出解析器以及简单的检索设置等),那么可以选择LCEL链。
- 如果要构建复杂的链(例如,包含分支、循环、多个代理等),那么可以选用LangGraph。请记住,在LangGraph的各个节点中仍然可以使用LCEL链。

不使用框架:自选嵌入模型、向量数据库和大模型

咖哥:现在我们已经了解了LlamaIndex和LangChain这两个知名大模型框架在搭建RAG系统方面各自的优势。

小冰:什么优势?

小雪：LlamaIndex 内部集成了很多索引和检索策略，LangChain/LangGraph 则侧重于流程的编排和状态的追踪。尽管这两个框架提供了这么多优势，我们能否不使用这两个框架，从零开始搭建一个 RAG 系统？

咖哥：当然可以。虽然这种实现方式的代码会多一些，但能让我们更好地理解每个组件的作用，也能根据实际需求进行更灵活的定制。

接下来将使用常用的开源嵌入模型库 SentenceTransformers、开源向量数据库 Faiss 及商业大模型 Claude（或国产大模型 DeepSeek）来搭建一个 RAG 系统。

在开始介绍之前，先导入相关的包。

In
```
pip install sentence-transformers
pip install faiss-cpu # 或者 faiss-gpu, 视你的操作系统环境而定
pip install anthropic
```

首先，将游戏相关文档通过一个小型开源向量模型 all-MiniLM-L6-v2 转换为向量形式，准备将其存入数据库。

In
```
# 准备文档并进行向量嵌入
docs = [
"《黑神话：悟空》的战斗如同……当金箍棒与妖魔碰撞时……腾挪如蝴蝶戏花。", # 限于图书篇幅，其他文档略去以保持简洁，余同
" 每场 BOSS 战都是一场惊心动魄的较量……招招险象环生。",
" 游戏的音乐如同一首跨越千年的史诗。古琴与管弦交织出战斗的激昂，笛箫与木鱼谱写禅意空灵。而当悟空踏入重要场景时，古风配乐更是让人仿佛穿越回那个神话的年代。"]
from sentence_transformers import SentenceTransformer
model = SentenceTransformer('sentence-transformers/all-MiniLM-L6-v2')
doc_embeddings = model.encode(docs)
print(f" 文档向量维度：{doc_embeddings.shape}")
```

Out
文档向量维度：(9, 384)

其次，准备向量数据库。这里我们选择 Faiss[①] 来进行索引并存储文档向量，检索过程也将通过 Faiss 来完成。

In
```
# 准备向量数据库
import faiss
import numpy as np
dimension = doc_embeddings.shape[1]
index = faiss.IndexFlatL2(dimension)
index.add(doc_embeddings.astype('float32'))
print(f" 向量数据库中的文档数量：{index.ntotal}")
```

---

① 可以通过pip install sentence-transformers faiss-cpu anthropic导入相关包。

Out: 向量数据库中的文档数量：9

接下来，根据用户提出的问题，再次使用相同的嵌入模型生成问题向量，并检索出与问题相关的文档。

In:
```
# 问题向量生成与相似文档检索
question = "《黑神话：悟空》的战斗系统有什么特点？"
query_embedding = model.encode([question])[0]
distances, indices = index.search(
    np.array([query_embedding]).astype('float32'),
    k=3
)
context = [docs[idx] for idx in indices[0]]
print("\n 检索到的相关文档：")
for i, doc in enumerate(context, 1):
    print(f'[{i}] {doc}")
```

Out: 检索到的相关文档：
[1] 在这个架空的神话世界中，玩家将遇到二郎神、哪吒等。每个角色都有独特的背景故事。
[2] 故事背景设定在大唐以前的妖魔世界，既有传统元素也有新的诠释。
[3] 战斗系统极其硬核，融合中国武术与神话元素，包含各种华丽连招，还能切换不同的战斗姿态。

最后，设计提示词并使用 Claude 模型根据检索到的上下文生成回答。（此时选择 Claude 是为了展示生成模型选择的多样化。如果无法获取 Claude API Key，可以访问作者的 GitHub 仓库，使用 DeepSeek 模型的替代版本的代码。）

In:
```
# 使用 Claude 生成答案
prompt = f""" 根据以下参考信息回答问题，并给出信息源编号。
如果无法从参考信息中找到答案，请说明无法回答。
参考信息：
{chr(10).join(f'[{i+1}] {doc}" for i, doc in enumerate(context))}
问题：{question}
答案："""
from anthropic import Anthropic
claude = Anthropic(api_key=os.getenv("ANTHROPIC_API_KEY"))
response = claude.messages.create(
    model="claude-3-5-sonnet-20241022", # 模型名称来自 Anthropic 官方文档
    messages=[{
        "role": "user",
        "content": prompt
    }],
    max_tokens=1024
)
print(f"\n 生成的答案：{response.content[0].text}")
```

> **Out** 生成的答案：根据参考信息 [3]，《黑神话：悟空》的战斗系统具有以下特点。
> 1. 战斗风格灵活多变，可以在狂猛和灵动两种风格间切换。
> 2. 武打场面如同武侠小说般生动，招式行云流水。
> 3. 战斗表现酣畅淋漓，金箍棒与敌人碰撞时火星四溅。
> 4. 可以施展大开大合的横扫千军，也可以轻盈灵动如蝴蝶戏花。
> 信息来源：[3]

咖哥：抛弃了 LlamaIndex 和 LangChain 之后，RAG 系统的构建流程并没有因此变得更加复杂，我认为反而更加清晰了。当然，并非一定要选择使用 LlamaIndex 和 LangChain，除非你确实看中了它们提供的某些附加价值，例如，LlamaIndex 中某些对查询进行优化的检索引擎，或是 LangSmith 提供的追踪功能。

小雪：明白了，咖哥。是否采用框架以及选用哪个框架，应该基于自身项目的需求做出选择。

使用coze、Dify、FastGPT等工具

随着大模型的爆发，低代码和可视化工具成为快速构建 RAG 系统的热门技术。比较知名的工具包括 coze、Dify、FastGPT、LangFlow 和 FlowiseAI 等（见图 0-16）。这些工具为开发者提供了友好的图形界面和预定义的模块，降低了复杂度，使得非技术用户也能参与到 RAG 系统的设计中。

图 0-16　低代码和可视化工具

> **咖哥发言** 类似的工具层出不穷，而且大多数是开源的，并且配有相关的技术文档，因此这里不再详述每种工具的特点和使用方法。

以 Dify 为例，你可以采用模块化和可视化设计来构建和运行 RAG 工作流，以便快速理解流程。RAG 工作流的设计界面如图 0-17 所示。

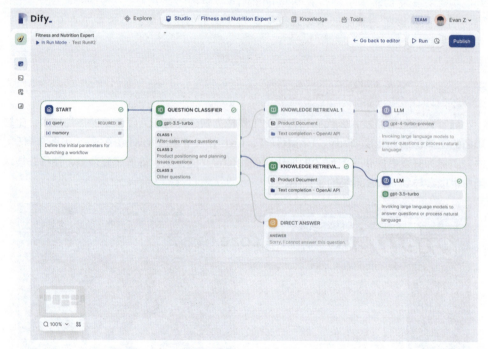

图0-17　RAG工作流的设计界面（图片来源：dify.ai）

图 0-17 展示的工作流包含输入处理、分类、检索和生成回答等步骤。下面简单介绍下各个模块的作用。

- START 模块接受用户的查询和上下文记忆，定义了工作流的初始输入参数。
- QUESTION CLASSIFIER 模块使用 GPT-3.5-turbo 模型对问题进行分类。分类结果分为 3 个类别：售后相关问题、产品定位与规划问题，以及其他问题。
- 针对当前知识库无法回答的问题（属于第 3 类问题），在 DIRECT ANSWER 模块中直接输出"Sorry, I cannot answer this question."。
- 针对可以回答的问题，则进入 KNOWLEDGE RETRIEVAL 模块，根据分类结果选择对应的检索路径，检索产品文档中相关的信息，然后调用大模型的 API 进行文本生成。
- LLM 模块将根据检索到的文档生成回答，其中，针对不同类型的问题，选择使用不同的大模型来回答。

这一系列低代码工具的特点是其可视化流程清晰易懂，每个模块独立且功能明确，支持条件分支和分类，适用于复杂的检索-生成工作流。当你的 RAG 或其他 AI 应用开发完成并发布后，多数低代码工具也会为你的应用提供 API，使开发者能够通过这些 API 调用所生成的 AI 应用。

低代码工具使 RAG 系统和 AI 应用的开发变得更加便捷，但大多数情况下并不涉及 RAG 组件（如嵌入、索引及检索、生成等）算法级别的优化。想要设计出高质量的 RAG 系统，仍需要我们对 RAG 的每个环节进行更细致的探索。因此，本书的重点并不在于低代码工具的使用，而在于如何利用代码以及 LangChain、LlamaIndex 等框架来优化 RAG 系统中的每个环节和组件。

三问　从何处入手优化 RAG 系统

从何处入手优化 RAG 系统？这个问题更为实际，也更加考验开发经验。优化 RAG 系统的首要步骤是明确优化的目标与瓶颈。由于 RAG 系统流程较长，涉及步骤众多，因此，确定影响系统整体性能的关键组件至关重要，也就是需要像侦探一样找出问题所在。

接下来，咖哥将通过两张图片来阐述如何逐步定位出现故障的 RAG 系统组件。

第一张图片来自 ABACUS.AI（见图 0-18）。该图片不仅展示了 RAG 系统的结构流程，还简要指出了每个环节中可能存在的优化点。

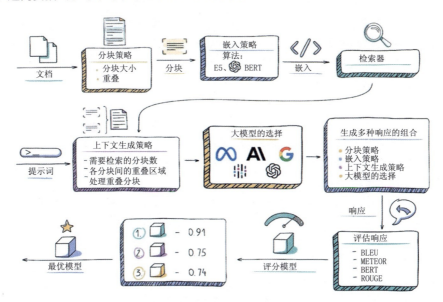

图 0-18　RAG 系统的结构流程

根据图 0-19，首先从分块策略入手优化 RAG 系统。分块策略决定了检索阶段的粒度与上下文的完整性,直接影响后续检索和生成的效果。可以尝试调整分块的大小和重叠程度。例如,增加分块的重叠度能够提升上下文连续性,但同时也会带来存储冗余的问题;而缩小分块的大小能够减少无关信息的引入,但可能会导致语义信息的分裂。

其次,可以优化嵌入策略。选择一个适合任务的嵌入模型至关重要,目前存在大量的开源模型和商业模型,不同模型在性能和语义捕捉能力上可能存在显著差异。如果你使用的是基于Transformer架构的开源模型,通过微调模型或许能够进一步提升嵌入的语义相关性。此外,考虑使用领域专属的嵌入模型可能会显著提升RAG系统在特定场景下的表现。在优化嵌入策略时,还要注意平衡向量维度大小与计算效率。

接下来是检索器的优化,主要包括向量数据库的选择,以及索引结构和检索算法的调整。例如,可以从简单的平铺索引逐渐过渡到更高效的IVF或HNSW索引。调整检索的Top K参数和相似度阈值有助于找到更相关的文档片段,同时减少无关内容的引入。此外,动态检索策略(如基于用户问题动态调整检索参数)和一系列索引优化技巧也可能提高检索结果的质量。

然后是上下文生成策略的优化。在检索到多个相关文档片段后,如何组合这些片段并作为上下文传递给大模型也可能会影响最终生成回答的质量。可以根据语义相关性对检索结果重新排序,可以压缩或者扩充当前检索结果,或者在片段之间加入解释性连接词。此外,上下文的长度需要根据所使用的大模型的最大token数限制进行调整,以充分利用模型的能力而不过载。

大模型的选择和提示词的设计也是关键的优化方向。应选择更适合特定任务的模型,并调整生成参数(如温度、Top-p和最大token数)。提示词的设计可以引导模型生成更符合用户需求的回答,例如提供明确的指令或补充上下文信息。

优化的最终步骤是对响应(即生成的最终回答)的评估。在生成回答后,可使用标准的自动化评价指标(如BLEU、ROUGE、BERT等),以及与人工评估相结合,来比较不同优化组合下系统的表现。通过实验和评价不断迭代,你可以逐渐找到最优的系统配置,从而提升整个RAG系统的效率和准确性。

第二张图片则是咖哥基于LangChain的RAG流程图进行增补和重新设计的成果(见图0-19),旨在详尽描述每一个可优化的RAG技术环节。鉴于RAG系统的不断发展,咖哥对整个RAG流程进行了重构,将其划分为十大核心组件(或称环节),以期在技术路径上实现更全面的覆盖。

图0-19清晰地呈现了RAG系统中每个环节的可优化点,从数据导入、文本分块到查询构建,直至响应生成与系统评估,每一步都可通过新技术和设计思路得到改进,每个模块均具备明确的技术路径。基于模块化思维的设计不仅为后续技术迭代提供了极大的灵活性,也为新功能扩展创造了可能。

在接下来的章节中,我们将依据色块分区对各环节点评解析,探讨其技术细节及优化方向。这张精心设计的图片将成为咖哥整个RAG课程的指导性总纲。

现在就让我们正式开始!

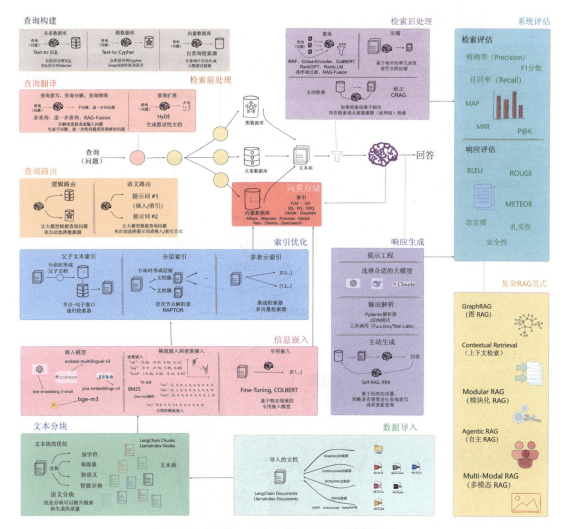

图0-19 基于LangChain的RAG流程图的增强版

第 1 章
数据导入

无论是选择 coze、Dify 这类低代码工具搭建 RAG 系统，还是使用 LangChain 或者 LlamaIndex 这类开源框架编写代码，在整个 RAG 流程中，文件的解析和内容的读取都是至关重要的第一步（见图 1-1）。如果系统无法准确识别和解析文件，就无法构建相应领域的知识库，后续的嵌入、检索与生成任务也将无从谈起。

图 1-1　要构建优秀的 RAG 系统，数据的质量是重中之重

在企业环境中，文件类型往往多样化，不仅包括常见的 PDF、.doc/.docx 等格式，还可能涉及不常见或专用的格式。为了应对这种复杂性，需要为每种文件类型制定清晰的解析策略，并选择合适的工具（见图 1-2）。应优先考虑使用通用的解析库或工具来覆盖常见文件格式。例如，Unstructured 工具可以统一处理同一目录下的多种格式的文件。

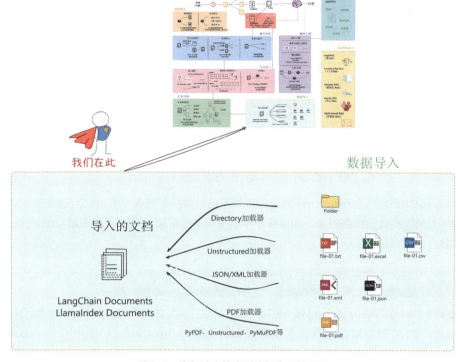

图1-2 为每种文件类型选择合适的工具

对于**常见且重要的文件类型（如 PDF）**，可以选择专用工具（如 PyPDF2、PyMuPDF、Marker、MinerU 和 PDFPlumber 等）来解析并提取需要的内容，具体选择取决于应用场景（如结构化数据提取、文本内容搜索、OCR[①] 或图像提取等）。

对于**不那么常见的文件类型，需要查清楚该文件的生成工具、数据结构及用途**。例如，某目录包含一个 product_sales.jsonl 文件，根据文件名推测该文件可能是产品销售日志，格式为 JSON Lines，这是一种文本文件格式，每行包含一个独立的 JSON 对象，行与行之间没有逗号或其他分隔符，解析时需要对此加以考虑。

针对**复杂的文档，可以先将其转化为更易解析的中间格式**。例如，可以将 PPT 文件转换成 PDF 格式之后再进行信息提取（因为 PDF 提取工具更为丰富，选择更多）。又如，有时应将 PDF 文件先统一转换成 Markdown 格式的文档后再进行处理，因为 Markdown 格式更规范，所以更易于以纯文本形式提取标题、段落和列表等信息。而且大模型因为基于网页资源训练，对 Markdown 格式也有天然的亲近感，更有利于其理解。

此外，**大模型也可以用来辅助解析结构化、半结构化和非结构化数据**，尤其是在某些复杂场景（如多模态）中，会有很好的效果。

---

① OCR（Optical Character Recognition，光学字符识别）是一种技术，用于将印刷文本或手写文本的图像转换为计算机可编辑的文本。它通常用于扫描纸质文档、识别图片中的文字、处理身份证或车牌号码等。

接下来让我们深入探讨如何将各种类型的文档解析成纯文本[①]，并导入 RAG 系统。

1.1 用数据加载器读取简单文本

让我们从最简单直观的 TXT 文件开始讲解文档的读取。图 1-3 展示了名为"黑神话悟空的设定"的 TXT 文件。

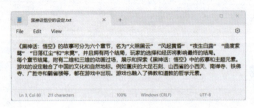

图1-3 名为"黑神话悟空的设定"的TXT文件

LangChain、LlamaIndex 等框架提供了各种数据加载器（data loader），以将文档解析为特定格式的数据对象。如果你不希望使用这些框架，则可以选择 Unstructured 这类独立的文档解析工具。

1.1.1 用LangChain读取TXT文件，以生成Document对象

使用 LangChain 的 TextLoader 可以读取 TXT 文件并将其解析成 LangChain 的 Document 数据对象。首先需要确保已经安装 langchain、langchain-core 和 langchain_community 包。

以下代码示例展示了如何通过 LangChain 读取 TXT 文件。

In
```
from langchain_community.document_loaders import TextLoader
loader = TextLoader("data/ 黑神话 / 黑神话悟空的设定 .txt")
documents = loader.load()
print(documents)
```

Out
[Document(metadata={'source': 'data/ 黑神话 / 黑神话悟空的设定 .txt'}, page_content='《黑神话：悟空》的故事可分为 6 个章节，名为 " 火照黑云 "" 风起黄昏 "" 夜生白露 "" 曲度紫鸳 "" 日落红尘 " 和 " 未竟 "，并且拥有两个结局，玩家的选择和经历将影响最终的结局。\n 每个章节结尾，附有二维和三维的动画过场，展示和探索《黑神话：悟空》中的叙事和主题元素。\n 游戏的设定融合了中国的文化和自然地标。例如重庆市的大足石刻，山西省的小西天、南禅寺、铁佛寺、广胜寺和鹳雀楼等，都在游戏中出现。游戏也融入了佛教和道教的哲学元素。')]

在 LangChain 中，Document 对象是一种核心数据结构，它代表了从外部文件或其他数据源中加载的文本内容。Document 对象主要包含以下两种属性。

■ Metadata（元数据）：存储与文档相关的元信息，例如文档的来源路径、作者、

[①] 本章聚焦于文本文档的处理，但RAG系统中的数据也可以是图片、表等多模态数据。这些数据可以存储在向量数据库中，也可以存储在其他类型的数据库中。

日期等。

- page_content：保存实际的文本内容，是文档的主要数据部分。

小冰：为什么要使用这个Document对象？

咖哥：首先，Document对象中记录的元数据很重要。尽管这些元数据并不是文档的具体内容，但它们包含了丰富的信息，在RAG系统中具有重要作用。文档的数据可能来源于多种格式，例如TXT、PDF、HTML或数据库记录等。仅依靠原始字符串无法追踪其来源或获取相关的额外信息（如日期、类别等）。而许多自然语言处理或信息检索任务中，结合元数据进行过滤、排序或分析是必不可少的步骤。在一些高级索引技术中，还可以利用元数据来存储文本内容的摘要、相关联的父文档ID等。

此外，由于不同的数据源具备各自的特性（如分块策略、段落间隔等），因此需要通过统一的数据结构（如Document对象）进行抽象和标准化。Document对象能够将多样的数据源抽象为一种统一且结构化的形式，方便在LangChain中无缝处理，使文档可以顺利传递到嵌入模型、分类器或问答系统中。

以下代码示例展示了如何直接创建LangChain的Document对象。

```
from langchain_core.documents import Document
documents = [ Document( page_content=" 火照黑云 ", metadata={"source": " 场景列表 .txt"}, ),
    Document( page_content=" 风起黄昏 ", metadata={"source": " 场景列表 .txt"}, ), ]
```

1.1.2　LangChain中的数据加载器

LangChain的数据导入工具不仅限于TextLoader这一种，例如，CSVLoader可以加载CSV格式的表格数据，JSONLoader能够导入JSON文件，而PyPDFLoader或PyMuPDFLoader则可用于解析PDF文件。值得注意的是，对于同一种格式的文档，LangChain可能提供多种不同的加载器。以PDF文件为例，LangChain提供了超过10种不同的加载器（见图1-4），有时可能会让人感到眼花缭乱，难以确定哪一种是最合适的。

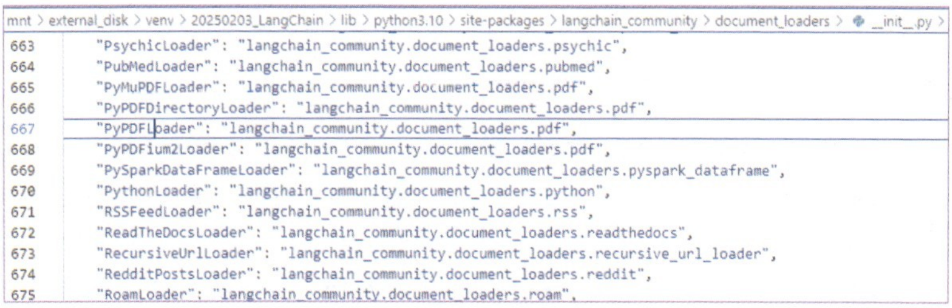

```
mnt > external_disk > venv > 20250203_LangChain > lib > python3.10 > site-packages > langchain_community > document_loaders >  __init__.py
663     "PsychicLoader": "langchain_community.document_loaders.psychic",
664     "PubMedLoader": "langchain_community.document_loaders.pubmed",
665     "PyMuPDFLoader": "langchain_community.document_loaders.pdf",
666     "PyPDFDirectoryLoader": "langchain_community.document_loaders.pdf",
667     "PyPDFLoader": "langchain_community.document_loaders.pdf",
668     "PyPDFium2Loader": "langchain_community.document_loaders.pdf",
669     "PySparkDataFrameLoader": "langchain_community.document_loaders.pyspark_dataframe",
670     "PythonLoader": "langchain_community.document_loaders.python",
671     "RSSFeedLoader": "langchain_community.document_loaders.rss",
672     "ReadTheDocsLoader": "langchain_community.document_loaders.readthedocs",
673     "RecursiveUrlLoader": "langchain_community.document_loaders.recursive_url_loader",
674     "RedditPostsLoader": "langchain_community.document_loaders.reddit",
675     "RoamLoader": "langchain_community.document_loaders.roam",
```

图1-4　LangChain提供了多种数据加载器

尽管LangChain庞大的生态系统增加了其复杂性，这也是它常被批评的一点，但它同时也赋予了LangChain强大的文档处理能力，使其能够轻松应对多种数据源并支持复杂的自然语言处理流程。

在 LangChain 的官方文档中，我们可以看到针对常见文件类型的加载器的详细说明（见图 1-5）。

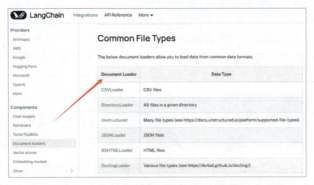

图1-5　常见文件类型的加载器的详细说明

1.1.3　用LangChain读取目录中的所有文件

通常，我们希望一次性读取某个目录下所有不同类型的文件（见图 1-6），并将其转换为 Document 对象进行统一管理。在 LangChain 中，可以通过 DirectoryLoader（文件目录加载器）来实现这一需求。

要使用 DirectoryLoader，首先应安装 Unstructured 工具的包。

```
pip install unstructured
pip install "unstructured[image]"
pip install "unstructured[md]"
sudo apt-get install tesseract-ocr # 这里以 Ubuntu 系统为例进行介绍
pip install pytesseract
```

图1-6　目录中包含了多种类型的文件

咖哥发言

由于我们的目录中包含了多种类型的文件，因此需要安装多款工具来支持不同的文件格式。其中，tesseract-ocr 是用于从图像或 PDF 文件中提取文本的 OCR 引擎，而 pytesseract 是 tesseract-ocr 的 Python 封装库。这里给出的是 Ubuntu 系统的安装方法，对于 Windows 操作系统和 macOS，请查阅 Tesseract 的官方文档进行安装。

下面的代码展示了如何使用 DirectoryLoader 从指定目录加载各种类型的文件，并为每个文档生成一个对象。

In
```python
from langchain_community.document_loaders import DirectoryLoader
loader = DirectoryLoader("./data/ 黑神话 ")
docs = loader.load()
print(f" 文档数：{len(docs)}") # 输出文档总数
```

Out
文档数：7

可以通过指定文件路径和文件匹配模式（如通配符）来加载特定目录下的特定文件类型。

In
```python
loader = DirectoryLoader("./", glob="**/*.md") # 只加载目录中的 Markdown 文件
```

如果希望在加载过程中看到进度条，可以安装 tqdm 库，并启用 show_progress 参数。

In
```python
loader = DirectoryLoader("./", show_progress=True) # 在加载过程中显示进度条
```

默认情况下，DirectoryLoader 使用单线程加载文件。为了提高加载速度，可以启用多线程。

In
```python
loader = DirectoryLoader("./", use_multithreading=True) # 启用多线程进行文档加载
```

DirectoryLoader 在后台默认使用 UnstructuredLoader（这是 LangChain 对文档解析工具 Unstructured 的集成）来加载并解析文件。但是，我们也可以通过 loader_cls 参数指定其他加载器。例如，使用 TextLoader 加载 TXT 文件（包括 Markdown 等文件）。

In
```python
from langchain_community.document_loaders import DirectoryLoader
from langchain_community.document_loaders import TextLoader
loader = DirectoryLoader("data/ 黑神话 ",
                         glob="**/*.md",
                         loader_cls=TextLoader # 指定特定加载器
)
docs = loader.load()
print(docs[0].page_content[:100]) # 打印第一个文档内容的前 100 个字符
```

图 1-7 展示了使用 TextLoader 和默认的 UnstructuredLoader 解析同一个 Markdown 文件时的结果对比。从对比中可以看出，TextLoader 在处理 Markdown

文件时保留了标题的格式，但使用 UnstructuredLoader 进行处理时并没有保留相应的格式。

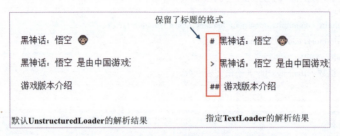

图1-7　不同加载器之间的解析结果存在差异

这里展示这一差异，主要是为了说明不同加载器在解析相同类型的文件时可能产生不同的结果。这并不意味着 TextLoader 优于 UnstructuredLoader，或者反之。实际上，每种加载器都有其适用的场景：TextLoader 更适用于加载结构简单的纯文本文件，包括但不限于 Markdown 文件；而 UnstructuredLoader 则具备更广泛的适用性，适用于更多种类的文件格式，并且能够在处理过程中提取出更为丰富的结构化信息。

如果不指定文件类型而尝试使用 TextLoader 导入所有类型的文件，当 TextLoader 遇到它不支持的文件类型时，就会抛出错误。

Out
```
UnicodeDecodeError: 'utf-8' codec can't decode byte 0xb5 in position 11: invalid start byte
```

为了避免程序因这些错误而中断，可以通过设置 silent_errors=True 参数来让加载器跳过无法加载的文件，并继续处理其他文件。

In
```
loader = DirectoryLoader("data/ 黑神话 ",
                silent_errors=True, # 跳过无法加载的文件
                loader_cls=TextLoader
)
```

Out
```
Error loading file data/ 黑神话 / 黑神话悟空 .pdf
Error loading file /data/ 黑神话 / 黑神话英文 .jpg
```

这样配置后，TextLoader 在尝试加载目录中的所有文件时，如果遇到像 PDF 或者图片这样的不支持的文件类型，会跳过这些文件并记录错误信息，而不是抛出异常导致程序运行中断。

1.1.4　用 LlamaIndex 读取目录中的所有文档

与 LangChain 类似，LlamaIndex 提供了强大的工具来加载目录中的文档，并将这些文档解析为 LlamaIndex 的 Document 对象。在 LlamaIndex 中，这类工具被称为数据连接器（Data Connector）或 Reader。

其中一个简单易用的 Reader 是 SimpleDirectoryReader，它可以从指定目录加载多种类型的文件，包括 Markdown、PDF、PPT、Word 和音视频等。

In
```
from llama_index.core import SimpleDirectoryReader
dir_reader = SimpleDirectoryReader("data/ 黑神话 ")
documents = dir_reader.load_data()
print(f" 文档数量：{len(documents)}")
```

Out
文档数量：11

接下来打印其中一个 Document 对象，让我们看看其整体结构。

In
```
print(documents[1])
```

Out
Document (id_='d48c275b-c62b-450b-a575-a6ff45ca9a91', embedding=None, metadata={'file_path': '/home/huangjia/Documents/08_RAG/Book2411/rag_240917/data/ 黑神话 / 黑神话版本介绍 .md', 'file_name': ' 黑神话版本介绍 .md', 'file_type': 'text/markdown', 'file_size': 1418, 'creation_date': '2024-11-26', 'last_modified_date': '2024-11-26'}, excluded_embed_metadata_keys=['file_name', 'file_type', 'file_size', 'creation_date', 'last_modified_date', 'last_accessed_date'], excluded_llm_metadata_keys=['file_name', 'file_type', 'file_size', 'creation_date', 'last_modified_date', 'last_accessed_date'], relationships={}, text='\n\n 黑神话：悟空   \n\n> 黑神话：悟空 是由中国游戏开发团队制作的一款备受瞩目的动作冒险游戏，以《西游记》为背景，重新演绎了经典故事，带来了极具冲击力的视觉和游戏体验。\n', mimetype='text/plain', start_char_idx=None, end_char_idx=None, text_template='{metadata_str}\n\n{content}', metadata_template='{key}: {value}', metadata_seperator='\n')

可以看到，LlamaIndex 生成的 Document 对象中的元数据比起 LangChain 生成的更加丰富，其中包括文件路径、文件类型、文件大小、创建日期、修改日期等。这些元数据为文档管理和后续分析提供了更多的上下文支持。此外，LlamaIndex 还提供了 excluded_embed_metadata_keys 和 excluded_llm_metadata_keys 选项，用于指定哪些元信息不应参与信息嵌入或大模型处理。这在需要精简上下文或提升检索效率时特别有用。

总体而言，LlamaIndex 在 Document 对象的结构化和粒度管理方面表现突出，可以满足企业场景下对多样化和复杂数据的处理需求。

小冰：我还注意到，使用 LlamaIndex 导入同一个目录后生成的 Document 对象数量比 LangChain 生成的多。

咖哥：是的。在默认设置下，LangChain 在导入时是一个原始文件对应一个 Document 对象，不会进行分块处理。然而，LlamaIndex 原则上也是这样操作的。不过，对于某些特定类型的文件，例如 CSV 文件，LlamaIndex 会自动将其拆分成多个部分，每个部分作为一个独立的 Document 对象进行处理。这意味着在导入过程中，对于 CSV 文件，LlamaIndex 同时进行了分块处理，因此生成的 Document 对象数量更多。

可以通过下面的代码读取目录中的特定文件。

```
file_reader = SimpleDirectoryReader(input_files=["data/ 黑神话 / 黑神话悟空的设定 .txt"])
documents = file_reader.load_data()
```

下面的代码则展示了如何直接生成 LlamaIndex 的 Document 对象，并手动添加元数据信息。

```
from llama_index.core import Document
documents = [
    Document(
        text=" 一个充满烈焰和硫黄气息的地下洞窟，火焰从地底不断喷涌，照亮整个深渊。悟空需要利用自己的跳跃能力和金箍棒在熔岩之间穿行，",
        metadata={
            "filename": " 烈焰深渊 .md",
            "category": " 游戏场景 ",
            "author": " 咖哥 AI",
            "creation_date": "2024-11-20",
        },
    ), … ]
```

1.1.5　用LlamaHub连接Reader并读取数据库条目

对于 SimpleDirectoryReader 处理不了的文件类型，LlamaIndex 支持通过 LlamaHub 下载和安装更复杂的 Reader。

咖哥
发言

LlamaHub 是 LlamaIndex 和外部工具的集成接口，其中不仅包括数据连接器，还有 Agent 工具、向量数据库、Llama 数据集等接口。

接下来以 MySQL 数据库的 Reader 为例进行介绍。在应用前应先安装 Database Reader 连接器。

首先，执行以下命令进行必要的安装。

```
pip install llama-index-readers-database
sudo apt-get install libmysqlclient-dev
sudo apt-get install python3-dev
pip install mysqlclient
```

然后使用下面的代码从 MySQL 数据库[①]加载数据。

In
```
from llama_index.readers.database import DatabaseReader
reader = DatabaseReader(
    scheme="mysql",
    host="localhost",
    port=3306,
    user="username",
    password="password",
dbname="example_db"
)
query = "SELECT * FROM game_scenes" # 选择所有游戏场景
documents = reader.load_data(query=query)
print(f' 从数据库加载的文档数：{len(documents)}")
print(documents)
```

Out
```
[Document(id_='43594ec8-2751-496f-b0eb-dbfa183d20a4', embedding=None, metadata={}, excluded_embed_metadata_keys=[], excluded_llm_metadata_keys=[], relationships={}, metadata_template='{key}: {value}', metadata_separator='\n', text_resource=MediaResource(embeddings=None, data=None, text='id: 1, scene_name: 朱家村 , description: 游戏开始的第一个村庄，充满了浓郁的中国古代乡村风情, region: 东部平原 , environment_type: 村庄 , main_enemies: 流寇、妖怪小兵 , special_features: 有重要 NPC 铁匠铺，可以升级武器 ', path=None, url=None, mimetype=None), image_resource=None, audio_resource=None, video_resource=None, text_template='{metadata_str}\n\n{content}'), … ]
```

这种方式可以直接将数据库查询的结果转换为 Document 对象，同时在 metadata_template 字段中定义 '{key}: {value}' 的数据结构模式。

更多 Reader 的信息可以在 LlamaHub 中找到，如图 1-8 所示。

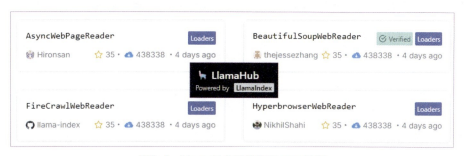

图1-8　LlamaHub提供的Reader信息

[①] 这里展示了在Ubuntu系统上安装mysqlclient的方法，请根据你的计算机环境需求查阅相关安装文档。此外，运行数据库连接器需要设置并运行MySQL Server，并添加数据表，此处不详细说明MySQL Server的配置细节。

1.1.6 用Unstructured工具读取各种类型的文档

如果你倾向于不使用任何框架而希望纯手工打造属于自己的 RAG 系统，利用 Unstructured 工具（见 1.1.3 小节）读取各种类型的文档是一个不错的选择。Unstructured 是一款专门设计的开源文档处理工具，支持解析多种类型的文档（见图 1-9），并且在处理过程中能够很好地保留原始文档的结构信息。

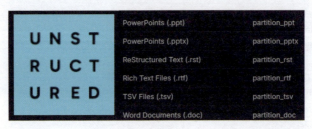

图1-9　Unstructured工具可以处理多种类型的文档

类似于 LangChain、LlamaIndex，在使用 Unstructured 工具导入文档之后，它会生成一种特有的数据对象，称为 Element。

首先，通过 partition_text 函数查看对文本文件的读取过程。

```python
from unstructured.partition.text import partition_text
text = "data/ 黑神话 / 黑神话悟空的设定 .txt"
elements = partition_text(text)
for element in elements:
    print(element)
```

实际上，partition_text 函数是 LangChain 目录加载器底层逻辑的一部分。

接下来，我们看看其生成的数据对象 elements 中包含了哪些细节。

```python
for i, element in enumerate(elements):
    print(f"\n--- Element {i+1} ---")
    print(f" 元素类型：{element.__class__.__name__}")
    print(f" 文本内容：{element.text}")
    if hasattr(element, 'metadata'):
        print(" 元数据：")
        metadata = vars(element.metadata)
        valid_metadata = {k: v for k, v in metadata.items()
                          if not k.startswith('_') and v is not None}
        for key, value in valid_metadata.items():
            print(f"  {key}: {value}")
```

Out

```
--- Element 1 ---
元素类型：Title
文本内容：《黑神话：悟空》的故事可分为 6 个章节，名为 " 火照黑云 "" 风起黄昏 "" 夜生白露 "" 曲
度紫鸳 "" 日落红尘 " 和 " 未竟 "，并且拥有两个结局，玩家的选择和经历将影响最终的结局。
元数据：
 file_directory: /data/ 黑神话
 filename: 黑神话悟空的设定 .txt
 languages: ['zho']
 last_modified: 2024-11-26T12:15:59
 filetype: text/plain
--- Element 2 ---
元素类型：Title
文本内容：每个章节结尾，附有二维和三维的动画过场，展示和探索《黑神话：悟空》中的叙事和主
题元素。
元数据：
 file_directory: /data/ 黑神话
 filename: 黑神话悟空的设定 .txt
 languages: ['zho']
 last_modified: 2024-11-26T12:15:59
 filetype: text/plain
```

这样，Unstructured 工具不仅导入了文档，还根据特定规则进行了分块处理。

通过使用 partition 函数，可以自动读取任一类型的文件。

In

```python
from unstructured.partition.auto import partition
filename = "data/ 黑神话 / 黑神话悟空 .pdf"
elements = partition(
    filename=filename,
    content_type="application/pdf"
)
print("\n\n".join([str(el) for el in elements][:10]))
```

尽管 partition 函数具有通用性，适用于多种文件类型，但它在处理特定文件时功能相对简单。相较之下，像 partition_html、partition_pdf 这样的专用函数，则能够在处理相应的文档类型时发挥出更大的特色和优势。

虽然 Unstructured 工具功能强大，但它并不是唯一的选择。在实际项目中，我们经常需要根据具体需求选择不同的工具，例如，要处理 PDF 文件，PyMuPDF 也是一个常见的选择（当然，还有很多其他选择）。应用 PyMuPDF 前，应先安装。

In

```
pip install pymupdf
```

以下代码示例展示了如何进行操作。

In
```
import pymupdf
doc = pymupdf.open("data/ 黑神话 / 黑神话悟空 .pdf')
text = [page.get_text() for page in doc]
```

你可以比较不同工具解析出的文本格式之间的异同。

至此,关于简单文本读取的介绍就告一段落了。这几个小节中介绍的内容虽然基础,但覆盖了多样的技术层面。重点在于,每种工具都会生成自己的结构化数据对象,其中包含一系列元数据。希望你能够通过实战认真操练,以加深对各种工具的理解。

1.2 用JSON加载器解析特定元素

咖哥反复强调,针对特定类型的文件选择合适的加载器可以提升数据处理的效率。接下来,我们就来探讨一下 LangChain 中 JSON 加载器的用法和特点。

首先,我们来看一个包含丰富数据结果信息的 JSON 文件,如图 1-10 所示。

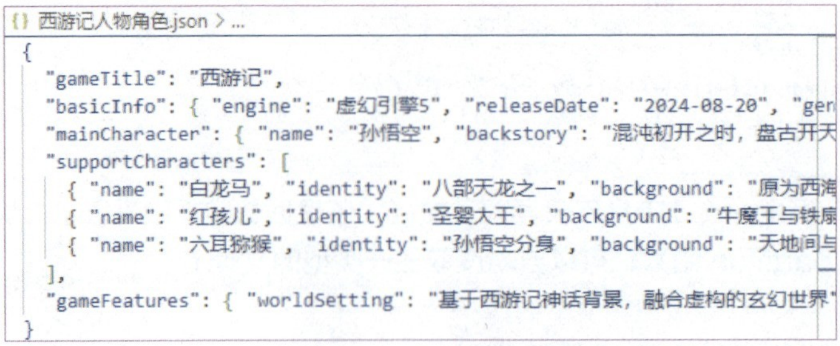

```
{} 西游记人物角色.json > ...
{
    "gameTitle": "西游记",
    "basicInfo": { "engine": "虚幻引擎5", "releaseDate": "2024-08-20", "gen
    "mainCharacter": { "name": "孙悟空", "backstory": "混沌初开之时, 盘古开天
    "supportCharacters": [
        { "name": "白龙马", "identity": "八部天龙之一", "background": "原为西海
        { "name": "红孩儿", "identity": "圣婴大王", "background": "牛魔王与铁扇
        { "name": "六耳猕猴", "identity": "孙悟空分身", "background": "天地间与
    ],
    "gameFeatures": { "worldSetting": "基于西游记神话背景, 融合虚构的玄幻世界
}
```

图1-10 JSON文件示例

如果我们使用 TextLoader 加载 JSON 文件,输入和输出将会如下。

In
```
from langchain_community.document_loaders import TextLoader
text_loader = TextLoader("data/ 西游记人物角色 .json")
text_documents = text_loader.load()
print(text_documents)
```

Out
[Document(metadata={'source': 'data/ 西游记人物角色 .json'}, page_content='{\n "gameTitle": " 西游记 ",\n "basicInfo": { "engine": " 虚幻引擎 5", "releaseDate": "2024–08–20", "genre": " 动作角色扮演 ", "platforms": ["PC", "PS5", "Xbox Series X/S"], "supportedLanguages": [" 简体中文 ", " 繁体中文 "] },\n "mainCharacter": { "name": " 孙悟空 ", "backstory": " 混沌初开之时……孙悟空 。", "abilities": [" 七十二变 ", ……], …… "supportCharacters": [\n   { "name": " 白龙马 ", "identity": " 八部天龙之一 ", "background": " 原为西海龙王三太子…… ", "abilities": [" 水遁 ", " 腾云驾雾 ", " 变 "] },\n   { "name": " 红孩儿 ", "identity": " 圣婴大王 ", "background": " 牛魔王与铁扇公主之子…… ", "abilities": [" 三昧真火 ", " 火眼 ", " 战斗形态 "] },\n   { "name": " 六耳猕猴 ", "identity": " 孙悟空分身 ", …… }\n}\n')

通过上述代码,可以看到,TextLoader 将 JSON 文件作为纯文本读取。这意味着整个 JSON 内容被作为一个字符串存储在 page_content 字段中。若要使用 page_ content 中的具体字段值，还需要进一步解析这个字符串。

如果使用 JSONLoader，则可以直接通过 jq 查询语法提取 JSON 文件中的特定元素。

首先，我们需要安装必要的库 jq，这是一款轻量级的 JSON 处理工具，适用于解析、操作和格式化 JSON 数据。

```
pip install jq
```

以下代码示例展示了如何使用 JSONLoader 解析 JSON 文件。

```python
from langchain_community.document_loaders import JSONLoader
# 提取并打印主角信息
print("1. 主角信息：")
main_loader = JSONLoader(
    file_path="data/黑神话/黑神话人物角色.json",
    jq_schema='.mainCharacter | "姓名：" + .name + "，背景：" + .backstory',
    text_content=True
)
main_char = main_loader.load()
print(main_char)
# 提取并打印支持角色信息
print("\n2. 支持角色信息：")
support_loader = JSONLoader(
    file_path="data/黑神话/黑神话人物角色.json",
    jq_schema='.supportCharacters[] | "姓名：" + .name + "，背景：" + .background',
    text_content=True
)
support_chars = support_loader.load()
print(support_chars)
```

```
1. 主角信息：
[Document(metadata={'source': '/西游记人物角色.json', 'seq_num': 1}, page_content='姓名：孙悟空……')]
2. 支持角色信息：
[Document(metadata={'source': '西游记人物角色.json', 'seq_num': 1}, page_content='姓名：白龙马……', )
Document(metadata={'source': '西游记人物角色.json', 'seq_num': 2}, page_content='姓名：红孩儿……',
……]
```

可以看到，JSONLoader 能够将各个角色拆分为多个 Document 对象，并通过 seq_num 进行编号。每个 Document 对象不仅包含了原始文档的元数据（如来源文件名），还解析了文档内部数据结构，即具体的字段信息。

1.3 用UnstructuredLoader读取图片中的文字

小冰：咖哥，Unstructured 工具可以读取多种格式的文件，而你在前面内容中也提到，LangChain 的目录加载器默认使用了 UnstructuredLoader 来加载文档，能否详细说说这款工具？

咖哥：Unstructured 是 Unstructured.IO 提供的一个文本提取工具包，既可以在本地运行，也可以通过 Unstructured API 来使用，并支持多种类型文档的解析。

如果希望以最小安装规模运行 Unstructured 工具，可以执行以下命令，并根据需要安装针对不同类型文档的依赖项。

```
pip install unstructured
```

如果希望调用 Unstructured API，则需要执行以下命令，并申请及配置相应的 API Key。

```
pip install unstructured-client
```

如果希望在 LangChain 中使用该工具，可以执行以下命令安装相关的包。

```
pip install langchain-unstructured
```

除了通用 UnstructuredLoader 以外，LangChain 还集成了其他多种文件格式的 Unstructured 文档加载器，例如 UnstructuredExcelLoader、UnstructuredMarkdownLoader 和 UnstructuredImageLoader 等。关于完整的加载器列表，可以访问 LangChain 官网获取更多信息。

1.3.1 读取图片中的文字

接下来，我们选择使用 UnstructuredImageLoader 尝试读取一张包含英文的图片（见图1-11）。

图1-11 一张包含英文的图片

In
```
from langchain_community.document_loaders import UnstructuredImageLoader
image_path = "data/ 黑神话 / 黑神话英文 .jpg"
loader = UnstructuredImageLoader(image_path)
data = loader.load()
print(data)
```

Out
```
yolox_l0.05.onnx: 100%|████████| 217M/217M [00:01<00:00, 116MB/s]
[Document(metadata={'source': 'data/ 黑神话 / 黑神话英文 .jpg'}, page_content=',\n\nPons\n\n= ens eens WUKONGY\n\n4')]
```

从上述输出可以看出,该过程调用了深度学习模型(如 YOLO)来分析图像的像素信息,以此识别并提取其中的文本内容,这是 OCR 技术的一种实现方式。此外,可以通过设置参数来指定其他的 OCR 方法,例如 Tesseract。提取到的文本也会被封装成 Document 对象。

不过,在这个示例中,"Black Myth WUKONG"被错误地识别为"ens eens WUKONGY",这表明 OCR 的结果并不理想。针对这种情况,可能是这张图片本身的特性导致难以准确识别。

1.3.2 读取PPT中的文字

小冰:这只是文字提取啊,那针对图片内容,怎么解析?

咖哥:Unstructured 工具专注于从文件中提取和解析文本内容,而非解析或处理图片本身。这意味着它无法直接读取图片内容,也不能告诉我们图片中有一只威风凛凛的猴子。如果想要了解图片(或 PPT、PDF 等文件)中的具体内容,需要调用大模型的 API 或者使用能够分析图片的本地多模态模型(如 BLIP)来完成。

小冰:LangChain 的加载器整合了 Unstructured 等外部工具的功能,并生成了 Document 对象。如果我们直接调用这些外部工具进行文件解析,也是完全可以的,对吧?

咖哥:是的。

以下代码示例展示了如何直接使用 Unstructured 工具的 partition_ppt 函数读取 PPT 中的文字。

In
```
from unstructured.partition.ppt import partition_ppt
ppt_elements = partition_ppt(filename="data/ 黑神话悟空 PPT.pptx")
for element in ppt_elements:
    print(element.text)
```

> 08.20 直面天命
> 序章
> 《黑神话：悟空》是一款基于《西游记》改编的中国神话动作角色扮演游戏，玩家化身"天命之人"，在险象环生的西游冒险中追寻传说背后的秘密。
> 改编自中国神魔小说《西游记》……

得到解析的原始文本后，接下来手动将 pdf_elements 的内容转为 LangChain 的 Document 对象。

```
from langchain_core.documents import Document
documents = [
Document(page_content=element.text,
         metadata={"source": "data/ 黑神话悟空 PPT.pptx"})
    for element in ppt_elements
]
print(documents[0:3])
```

> [Document(metadata={'source': 'data/ 黑神话悟空 PPT.pptx'}, page_content='08.20'),
> Document(metadata={'source': 'data/ 黑神话 / 黑神话悟空 PPT.pptx'}, page_content=' 直面天命 '),
> Document(metadata={'source': 'data/ 黑神话 / 黑神话悟空 PPT.pptx'}, page_content=' 序章 ')]

这就相当于手动实现了一个 LangChain 中所需的 UnstructuredPPTLoader。

1.4 用大模型整体解析图文

在问答系统中，我们希望能够直接上传 PDF 或 PPT 文件至知识库，并基于其中的图片内容来回答问题。正如 1.3.2 小节提到的，要对图片进行整体解析，某些工具（如 Unstructured）尚无法实现这一点。然而，现代的多模态大模型可以轻而易举地完成这项任务。

咖哥发言

> 这个过程被称为图像的"grounding"，即视觉对齐或视觉锚定，涉及将图像中的特定部分与语言描述或语义概念关联起来。借助诸如 CLIP 这类多模态模型，通过图文对比学习和对齐技术，可以实现视觉与语言之间的深度结合。这种结合通过利用视觉编码器（如 ViT）和语言模型，使得理解和转化图像细节成为可能。通过对大量图像及相应文本的训练，模型能够学习图像中不同元素（如物体、文字、场景等）的语义表示。

例如，当我们上传一个包含文本和图片的 PDF 文件时，模型首先会解析图片内容并生成描述，如"一只威风凛凛的猴子站在山顶，周围环绕着飘扬的云雾"，然后，结合文本信息构建上下文知识库。这种方式使得图文信息更加直观和完整，实现了跨模态推理，即根据图片中隐含的语义以及文本中的信息来作出更复杂的回答。例如,能够回答类似"这只猴子腾云驾雾的能力可能与什么背景环境有关?"这样的问题。

图 1-12 展示了图文并茂文件及其解析结果的预期效果。

图1-12　图文并茂文件及其解析结果

对于读取 PDF 文件中的图文,实现步骤首先是调用大模型为每一个页面生成说明文字,然后将这些说明文字转换成 LangChain 所需的 Document 对象。(运行此程序需要在环境变量中设置 OpenAI API Key。)

首先,使用 pdf2image 将从 PDF 文件中提取的每一页作为图片。

```
from pdf2image import convert_from_path
import base64
import os
output_dir = "temp_images"
if not os.path.exists(output_dir):
    os.makedirs(output_dir)
# 将 PDF 文件转换为图片,并保存至指定目录
images = convert_from_path("data/ 黑神话 / 黑神话悟空 .pdf")
image_paths = []
for i, image in enumerate(images):
    image_path = os.path.join(output_dir, f'page_{i+1}.jpg')
    image.save(image_path, 'JPEG')
    image_paths.append(image_path)
print(f" 成功转换 {len(image_paths)} 页 ")
```

其次，利用多模态大模型对提取的图片进行分析并生成说明文字。

```python
from openai import OpenAI
client = OpenAI()
print("\n 开始分析图片……")
results = []
for image_path in image_paths:
    with open(image_path, "rb") as image_file:
        base64_image = base64.b64encode(image_file.read()).decode('utf-8')
    response = client.chat.completions.create(
        model="gpt-4o-mini",
        messages=[
            {
                "role": "user",
                "content": [
                    {"type": "text", "text": " 请详细描述这张幻灯片的内容，包括标题、正文和图片内容。"},
                    {
                        "type": "image_url",
                        "image_url": {
                            "url": f"data:image/jpeg;base64,{base64_image}"
                        }
                    }
                ]
            }
        ],
        max_tokens=300
    )
    results.append(response.choices[0].message.content)
```

最后，将生成的说明文字及相关元数据转换为 LangChain 的 Document 对象。

```python
from langchain_core.documents import Document
documents = [
    Document(
        page_content=result,
        metadata={"source": "data/ 黑神话 / 黑神话悟空 .pdf", "page_number": i+1}
    )
    for i, result in enumerate(results)
]
print("\n 分析结果：")
for doc in documents:
    print(f" 内容： {doc.page_content}\n 元数据： {doc.metadata}\n")
```

> Out

成功转换 5 页
开始分析图片……
分析结果:

内容: 这张幻灯片的内容包括以下几个方面:
** 标题 **:
- 主要标题为"悟空",旁边配有红色印章风格图案。
** 正文 **:
- 中间的文字内容是"BLACK MYTH WUKONG",表明该幻灯片可能与一款名为《黑神话:悟空》的游戏或项目相关。
- 下方的日期显示为"08.20",暗示可能是一个重要的发布或活动日期。
- 还有一句话"直面天命",可能传达了游戏的主题或挑战。
** 图片内容 **:
- 幻灯片的背景展示了一个具有神秘感的黑色花纹设计。
- 中间是一个角色的面部特写,具有浓密的毛发和强烈的眼神,给人一种强烈的力量感和气势。
- 角色的神态严肃,突显其角色特性,营造出引人注目的氛围。
整体来说,这张幻灯片看起来是为了展示与"悟空"相关的游戏信息,传达出一种古老神话与现代游戏结合的感觉。
元数据: {'source': 'data/ 黑神话 / 黑神话悟空 .pdf', 'page_number': 1}

内容: 这张幻灯片的内容包括以下几个方面:
标题
- ** 章节 **("序章")
正文
- 正文描述了一款名为《黑神话:悟空》的游戏,这款游戏是基于《西游记》改编的中国神话动作角色扮演游戏。它突出了在游戏环境中玩家角色的探险,以及与"天命之人"相关的背景故事。
图片内容
- 图片显示了一圈炽热的光环,似乎在岩石上发光,营造出一种神秘和幻想的氛围。背景为深色调,装饰有复杂的花纹,增加了图像的视觉吸引力。
整体来说,幻灯片旨在介绍这款游戏的主题和背景,结合视觉元素增强了探索神话故事的感觉。
元数据: {'source': 'data/ 黑神话 / 黑神话悟空 .pdf', 'page_number': 2}

内容: 这张幻灯片的内容如下:
- ** 标题 **: " 改编自中国神魔小说《西游记》"
- ** 正文 **: 幻灯片的正文没有其他文字,仅包含标题。
- ** 图片内容 **: 背景为暗色调,似乎含有模糊的人物画面,可能与《西游记》的故事情节或人物相关,体现出神秘和古典的气氛。
整体上,这张幻灯片的设计风格可能旨在营造一种历史感和神秘感,聚焦于《西游记》这一经典作品。
元数据: {'source': 'data/ 黑神话 / 黑神话悟空 .pdf', 'page_number': 3}

...

通过上述步骤,我们成功地将 PDF 文件中每一页的图像及其包含的文字内容转换为结构化的文本描述。接下来,结合 LangChain 和 LlamaIndex 等框架,我们可以将这些文字信息与对应的图像描述转换为 Document 对象。将这些 Document 对象保存至知识库后，它们可以成为 RAG 系统的组成部分，后续流程中的问答引擎能够利用这些文本信息来回答用户提出的问题。

1.5　导入CSV格式的表格数据

在处理和解析数据时，导入 CSV 文件是一个常见的需求。LangChain 提供的 CSVLoader 工具可以满足这一需求。

1.5.1　使用CSVLoader导入数据

CSVLoader 在加载 CSV 文件（见图 1-13）时，会自动为每一行数据生成 page_content 和 metadata。其中，metadata 包含数据来源（source）和行号（row），这在后续数据处理和查询中非常有用。

	A	B	C	D
1	Category	Name	Description	PowerLevel
2	装备	铜云棒	一根结实的青铜棒，挥舞时能发出破空之声，适合近战攻击。	85
3	装备	百戏衬钱衣	一件精美的战斗铠甲，能够提供强大的防御并抵御剧毒伤害。	90
4	技能	天雷击	召唤天雷攻击敌人，造成大范围雷电伤害。	95
5	技能	火焰舞	施展火焰舞步，将敌人包围在炽热的火焰之中。	92
6	人物	悟空	主角，拥有七十二变和腾云驾雾的能力，行侠仗义。	100
7	人物	银角大王	强大的妖王之一，擅长操控各种法宝，具有极高的战斗力。	88

图1-13　CSV文件示例

以下代码示例展示了一个简单的操作过程。

```
from langchain.document_loaders import CSVLoader
file_path = "data/ 黑神话 / 黑神话悟空 .csv"
loader = CSVLoader(file_path=file_path)
data = loader.load()
for record in data[:2]:
    print(record)
```

Out:
page_content='Category：装备 Name：铜云棒 Description：一根结实的青铜棒，挥舞时能发出破空之声，适合近战攻击。PowerLevel：85'
metadata={'source': 'data/ 黑神话 / 黑神话悟空 .csv', 'row': 0}
page_content='Category：装备 Name：百戏衬钱衣 Description：一件精美的战斗铠甲，能够提供强大的防御并抵御剧毒伤害。PowerLevel：90'
metadata={'source': 'data/ 黑神话 / 黑神话悟空 .csv', 'row': 1}

在这个示例中，page_content 包含了每行数据的具体内容，而 metadata 则提供了数据来源的文件路径及行号，这有助于后续的数据查询与处理工作。需要注意的是，CSV 文件的第一行被视为标题行，其内容默认作为字段名称，即列名。

在下面的代码示例中，我们通过 csv_args 指定 CSV 文件的一些参数，并使用自定义列名。

In

```
loader = CSVLoader(
    file_path=file_path,
    csv_args={
        "delimiter": ",",
        "quotechar": '"',
        "fieldnames": [" 种类 ", " 名称 ", " 说明 ", " 等级 "],
    },
)
data = loader.load()
for record in data[:2]:
    print(record)
```

Out

```
page_content=' 种类：Category 名称：Name 说明：Description 等级：PowerLevel'
metadata={'source': 'data/ 黑神话 / 黑神话悟空 .csv', 'row': 0}
page_content=' 种类：装备 名称：铜云棒 说明：一根结实的青铜棒，挥舞时能发出破空之声，适合近战攻击。 等级：85'
metadata={'source': 'data/ 黑神话 / 黑神话悟空 .csv', 'row': 1}
```

这样处理后，page_content 中将使用新的列名如"种类""名称"等替换原有的字段名。由于额外指定了字段名称，因此这种导入方式会直接将文件内部的第一行视为数据行，而非标题行。

可以使用 CSV 文件中的某个特定列来设置元数据 'source' 的值，该列的内容将替换默认的 CSV 文件名，成为每个文档条目的来源标识。下面通过代码示例进行说明。

In

```
loader = CSVLoader(file_path=file_path, source_column="Name")
data = loader.load()
for record in data[:2]:
    print(record)
```

Out

```
page_content='Category：装备 Name：铜云棒 Description：一根结实的青铜棒，挥舞时能发出破空之声，适合近战攻击。 PowerLevel：85'
metadata={'source': ' 铜云棒 ', 'row': 0}
page_content='Category：装备 Name：百戏衬钱衣 Description：一件精美的战斗铠甲，能够提供强大的防御并抵御剧毒伤害。 PowerLevel：90'
metadata={'source': ' 百戏衬钱衣 ', 'row': 1}
```

在这个示例中，source_column 参数指定 "Name" 列作为数据来源。因此，metadata 中的 source 字段会采用每行对应的 "Name" 列值。例如，对于第一个记录，source 值为"铜云棒"；而对于第二个记录，则是"百戏衬钱衣"。

这种新生成的元数据信息在查询特定项时非常有用。例如，在问答链中，如果你希望仅查询与"百戏衬钱衣"相关的记录，则可以通过 source 字段进行过滤。

1.5.2 比较CSVLoader和UnstructuredCSVLoader

小冰：咖哥，你在前面内容中提到过，Unstructured 工具能够加载几乎所有类型的文件。我们能不能比较一下 CSVLoader 和 UnstructuredCSVLoader 的效果呢？

咖哥：当然。以下代码示例展示了如何使用 UnstructuredCSVLoader 从指定路径加载数据，并打印出来。

In
```
from langchain_community.document_loaders import UnstructuredCSVLoader
loader = UnstructuredCSVLoader(file_path=file_path)
data = loader.load()
print(data)
```

Out
```
[Document(metadata={'source': 'data/黑神话/黑神话悟空.csv'}, page_content='\n\nCategory\nName\nDescription\nPowerLevel\n\n\n 装备 \n 铜云棒 \n 一根结实的青铜棒，挥舞时能发出破空之声，适合近战攻击。\n85\n\n\n 装备 \n 百戏衬钱衣 \n 一件精美的战斗铠甲，能够提供强大的防御并抵御剧毒伤害。\n90\n\n\n 技能 \n 天雷击 \n 召唤天雷攻击敌人，造成大范围雷电伤害。\n95\n\n\n 技能 \n 火焰舞 \n 施展火焰舞步，将敌人包围在炽热的火焰之中。\n92\n\n\n 人物 \n 悟空 \n 主角，拥有七十二变和腾云驾雾的能力，行侠仗义。\n100\n\n\n 人物 \n 银角大王 \n 强大的妖王之一，擅长操控各种法宝，具有极高的战斗力。\n88\n\n\n')]
```

小冰：对于 CSV 文件，LangChain 提供的 CSVLoader 的实用性要优于 UnstructuredCSVLoader，因为文档结构保存得更好。每一行都被作为一个独立的 Document 对象进行处理，且元数据保留了重要的 row id 字段，可以将其作为检索过程的"数据来源索引"。当然，如果你的任务需求是需要将整个 CSV 文件作为一个整体文本块来处理，则另当别论。

咖哥：是的，尽可能地保存原始文档的结构信息，是 RAG 系统中数据读取的一个永恒目标，也是一个难点。例如，CSV 文件中的行号、Markdown 文件中的标题和层次以及图文并茂的 PDF 文件页面中的图片位置信息等，都是在数据读取过程中需要考虑的因素。

小冰：那么，咖哥，如果我使用 DirectoryLoader 一次性加载多种类型的文档，对于 PDF 等文件使用默认加载器，而对于 CSV 文件，我想使用 CSVLoader，应该如何操作呢？

咖哥：这也很简单，你可以参考以下代码进行操作。

In
```
loader = DirectoryLoader(
    path="data/黑神话",
    glob="**/*.csv", # 匹配所有 CSV 文件的模式
    loader_cls=CSVLoader # 指定对于匹配的文件使用 CSVLoader
)
```

这样设置后，DirectoryLoader 将只针对位于特定目录下的所有 CSV 文件使用 CSVLoader 进行加载，而不是使用默认的 UnstructuredCSVLoader。

1.6 网页文档的爬取和解析

接下来，我们将探讨如何爬取网页并将其转换为 LangChain 的 Document 对象。网页内容不仅涵盖文本信息，还包括图片及其他多媒体元素，这些通常以 HTML 格式进行编码，并可能含有指向其他页面或资源的链接。

LangChain 提供了多种网页文档加载器，以满足不同的应用场景（见表 1-1）。

表 1-1 网页文档加载器

文档加载器	说明	Package/API	特点
WebBaseLoader	利用 urllib 和 BeautifulSoup 加载及解析网页	Package	操作简便，适用于基本网页内容的抓取
UnstructuredLoader	利用 Unstructured 工具加载及解析网页	Package	支持复杂的网页结构，适合处理异构内容
RecursiveURLLoader	从根 URL 开始递归抓取所有子链接	Package	自动化链接抓取流程，适合大规模网站的数据收集
SitemapLoader	根据提供的网址地图抓取所有网页	Package	高效解析网站结构，快速获取所有网页内容
Firecrawl	提供本地部署的 API 服务，托管版本提供免费额度	API	具备灵活性与可扩展性，适用于需要实时抓取及转换的应用

接下来，我们将重点介绍 WebBaseLoader 和 UnstructuredLoader 的具体实现。

1.6.1 用WebBaseLoader快速解析网页

可以使用 WebBaseLoader 快速加载网页文件，并针对每个网页生成一个包含"扁平化"字符串内容的 Document 对象。

首先需要安装 beautifulsoup4 库。

In
```
pip install beautifulsoup4
```

以下代码示例展示了如何将《黑神话：悟空》的维基百科页面载入 Document 对象中。

In
```
import bs4
from langchain_community.document_loaders import WebBaseLoader
page_url = "https://zh.wikipedia.org/wiki/黑神话：悟空"
loader = WebBaseLoader(web_paths=[page_url])
docs = loader.load()
print(f"{docs[0].metadata}\n")
print(docs[0].page_content.strip())
```

Out
```
{'source': 'https://zh.wikipedia.org/wiki/黑神话: 悟空 ', 'title': ' 黑神话: 悟空 – 维基百科, 自由的百科全书 ',
'language': 'zh'} 黑神话: 悟空 – 维基百科, 自由的百科全书 跳转到内容 主菜单 主菜单 移至侧栏 隐藏
导航首页 分类索引特色内容 新闻动态……目录移至侧栏 隐藏 序言 1 玩法 2 情节 2.1 设定 2.2 故事 2.2.1
前序 2.2.2 寻找根器……
```

上述方法会提取页面的完整文本，但可能包含多余信息，例如标题或导航栏。如果了解网页的 HTML 结构，可以通过 BeautifulSoup 指定所需的 <div> 类名，从而过滤掉不必要的内容。

以下代码示例展示了如何仅解析并提取网页内容的主体部分。

In
```
loader = WebBaseLoader(
    web_paths=[page_url],
    bs_kwargs={ "parse_only": bs4.SoupStrainer(id="bodyContent"), }, # 仅解析网页内容的主体部分
    bs_get_text_kwargs={"separator": " | ", "strip": True},
)
```

Out
```
{'source': 'https://zh.wikipedia.org/wiki/黑神话：悟空 '}
维基百科, 自由的百科全书 | 黑神话: 悟空 | 类型 | 角色扮演 | [ | 1 | ] | 平台 | Microsoft Windows | Play-
Station 5 | Xbox Series X/S | 开发商 | 游戏科学 | …
```

其中，"parse_only": bs4.SoupStrainer(id="bodyContent") 指的是网页中带有 id="bodyContent" 的 HTML 元素。这通常代表网页的主体内容部分，主要包括文章或页面的核心信息，而不包括导航栏、页脚或其他辅助元素。

这样可以得到更简洁的结果，过滤掉如"跳转到内容 主菜单 主菜单 移至侧栏 隐藏导航首页 分类索引特色内容"等无实际意义的链接文字，直接定位知识主体。

1.6.2　用UnstructuredLoader细粒度解析网页

如果需要更细粒度的内容控制，可以选择更高级的解析方式，例如使用 Unstructured Loader 进行解析。这种方法适用于需要精确索引特定网页内容的场景。处理后，针对每个网页会生成多个 Document 对象，分别表示页面上的不同结构，如标题、正文、列表或表格等。

首先应确认已安装 langchain-unstructured 接口包。在这里，我们通过本地调用 Unstructured 包（在后面内容中还会展示如何通过 API 调用 Unstructured 工具）。

In
```
pip install "langchain-unstructured[local]"
```

以下代码示例展示了如何使用 Unstructured 工具加载同一个网页。

In
```
from langchain_unstructured import UnstructuredLoader
page_url = "https://zh.wikipedia.org/wiki/黑神话: 悟空 "
loader = UnstructuredLoader(web_url=page_url)
docs = loader.load()
for doc in docs[:5]:
    print(f'{doc.metadata["category"]}: {doc.page_content}')
```

> Out
>
> Title: 黑神话：悟空
> ListItem: العربية
> ListItem: مصرى
> ListItem: Azərbaycanca
> ListItem: Беларуская(тарашкевіца)
> ...

此处输出的每个 Document 对象表示页面的一个元素。元数据中包含元素类别，如标题或正文。

> 在 1.1.6 小节中，我们已经了解到，Unstructured 工具具备将文件中的各类元素解析为 Element 数据对象的能力。借助 LangChain 提供的 UnstructuredLoader，可以进一步将这些 Element 数据对象集中转换为 Document 对象。

解析得到的页面元素可能具有父子关系，例如，某个段落可能隶属于特定的标题或者表格（如 "category" 为 "Title" 或者 "Table"）。可以通过以下代码提取并组合这些页面元素。

> In

```python
from langchain_unstructured import UnstructuredLoader
from typing import List
from langchain_core.documents import Document
page_url = "https://zh.wikipedia.org/wiki/黑神话：悟空"
def _get_setup_docs_from_url(url: str) -> List[Document]:
    loader = UnstructuredLoader(web_url=url)
    setup_docs = []
    for doc in loader.load():
        if doc.metadata["category"] == "Title" or doc.metadata["category"] == "Table":
            parent_id = doc.metadata["element_id"]
            current_parent = doc  # 更新当前父元素
            setup_docs.append(doc)
        elif doc.metadata.get("parent_id") == parent_id:
            setup_docs.append((current_parent, doc))  # 将父元素和子元素一起存储
    return setup_docs
docs = _get_setup_docs_from_url(page_url)
for item in docs:
    if isinstance(item, tuple):
        parent, child = item
        print(f' 父元素 - {parent.metadata["category"]}: {parent.page_content}')
        print(f' 子元素 - {child.metadata["category"]}: {child.page_content}')
    else:
        print(f'{item.metadata["category"]}: {item.page_content}')
```

```
Out    父元素 – Title: 黑神话：悟空
       子元素 – ListItem: ไทย

       父元素 – Title: 黑神话：悟空
       子元素 – ListItem: Tiếng Việt

       父元素 – Title: 黑神话：悟空
       子元素 – ListItem: 闽南语 / Bân-lâm-gú

       Title: 维基百科，自由的百科全书

       Table: 黑神话：悟空 类型 角色扮演 [ 1 ] 平台 Microsoft Windows PlayStation 5 Xbox Series X/S……

       Title:《黑神话：悟空》是一款由游戏科学开发和发行的动作角色扮演游戏，被媒体誉为中国首款
       "3A 游戏 "[4]。

       Title: 游戏内容改编自中国四大名著之一的《西游记》[5][6]，在正式发布前，游戏已获得业界媒体与
       评论家们的普遍好评，称赞其在战斗系统、视觉设计以及世界观方面的构建。游戏上线后迅速登顶多
       个平台的销量榜首，[7] 发售后一个月内全球销量超过 2000 万份，成为有史以来销售速度最快的游戏
       之一。
```

在这段代码中，使用 current_parent 变量存储当前的父元素。当遇到子元素时，将其与当前父元素存储为一个元组。输出时，检查是不是元组，如果是，则分别打印父元素和子元素。这样可以确保每个子元素及其对应的父元素都能清晰地展示出来。

咖哥发言

在 Unstructured 工具解析出的 Element 数据对象中，parent_id 是一个重要的元数据字段，它指示了当前元素的父元素。这一字段帮助构建和维护文档的层次结构，明确当前元素与上层结构之间的关系，尤其在解析复杂文档时显得尤为重要。例如，列表项会有一个 parent_id，指向其所属的标题或段落。这样使得在需要重建文档的树状结构时，能够准确恢复每个内容块的位置和从属关系。在展示或分析文档结构时，可以根据 parent_id 将内容重新组织起来，例如，将列表项正确归属到对应的标题下。

1.7　Markdown 文件标题和结构

学到这里，你或许已经感觉到，咖哥非常强调在载入文档后保存其中的"原始信息"。确实如此，这些文档的固有格式（如 CSV 文件中的行 ID 或 HTML 文件中的元素层次）所蕴含的结构或者关系信息，在 RAG 系统的索引、检索和生成过程中可能会发挥重要

作用。

而接下来要讨论的 Markdown 文档，在构建 RAG 系统时也是一种极为重要的文件类型。将源数据统一转换为 Markdown 格式的做法背后，有以下几个原因。

- Markdown 是轻量级标记语言，易于阅读和解析：相较于 HTML、XML 等更为复杂的标记语言，Markdown 的语法较为简洁明了，无论是手动还是自动解析都更加容易。这一点对于预处理、切分、摘要化文档以及后续的特征提取、索引构建都非常有利。
- 与大模型的训练数据风格接近：多数大模型（如 ChatGPT 和 DeepSeek）在训练阶段已经接触过大量以 Markdown 格式呈现的文本内容（包括 GitHub README、技术文档、博客文章等）。这意味着面对 Markdown 格式的内容时，这些大模型能够更有效地提取有用信息，并生成自然且合适的回答。
- 保留文本的层次结构与基本格式信息：Markdown 可以以相对简便的方式保存标题、段落、列表、表格、代码块等结构信息。这种能力有助于 RAG 系统中的大模型理解文本的逻辑层次和语义分区，从而在回答问题时更好地引用和组织信息。
- 统一与简化数据格式：由于不同数据源（如 HTML、PDF、CSV 表格、数据库文本）的格式和结构存在很大差异，可能包含复杂的 HTML 标签、不同的编码方式等。将所有数据转换为 Markdown 可以在一定程度上实现格式的统一，简化后续处理步骤。
- 便于后续呈现：在最终输出时，RAG 系统可以直接输出 Markdown 格式的文本，使得回答在前端界面（如聊天窗口）中既具有良好的可读性又拥有不错的可视化效果，无须额外进行格式转换。

因此，Markdown 格式不仅有利于数据的预处理和大模型对数据的理解与解析，还便于清晰地呈现信息。值得注意的是，Markdown 文件同样包含了层次结构信息，如图1-14所示，每个标题下面都有相关的内容，这些不应被割裂。这意味着在解析过程中，确保"标题－其中的文本"这样的层次结构是非常重要的。

图1-14 Markdown文件包含"标题－其中的文本"等层次结构

接下来我们看看 UnstructuredMarkdownLoader 的应用细节。在默认模式下，UnstructuredMarkdownLoader 会将整个 Markdown 文件作为一个单独的 Document 对象进行加载。这意味着解析出的内容会被整体存储在一个数据列表中，而该列表仅包含一个 Document 对象，其 page_content 属性将包含整个文件的文本内容。这种方式非常适合处理那些内容较短或不需要进一步细分的文档，因为它便于整体读取和处理。

In

```python
from langchain_community.document_loaders import UnstructuredMarkdownLoader
from langchain_core.documents import Document
markdown_path = "data/ 黑神话 / 黑神话版本介绍 .md"
loader = UnstructuredMarkdownLoader(markdown_path)
data = loader.load()
print(data[0].page_content)
```

Out

黑神话：悟空
黑神话：悟空 是由中国游戏开发团队制作的一款备受瞩目的动作冒险游戏，以《西游记》为背景，重新演绎了经典故事，带来了极具冲击力的视觉和游戏体验。
游戏版本介绍
1. 数字标准版
包含基础游戏
2. 数字豪华版

当 mode="elements" 被启用时，UnstructuredMarkdownLoader 会将 Markdown 文件解析为多个元素，每个元素都会作为一个独立的 Document 对象，代表一个单独的内容块，例如标题、段落、列表项等。这种方式能够以更细的粒度处理文档内容，从而便于索引和检索。

In

```python
loader = UnstructuredMarkdownLoader(markdown_path, mode="elements")
data = loader.load()
print(f"Number of documents: {len(data)}\n")
for document in data:
    print(f"{document}\n")
```

Out

Number of documents: 22
page_content=' 黑神话：悟空 ' metadata={'source': 'data/ 黑神话 / 黑神话版本介绍 .md', 'category_depth': 0, 'languages': ['zho'], 'file_directory': 'data/ 黑神话 ', 'filename': ' 黑神话版本介绍 .md', 'filetype': 'text/markdown', 'last_modified': '2024-11-26T12:15:59', 'category': 'Title', 'element_id': 'b89add9386b58a1638e0b96d19f08d0d'}
page_content=' 黑神话：悟空 是由中国游戏开发团队制作的一款备受瞩目的动作冒险游戏，以《西游记》为背景，重新演绎了经典故事，带来了极具冲击力的视觉和游戏体验。' metadata={'source': 'data/ 黑神话 / 黑神话版本介绍 .md', 'languages': ['zho'], 'file_directory': 'data/ 黑神话 ', 'filename': ' 黑神话版本介绍 .md', 'filetype': 'text/markdown', 'last_modified': '2024-11-26T12:15:59', 'parent_id': 'b89add9386b58a1638e0b96d19f08d0d', 'category': 'UncategorizedText', 'element_id': '4d1fd58a257960aafb046fc47605c217'}

在解析复杂文档时，元数据中的 'category' 字段（如 "Title"）有助于理解文档结构并提供有意义的上下文。例如，一个标题通常表示后续内容的主题或分类。因此，将标题作为一个单独的 Document 对象有助于在后续的检索或分析中定位和组织内容。例如，在 RAG 系统中，可以根据标题筛选出特定部分的内容，从而更精确地回答用户的问题。此外，通过元数据中的 'parent_id' 字段，可以进一步确定哪些元素隶属于某个标题，从而将相关内容整体组织在一起，形成一个统一的文本块。

1.8 PDF文件的文本格式、布局识别及表格解析

对于大多数 RAG 系统，解析 PDF 文件是搭建系统的一个关键步骤。PDF 文件不仅包含文本信息，还可能包括表格、图像等元素，这使得它们的解析相比其他类型的文档更具挑战性。

当前处理 PDF 文件的常见解析方法大致分为 3 类：基于规则的解析、基于深度学习的解析以及基于多模态大模型的解析。

采用这些解析方法的 PDF 解析器可能会执行以下操作。

- 通过启发式方法或机器学习技术将分离的文本框重新组合成逻辑单元，例如行、段落等。
- 对文件中的图像应用 OCR 技术，以便识别并提取其中的文字。
- 分类文本内容，确定其属于段落、列表、表格还是其他结构。
- 将提取出的文本组织成表格的形式，或者以键值对的形式呈现数据。

咖哥发言　许多现代大模型现在支持多模态输入，允许直接处理图像和 PDF 这样的多媒体文件。我们在 1.4 节中已经给出了一个示例。在某些应用场景下，尤其是那些需要对具有复杂布局、图表或扫描件的 PDF 文件进行问答分析时，可以直接将 PDF 文档传递给大模型进行理解，无须事先将其转换为更简单的格式。

1.8.1 PDF文件加载工具概述

LangChain 能够与多种 PDF 解析器集成（参见表 1-2）。在这些解析器中，有些设计简单且相对基础，适用于轻量级的文本解析场景；而另一些则支持 OCR 功能、数学公式处理及图像分析，或者能执行高级文档布局分析。

表 1-2 PDF 解析器

解析器	说明	Package/API	特点
PyPDF	使用 pypdf 加载并解析 PDF 文件	Package	高效轻便，适合处理简单的 PDF 文件
Unstructured	使用 Unstructured 工具的开源库加载 PDF 文件	Package/API	支持多种文档格式，具备内容提取与分析能力
Amazon Textract	通过 AWS API 加载 PDF 文件	API	提供云服务支持，适用于大规模文档的 OCR 处理
MathPix	使用 MathPix 加载并解析 PDF 文件	API	专为数学公式设计，能够精准解析复杂内容
PDFPlumber	使用 PDFPlumber 加载 PDF 文件	Package	提供丰富的 PDF 内容控制与处理功能
PyPDFDirectory	加载目录中的 PDF 文件	Package	支持批量加载，方便处理多个 PDF 文件
PyPDFium2	使用 PyPDFium2 加载 PDF 文件	Package	解析高效，支持 PDF 页面的渲染和转换
PyMuPDF	使用 PyMuPDF 加载 PDF 文件	Package	经过速度优化，支持对复杂 PDF 文件进行精细化处理
PDFMiner	使用 PDFMiner 加载 PDF 文件	Package	适合文本抽取，尤其擅长处理包含嵌入文字的 PDF 内容

可以从以下几个维度分析这些工具在部署和使用上的难易程度。

- 本地部署型：如 PyPDF、PDFPlumber、PDFMiner 等，都是 Python 库，因此它们的安装和使用相对简单。这类工具通常只需要通过 pip 等包管理器进行安装即可快速上手，适合希望避免复杂配置过程的用户。
- API 服务型：Amazon Textract 和 MathPix 属于此类，需要申请 API Key 并通常涉及付费使用。这类服务虽然提供了强大的功能，例如批量文档处理和数学公式解析，但其使用门槛较高。
- 混合型：Unstructured 作为一个开源库，尽管可以直接使用其基本功能，但如果想要充分利用其所有特性，则可能需要依赖额外的服务支持。

从功能特点的角度来看，PyPDF 作为一款轻量级工具，它提供了基础的 PDF 文本提取功能；PDFPlumber 擅长处理表格数据，并且在布局分析能力表现出较强的能力；PyMuPDF 具有全面的功能，支持 PDF 渲染、编辑以及复杂文档的精细化处理；Amazon Textract 具备 OCR 能力，特别适用于处理扫描件；MathPix 专为数学公式识别设计；PDFMiner 具有非常强的底层解析能力，能够精准地定位文本位置。

从性能表现的角度来看，PyPDF 以其较快的处理速度著称，但在准确度方面表现一般；PyMuPDF 无论是在性能还是准确度上都表现出色；Unstructured 在处理复杂版面时表现出色，因此被选为 LangChain 的 DirectoryLoader 的默认加载器，其 API 版本也提供了高准确度的解析服务，但网络状况可能会影响处理速度。

从适用场景的角度来看，对于简单的文档文本解析，PyPDF 足以胜任；如果需要处理 PDF 文件中的表格数据，推荐使用 PDFPlumber；面对排版复杂的 PDF 文件，PyMuPDF 或 Unstructured 是较好的选择；在处理扫描件时，Amazon Textract 是一个理想的选择；对于含有大量公式的数学 PDF 文档，建议使用 MathPix。

总体而言，如果要大规模批量处理 PDF 文件，PyMuPDF 因其功能全面、效率高而显得尤为均衡。

PDF 解析是一个广泛的主题，接下来可以进一步探索一些基本思路。通过学习并尝试每种工具的具体实现细节，掌握它们将不再是难事。

1.8.2 用PyPDFLoader进行简单文本提取

如果仅需要提取 PDF 文件中嵌入文本的简单字符串表示（如图 1-15 所示的 PDF 文件），可以使用 PyPDFLoader 方法。该方法返回一个 Document 对象的列表，每个页面对应一个 Document 对象。提取的文本将存储在 Document 对象的 page_content 属性中。

图1-15　PDF文件示例

以下代码示例展示了如何使用 PyPDF 工具。

```
pip install pypdf
```

该方法不会解析图像或扫描 PDF 页面（即不支持 OCR 功能），仅返回标准文本内容。

```
from langchain_community.document_loaders import PyPDFLoader
file_path = "data/ 黑神话 / 亢金龙和娄金狗 .pdf"
loader = PyPDFLoader(file_path)
pages = loader.load()
print(f" 加载了 {len(pages)} 页 PDF 文档 ")
for page in pages:
    print(page.page_content)
```

> Out
>
> 加载了 1 页 PDF 文档
> 游戏中的一些角色,如亢金龙(左)、娄金狗(右),其创作灵感源自山西晋城玉皇庙的彩塑。角色亢金龙以人形和龙形出现,作为敌方的头目。

1.8.3 用Marker工具把PDF文档转换为Markdown格式

当处理具有结构化内容的 PDF 文档时,例如存在标题层次,用于组织内容并提供逻辑结构的情况(如图 1–16 所示),理想的做法是在解析 PDF 文档的同时保留这种层次结构。对于这类需求,将 PDF 文档转换为 Markdown 格式是一个不错的选择。正如在 1.7 节中提到的,统一各类文本为 Markdown 格式有助于简化后续处理和分析步骤。

图1-16 一个有层次结构的PDF文档

在将 PDF 文档转换为 Markdown 格式的过程中,至少应保留以下关键要素。

- Markdown 标题层次:在文档中,通过标题来组织不同部分的内容。这种层次结构不仅有助于读者快速导航,还能增强信息的理解性与文档的整体可读性和组织性。
- 图文结构:鉴于许多 PDF 文档包含图表或多列布局以辅助说明文本内容,因此在转换过程中,需要将图像解析并存储到专门的图像目录中,然后嵌入到

Markdown 文件中。同时，使用适当的格式化方法保留表格数据的呈现方式，确保信息传达的准确性与完整性。

转换完成后，我们期待得到的 Markdown 文件如图 1-17 所示。

```
## History

After the decline of the Western Jin dynasty, the northern parts of China came under the
control of the Tuoba-ruled Northern Wei. They made the city of

#### Yungang Grottoes

UNESCO World Heritage Site

![0_image_1.png](0_image_1.png)

| Location                         | Shanxi, China             |
|----------------------------------|---------------------------|
| Criteria                         | Cultural: i, ii, iii, iv  |
| Reference                        | 1039 (https://whc.████/e  |
|                                  | n/list/1039)              |
| Inscription                      | 2001 (25th Session)       |
| Area                             | 348.75 ha                 |
| Buffer zone                      | 846.81 ha                 |
| Coordinates 40°06′38″N 113°07′33″E |                         |

![0_image_2.png](0_image_2.png)

Yungang Grottoes

![1_image_1.png](1_image_1.png)
```

图1-17　将PDF示例文档转换成Markdown格式

咖哥：尽管从 PDF 到 Markdown 的开源或商业工具众多，这里推荐我个人使用体验非常不错的工具——Marker（类似好用的工具还有口碑极佳的 Docking）。Marker 能够有效去除页眉、页脚及其他无关内容，同时支持表格和代码块的格式化，并能将大多数公式转换成 LaTeX 格式，这对科技论文来说尤其有用。此外，它还能准确提取图像。Marker 的内核是一系列深度学习模型，这些模型专为文本提取、OCR、页面布局检测以及清理格式化而设计。Marker 根据待解析 PDF 文件的具体格式智能选择最合适的模型，确保在解析速度与准确性之间取得最佳平衡。

小冰：咖哥，这就是你在本节开始提到的 3 类 PDF 解析方法中的第 2 类——基于深度学习的解析。

以下代码示例展示了如何使用 Marker 对 PDF 文档进行解析。

首先，通过以下命令安装 Marker。

```
pip install marker-pdf
```

其次，可以直接使用命令行对 PDF 文件进行解析。

```
marker_single "data/ 山西文旅 / 云冈石窟 -en.pdf"
```

此外，也可以使用以下代码示例来解析 PDF 文件。

In:
```python
import os # 导入 os 库
import subprocess # 导入 subprocess 库
def convert_pdf_to_markdown(input_pdf_path, output_folder, batch_multiplier=2, max_pages=12):
    if not os.path.exists(output_folder):
        os.makedirs(output_folder)
    command = [
        'marker_single',
        input_pdf_path,
        output_folder,
        f'--batch_multiplier={batch_multiplier}',
        f'--max_pages={max_pages}'
    ]
    try:
        subprocess.run(command, check=True)
        print(f"PDF 文档转换为 Markdown 格式成功，文件已保存至 {output_folder}")
    except subprocess.CalledProcessError as e:
        print(f"PDF 文档转换失败：{e}")
if __name__ == "__main__":
    input_pdf_path = "data/ 山西文旅 / 云冈石窟 -en.pdf"
    output_folder = "data/marker/output/ 云冈石窟 -en"
    convert_pdf_to_markdown(input_pdf_path, output_folder)
```

Out:
```
Loaded detection model vikp/surya_det3 on device cuda with dtype torch.float16
Loaded detection model vikp/surya_layout3 on device cuda with dtype torch.float16
Loaded reading order model vikp/surya_order on device cuda with dtype torch.float16
Loaded recognition model vikp/surya_rec2 on device cuda with dtype torch.float16
Loaded texify model to cuda with torch.float16 dtype
Loaded recognition model vikp/surya_tablerec on device cuda with dtype torch.float16
Detecting bboxes: 100%|████████████| 1/1 [00:01<00:00,  1.10s/it]
Recognizing Text: 100%|████████████| 4/4 [03:18<00:00, 49.75s/it]
Detecting bboxes: 100%|████████████| 1/1 [00:02<00:00,  2.16s/it]
Finding reading order: 100%|████████████| 1/1 [00:00<00:00,  2.05it/s]
Recognizing tables: 100%|████████████| 1/1 [00:07<00:00,  7.89s/it]
Saved markdown to the data/marker/output/ 云冈石窟 -en folder
Total time: 238.9289002418518
PDF 文档转换为 Markdown 格式成功，文件已保存至 data/marker/output
```

运行程序后，将生成一个 Markdown 文件，一系列解析出 PNG 图片文件，以及一个包含元数据信息的 JSON 文件，如图 1-18 所示。

打开"云冈石窟 -en.md"文件，可以看到图 1-19 所示的内容。这一结果正是我们所期望见到的。

图 1-18　解析得到的文件

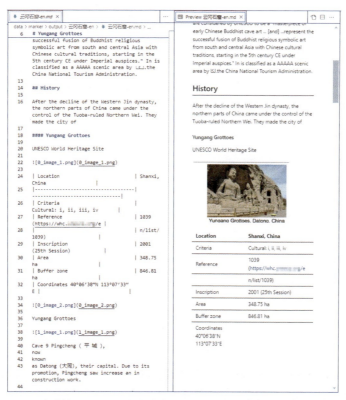

图1-19　生成的Markdown文件内容高度还原了原始PDF文档中的格式信息

Marker 实现了从 PDF 文档到 Markdown 格式的自动转换，精确地保留了原始 PDF 文档中的格式信息。此外，它还提供了灵活的配置选项，包括批处理和页数限制，使用户可以根据自身需求调节性能与资源使用情况。

这个 Markdown 格式的文档不仅能够被诸如 LangChain 或 LlamaIndex 之类的框架读取为 Document 对象，还可以作为基于 RAG 知识库的原始资料使用。

1.8.4　用UnstructuredLoader进行结构化解析

在 1.8.3 小节中，我们探讨了如何使用 Marker 将 PDF 文档解析为 Markdown 格式。然而，在某些情况下，仅依赖于这种转换方式可能无法满足所有需求。例如，当需要对文本进行更细粒度的分割（如根据段落、标题、表格结构进行划分），或者从包含文字的图像中提取文本时，就需要采取更为细致的方法。

我们知道，LangChain 提供的 UnstructuredLoader 会返回一个由 Document 对象组成的列表。每个 Document 对象代表了页面上的一个独立结构或元素，并且包含了丰富的元数据信息，这使得后续的文档分析和处理变得更加便捷。图 1-20 展示了这些页面元素元数据。

```
 92    {
 93      "page_number": 1,
 94      "category": "NarrativeText",
 95      "content": "The Yungang Grottoes (Chinese: = X/ f1 i ; pinyin: Yiingang shiki),
              formerly the Wuzhoushan Grottoes (Chinese: # /M 1/ # M I ; pinyin: Wu "zhoushan),
              are ancient Chinese Buddhist temple grottoes built during the Northern Wei dynasty
              near the city of Datong, then called Pingcheng, in the province of Shanxi. They
              are excellent examples of rock-cut architecture and one of the three most famous
              ancient Buddhist sculptural sites of China. The others are Longmen and Mogao.",
 96      "coordinates": {
 97        "points": [
 98          [
 99            95.88139343261719,
100            390.1837158203125
101          ],
102          [
103            95.88139343261719,
104            831.3316040039062
105          ],
106          [
107            931.9985961914062,
108            831.3316040039062
109          ],
110          [
111            931.9985961914062,
112            390.1837158203125
113          ]
114        ],
115        "system": "PixelSpace",
116        "layout_width": 1700,
117        "layout_height": 2200
118      },
119      "element_id": "b2283b64ecaec23700a3cca86df6dc55",
120      "parent_id": "83492be26a7187c173f75f4a368bbdc6"
121    },
```

图1-20 页面元素元数据

在这样的数据结构中，不仅保留了基本元数据（如页码和文本内容等），还包含了详细的版面布局信息（如元素的坐标、类型等）。

- 基础元数据：包括 page_number（页码信息）、category（用于区分不同类型的内容，如 "NarrativeText" 表示叙述性文本）、content（文本内容，例如描述云冈石窟的基本信息）、element_id（元素的唯一标识符），以及 parent_id（父元素的标识符，有助于理解文档的层级结构关系，便于进行文档内容的结构化处理）。
- 版面布局信息（coordinates）：包括左上角、左下角、右上角和右下角的坐标值，以及坐标系统类型、页面宽度和高度等信息。利用这些坐标，可以进行精确的版面设计分析，确定内容的精确位置，提取特定区域的内容，也可用于重建文档的视觉布局，支持基于位置的内容过滤、排序及版面重构与重排。

具备强大能力的大模型有可能根据上述信息自动完成 PDF 版面的完美还原工作，从而极大地提升了文档处理的效率和准确性。

小冰：咖哥，这里我就不明白了。既然迟早都要还原，为什么我们还费这么大力气来拆解 PDF 文档呢？

咖哥：这说明你还没有真正理解 RAG 系统。拆解的目的是让后续向量化的过程更精细化——只有将文档拆解成一个个独立的元素，才能在 RAG 系统中根据用户的提问进行精准检索。例如，当用户询问云冈石窟是哪一年建造的，我们需要迅速定位到相关的文档片段，而不是将整个 PDF 文档都传递给大模型。那样不仅不够准确，还会浪费 token 资源。而生成过程中的"还原",则是为了最终向用户呈现一个整体的、图文并茂的回答。

除了之前安装的 langchain-unstructured 接口包以外,由于我们在这里要展示如何通过 API 调用 Unstructured 工具,因此还需要获取一个 Unstructured API Key,并设置 UNSTRUCTURED_API_KEY 环境变量[①]。

以下代码示例展示了如何使用 UnstructuredLoader 解析 PDF 文档。

```
file_path = ("data/ 山西文旅 / 云冈石窟 -en.pdf")
from langchain_unstructured import UnstructuredLoader
loader = UnstructuredLoader(
    file_path=file_path,
    strategy="hi_res",
    partition_via_api=True, # 如果调用的是本地 Unstructured 工具,注释掉本行和下一行代码
    coordinates=True, # 通过 API 调用 Unstructured 工具,并返回元素坐标
)
docs = []
for doc in loader.lazy_load():
    docs.append(doc)
```

在所生成的 docs 中,不仅包含文本内容,还包含结构信息。

咖哥发言

strategy="hi_res" 意味着"高精度模式",它会尽可能捕捉文件中的细节,特别是复杂的布局、表格、坐标等内容。使用该策略处理文档时,适合格式非常复杂的 PDF 文档,例如包含图片、表格、图形以及多列文本的文件。此模式会借助一些更高级的技术,例如 OCR 分析和高分辨率图像解析。如果使用快速模式(设置 strategy="fast",即采用默认模式),则处理速度更快,资源占用也更少,能够完成基本的解析,但对复杂布局的支持不够细致,更适合格式较为简单的 PDF 文档。

接下来,通过以下函数提取每个页面的文档结构。

---

① 当然,如果获取Unstructured API Key有困难,完全可以使用Local版本,可以自行修改或者参考咖哥的Github仓库中的代码示例。

In

```python
def extract_basic_structure(docs):
    """ 基础结构化提取：按文档类型组织内容 """
    # 定义类别映射
    category_map = {
        'Title': 'title',
        'NarrativeText': 'text',
        'Image': 'image',
        'Table': 'table',
        'Footer': 'footer',
        'Header': 'header'
    }
    # 初始化结构字典
    structure = {cat: [] for cat in category_map.values()}
    structure['metadata'] = []  # 添加 metadata 类别
    # 遍历文档并分类
    for doc in docs:
        category = doc.metadata.get('category', 'Unknown')
        content = {
            'content': doc.page_content,
            'page': doc.metadata.get('page_number'),
            'coordinates': doc.metadata.get('coordinates')
        }
        target_category = category_map.get(category)
        if target_category:
            structure[target_category].append(content)
    return structure
# 调用函数以提取文档结构
structure = extract_basic_structure(docs)
```

输出第二页中元数据为 "Tilte" 的内容。

In

```python
print(" 第 2 页标题： ")
for title in [t for t in structure['title'] if t['page'] == 2]:
    print(f"- {title['content']}")
```

Out

```
第 2 页标题：
- Deterioration and Conservation
```

如果我们观察这页 PDF 文档（如图 1-21 所示），可以看到标题 "Deterioration and Conservation"。文档对于标题类型元素的解析在此处是准确的。当然，有时 Unstructured 工具也会出现分类不准确的情况，将看似非标题的元素分类为标题。

图1-21 页面中的标题"Deterioration and Conservation"被成功解析

以下代码示例可用于展示一个页面中的所有元素布局。

```
def analyze_layout(docs):
    """ 分析文档的版面布局结构 """
    layout_analysis = {}
    for doc in docs:
        page = doc.metadata.get('page_number')
        coords = doc.metadata.get('coordinates', {})
        # 初始化页面信息
        if page not in layout_analysis:
            layout_analysis[page] = {
                'elements': [],
                'dimensions': {
                    'width': coords.get('layout_width', 0),
                    'height': coords.get('layout_height', 0)
                }
            }
        # 获取元素位置信息
        points = coords.get('points', [])
        if points:
```

```
# 只需要左上和右下坐标点
(x1, y1), (_, _), (x2, y2), _ = points
# 构建元素信息
element = {
    'type': doc.metadata.get('category'),
    'content': (doc.page_content[:50] + '...') if len(doc.page_content) > 50 else doc.page_content,
    'position': {
        'x1': x1, 'y1': y1,
        'x2': x2, 'y2': y2,
        'width': x2 - x1,
        'height': y2 - y1
    }
}
layout_analysis[page]['elements'].append(element)
return layout_analysis
# 调用函数分析文档版本布局
layout = analyze_layout(docs)
```

接下来输出第 1 页中页面布局的内容。

```
print(" 第 1 页布局分析：")
if 1 in layout:
    page = layout[1]
    print(f" 页面尺寸： {page['dimensions']['width']} x {page['dimensions']['height']}")
    print("\n 元素分布： ")
    # 按垂直位置排序并显示元素
    for elem in sorted(page['elements'], key=lambda x: x['position']['y1']):
        print(f"\n 类型： {elem['type']}")
        print(f" 位置： ({elem['position']['x1']:.0f}, {elem['position']['y1']:.0f})")
        print(f" 尺寸： {elem['position']['width']:.0f} x {elem['position']['height']:.0f}")
        print(f" 内容： {elem['content']}")
```

```
第 1 页布局分析：
页面尺寸： 1700 x 2200
元素分布：
类型： Header
位置： (827, 41)
尺寸： 304 x 30
内容： Yungang Grottoes – Wikipedia
类型： Image
位置： (98, 104)
尺寸： 427 x 142
内容： 4y WIKIPEDIA [ 1 The Free Encyclopedia WIKIPEDIA
```

Out
```
类型：Title
位置：(1120, 411)
尺寸：326 x 43
内容：Yungang Grottoes……
```

文档元素可能具有父子关系（如一个段落可能属于一个具有标题的章节），可以通过检查每个元素的类别和内容来确定其是否属于目标部分。例如，为了抽取特定标题（如第3页中关于"Cave 6"的介绍，如图1-22所示）下的内容，可以使用下面的代码示例。

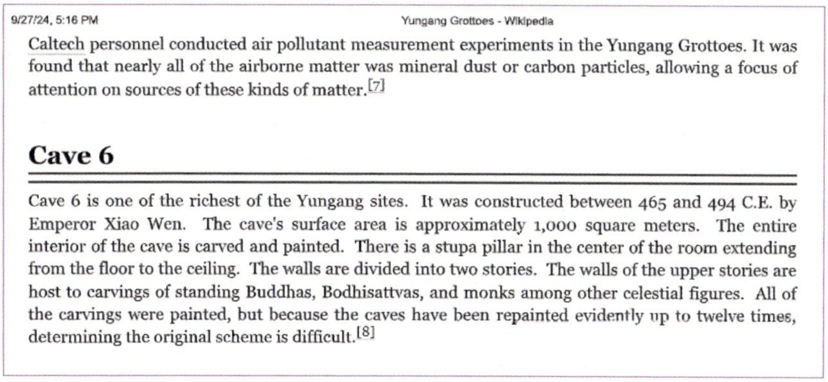

图1-22　关于"Cave 6"的介绍

In
```python
cave6_docs = []
parent_id = -1
for doc in docs:
    if doc.metadata["category"] == "Title" and "Cave 6" in doc.page_content:
        parent_id = doc.metadata["element_id"]
    if doc.metadata.get("parent_id") == parent_id:
        cave6_docs.append(doc)
for doc in cave6_docs:
    print(doc.page_content)
```

Out

Cave 6 is one of the richest of the Yungang sites. It was constructed between 465 and 494 C.E. by The entire Emperor Xiao Wen. The cave's surface area is approximately 1,000 square meters. interior of the cave is carved and painted. There is a stupa pillar in the center of the room extending from the floor to the ceiling. The walls are divided into two stories. The walls of the upper stories are host to carvings of standing Buddhas, Bodhisattvas, and monks among other celestial figures. All of the carvings were painted, but because the caves have been repainted evidently up to twelve times, determining the original scheme is difficult.[8]

1.8.5　用PyMuPDF和坐标信息可视化布局

到目前为止，我们已经得到了详细的、带有坐标的元素信息，接下来可以利用这些数据进行细致的布局分析与展示。

下面，咖哥将结合使用 PyMuPDF 库和 UnstructuredLoader 解析得到的坐标信息，来实现对 PDF 页面的可视化处理，并标注其中的内容区域（如标题、图像和表格），以方便理解 PDF 页面的布局结构或处理特定段落的信息。

PyMuPDF 是一个广泛应用于 PDF 文档操作的库，支持高效地读取、修改及绘制 PDF 文档。PyMuPDF 能够打开并读取 PDF 文档，提取页面上的文字与图像，并访问页面的布局详情（如段落坐标、图像位置等）。同时，它也支持将 PDF 页面转换为位图格式，允许执行缩放和旋转等操作。此外，PyMuPDF 还支持 PDF 文档的修改，可以在 PDF 中添加文字、图片或图形元素，在现有文档的基础上进行标注，例如高亮文本或增加注释，以便在其他应用程序中展示 PDF 的布局分析结果。

以下代码示例展示了如何使用 PyMuPDF 读取 PDF 页面并将其转换为图像，然后利用 matplotlib 绘制 PDF 页面，并通过添加矩形框来标注段落区域。根据段落的类别（如 "Title"、"Image"、"Table"）设置不同的框颜色。

```python
import pymupdf  # PyMuPDF 库，用于处理 PDF 文件
import matplotlib.patches as patches  # 用于在图像上绘制多边形
import matplotlib.pyplot as plt  # Matplotlib 库，用于绘图
from PIL import Image  # 用于图像处理
def render_pdf_page(file_path, doc_list, page_number):
    # 打开 PDF 文档并加载指定页面
    pdf_page = pymupdf.open(file_path).load_page(page_number - 1)
    segments = [doc.metadata for doc in doc_list if doc.metadata.get("page_number") == page_number]
    # 将 PDF 页面转换为位图格式
    pix = pdf_page.get_pixmap()
    pil_image = Image.frombytes("RGB", [pix.width, pix.height], pix.samples)
    # 创建绘图环境
    fig, ax = plt.subplots(figsize=(10, 10))
    ax.imshow(pil_image)
    # 定义类别颜色映射
    category_to_color = {"Title": "orchid", "Image": "forestgreen", "Table": "tomato"}
    categories = set()
    # 绘制段落标注框
    for segment in segments:
        points = segment["coordinates"]["points"]
        layout_width = segment["coordinates"]["layout_width"]
```

In
```
        layout_height = segment["coordinates"]["layout_height"]
        scaled_points = [(x * pix.width / layout_width, y * pix.height / layout_height) for x, y in points]
        box_color = category_to_color.get(segment["category"], "deepskyblue")
        categories.add(segment["category"])
        rect = patches.Polygon(scaled_points, linewidth=1, edgecolor=box_color, facecolor="none")
        ax.add_patch(rect)
    # 添加图例
    legend_handles = [patches.Patch(color="deepskyblue", label="Text")]
    for category, color in category_to_color.items():
        if category in categories:
            legend_handles.append(patches.Patch(color=color, label=category))
    ax.axis("off")
    ax.legend(handles=legend_handles, loc="upper right")
    plt.tight_layout()
```

由于原始段落坐标是基于 PDF 页面的布局比例的，因此需要按照页面的实际像素宽度和高度进行缩放。指定页面号后，程序会从文档列表中筛选出属于该页面的段落，并在页面上绘制这些段落的标注框。

通过以下代码调用上述用于显示布局的函数，其中 file_path 和 docs 中的内容仍然通过 1.8.4 小节的代码获得。

In
```
render_pdf_page(file_path,docs, 1)
```

得到的输出如图 1-23 所示。

图1-23　页面布局的可视化

小冰：哦，我明白了。根据版式的布局，我们可以将同一类的信息组织在一起。例如，可以把图中绿色图像布局组合中的元素整体传递给大模型，以生成与该图片（云冈石窟）相关的问题答案。如果没有精细的版式分析，这将会相当有难度。

咖哥：真聪明啊。

1.8.6 用UnstructuredLoader解析PDF页面中的表格

接下来，我们来看一下 PDF 页面中表格信息的读取。1.8.5 小节涉及的 PDF 文档中没有表格，因此我们换一个包含表格的 PDF 文档，如图 1-24 所示。该文件的第 12 页包含了山西省主要城市的数据信息（数据信息来自维基百科）。

首先，我们仍然采用相同的方法解析 PDF 文档的第 12 页（通过调用语句 render_pdf_page(file_path,docs, 12）获取）的页面布局元素，并对其进行可视化。从图 1-25 中可以看到，橙色的表格元素区域已被标记出来，这表明整张表格已被成功解析，并且元素类型为 Table。

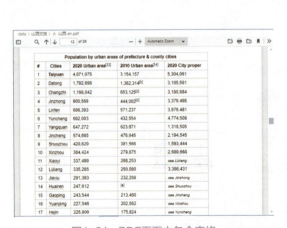

图1-24　PDF页面中包含表格

图1-25　表格被成功解析

接下来，我们展示一下第 12 页中所有元素的元数据。

```
page_number = 12
page_docs = [doc for doc in docs if doc.metadata.get("page_number") == page_number]
for doc in page_docs:
    print("Metadata:")
    for key, value in doc.metadata.items():
        print(f"  {key}: {value}")
```

输出的部分内容如图 1-26 所示。

```
------
Metadata:
  source: /home/huangjia/Documents/08_RAG/Book2411/rag_240917/data/山西文旅-en.pdf
  detection_class_prob: 0.7882500886917114
  coordinates: {'points': ((98.2678451538086, 329.00006103515625), (98.2678451538086, 368.6548103885574),
  4990234375, 329.00006103515625)), 'system': 'PixelSpace', 'layout_width': 1700, 'layout_height': 2200}
  last_modified: 2024-12-13T17:45:36
  filetype: application/pdf
  languages: ['eng']
  page_number: 12
  parent_id: c573572a18d29abdb9b064a5b2834324
  file_directory: /home/huangjia/Documents/08_RAG/Book2411/rag_240917/data/山西文旅
  filename: 山西-en.pdf
  category: Title
  element_id: 7bab58c932e489ed5ebde44f9bcaf6fc
------
Metadata:
  source: /home/huangjia/Documents/08_RAG/Book2411/rag_240917/data/山西文旅-en.pdf
  detection_class_prob: 0.3046206831932068
  coordinates: {'points': ((309.9031677246094, 417.7234191894531), (309.9031677246094, 452.1907361154569),
  9.5946044921875, 417.7234191894531)), 'system': 'PixelSpace', 'layout_width': 1700, 'layout_height': 2200}
  last_modified: 2024-12-13T17:45:36
  filetype: application/pdf
  languages: ['eng']
  page_number: 12
  parent_id: 7bab58c932e489ed5ebde44f9bcaf6fc
  file_directory: /home/huangjia/Documents/08_RAG/Book2411/rag_240917/data/山西文旅
  filename: 山西-en.pdf
  category: FigureCaption
  element_id: f97e01f0ebee05bc262760232b37e390b
------
Metadata:
  source: /home/huangjia/Documents/08_RAG/Book2411/rag_240917/data/山西文旅-en.pdf
  detection_class_prob: 0.919326901435852
  coordinates: {'points': ((101.37579345703125, 451.8600158691406), (101.37579345703125, 1892.4716796875),
  244140625, 451.8600158691406)), 'system': 'PixelSpace', 'layout_width': 1700, 'layout_height': 2200}
  last_modified: 2024-12-13T17:45:36
  filetype: application/pdf
  languages: ['eng']
  page_number: 12
  parent_id: 7bab58c932e489ed5ebde44f9bcaf6fc
  file_directory: /home/huangjia/Documents/08_RAG/Book2411/rag_240917/data/山西文旅
  filename: 山西-en.pdf
  category: Table
  element_id: 52ac3738119b2249410c45867db17178
```

图1-26　输出的元数据信息

虽然这里输出的元数据信息非常多，但关键的一点是，我们能够看到元数据中的category包含Table，而且这个Table元素具有parent_id，parent_id会链接到表格的标题。这一点非常重要，因为表格不能脱离其所属的标题而独立存在。表格元素可能仅包含数字，而表格标题则可能代表这些数字的含义。

例如，当比较两组山西省城市的GDP时，如果一张表格的标题为"2024年各城市GDP"，另一张表格的标题为"2025年各城市GDP"，则必须将表格内的元素与其所应的标题元素相互链接。这一过程在你的RAG系统中是必要的步骤。否则，仅拥有数字而不知其对应年份，会导致检索出的结果缺乏准确性。

1.8.7　用ParentID整合同一标题下的内容

如果需要将表格与其上方的标题文本整合在一起，可按照以下步骤实现。

（1）按page_number筛选：筛选出特定页码（如第12页）的所有元素。

（2）按category分类：识别Table和Title类型的元素，并判断Title是否位于Table的上方（通过比较坐标y值）。

（3）整合表格和标题：将表格与其最接近的标题整合为一个结构，并输出整合后的信息。

小冰：不过，这个逻辑实现起来似乎有点复杂。

咖哥：确实如此。由于Unstructured工具会自动保存父子关系，因此更直接的做法是定位category为"Table"的元素。对于每个表格，找到其parent_id对应的父元素，并将表格与其对应的父元素内容整合后输出。

接下来，通过以下函数完成表格子元素与其父元素自动定位的工作，并整体输出。

```
def find_tables_and_titles(docs):
    results = []
    for doc in docs:
        # 检查文档是否为表格类型
        if doc.metadata.get("category") == "Table":
            table = doc
            parent_id = doc.metadata.get("parent_id")
            # 查找表格对应的标题文档（parent_id 匹配 element_id）
            title = next((doc for doc in docs if doc.metadata.get("element_id") == parent_id), None)
            if title:
                results.append({"table": table.page_content, "title": title.page_content})
    return results
results = find_tables_and_titles(page_docs)
if results:
    for result in results:
        print(" 找到的表格和标题： ")
        print(f" 标题： {result['title']}")
        print(f" 表格： {result['table']}")
else:
    print(" 未找到任何表格和标题 ")
```

标题： Urban areas
表格： # Cities 2020 Urban area[33] 2010 Urban area[34] 2020 City proper 1 Taiyuan 4,071,075 3,154,157 5,304,061 2 Datong 1,792,696 1,362,314[b] 3,105,591 3 Changzhi 1,168,042 653,125[c] 3,180,884 4 Jinzhong 900,569 444,002[d] 3,379,498 5 Linfen 696,393 571,237 3,976,481 6 Yuncheng 692,003 432,554 4,774,508 7 Yangquan 647,272 623,671 1,318,505 8 Jincheng 574,665 476,945 2,194,545 9 Shuozhou 420,829 381,566 1,593,444 10 Xinzhou 384,424 279,875 2,689,668 11 Xiaoyi 337,489 268,253 see L ü liang 12 L ü liang 335,285 250,080 3,398,431 13 Jiexiu 291,393 232,269 see Jinzhong 14 Huairen 247,612 [e] see Shuozhou 15 Gaoping 243,544 213,460 see Jincheng 16 Yuanping 227,046 202,562 see Xinzhou 17 Hejin 225,809 175,824 see Yuncheng 18 Fenyang 207,473 149,222 see L ü liang 19 Huozhou 183,575 156,853 see Linfen 20 Yongji 182,248 179,028 see Yuncheng 21 Houma 175,373 137,020 see Linfen 22 Gujiao 159,593 146,161 see Taiyuan

这样，我们就成功地把表格中的数据信息与其标题关联在了一起。有了标题信息后，便可根据用户的问题对相关表格进行检索。

再来看一个父子关系组合的示例。在 PDF 文档的第 26 页中（见图 1-27，通过调用语句 render_pdf_page(file_path,docs, 26) 获取），可以看到，在 external links（即外部链接）这个 Title 元素下方共有 4 个子元素。如果需要将这 4 个子元素与其父元素（即标题）组合在一起，并以整体分块的形式输出，就可以通过父子关系实现。

图1-27 "External links"这个Title元素下方有4个子元素

以下代码示例展示了如何整合这些相关联的信息。

```
external_docs = []  # 创建列表来存储外部链接的子文档
parent_id = -1  # 初始化 parent_id 为 -1
for doc in docs:
    # 检查文档是否为标题类型且内容包含 "xternal links"
    if doc.metadata["category"] == "Title" and "External links" in doc.page_content:
        parent_id = doc.metadata["element_id"]
        external_docs.append(doc)
    # 检查文档的 parent_id 是否匹配我们找到的标题 ID
    if doc.metadata.get("parent_id") == parent_id:
        external_docs.append(doc)  # 将属于这个标题的子文档都添加到结果列表中
for doc in external_docs:
    print(doc.page_content)
```

1.9 小结

讲到这里,咖哥认为最常用且重要的,同时也具有启发性的一些数据导入场景,就告一段落了。咖哥选取的工具远谈不上全面,而是聚焦于特定场景和特定问题的解决。至于更多的文件类型、工具和场景,就需要大家进一步探讨了。

在项目实践中可能出现的其他场景如下。

- 导入代码块(可参考 LangChain 文档中关于加载代码的说明,第 2 章中也有所涉及)。
- 清洗 PDF 文档中的冗余信息,如页眉、页脚等(可参考 Unstructured 文档中关于文件清洗的说明)。
- 连接各种数据库和云服务数据平台(可参考 LangChain 和 LlamaIndex 集成接口部分的说明)。
- 导入音视频数据(可学习相关的多模态大模型)。

小冰:还有这么多内容要学啊。

咖哥:当然。有一个成语叫作"管中窥豹",我们只是在诸多文件类型、场景、工具中看到了这一点点,讲解了这一点点。更多的数据导入和解析方面的知识有待于大家去挖掘。

小冰:我们所学到的只是沧海一粟。

小雪:大家应该见微知著。

咖哥:你们的确理解了我想说的意思。

第 2 章
文本分块

导入非结构化数据之后,我们需要进行文本分块(Text Chunking),也称为文本切分(Text Splitting)。这一过程涉及将长文本分解成适当大小的片段,以便于嵌入、索引和存储,并提高检索的精确度。图 2-1 展示了文本分块的工作过程。

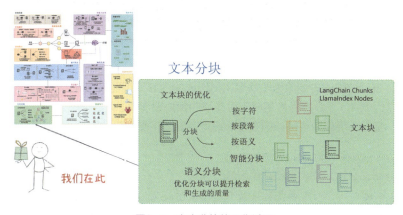

图2-1 文本分块的工作过程

图2-2 长文本需要先分块才能进行下一步工作

咖哥:为什么要做这一步,这不难理解吧?

小冰:确实,检索的结果是由一个个单元组成的,也就是我们所说的"Chunk"。这些单元的大小非常关键。以《西游记》为例,这部作品接近百万字。如果用户询问八十一难中的最后一难是什么,而我们却把整部书传递给大模型作为参考,虽然这样做不能说是检索失败,但提供的信息过于宽泛,不够精确(见图 2-2)。

2.1 为什么分块非常重要

咖哥很喜欢维基百科上对分块的定义,因为它不仅适用于 RAG,在认知心理学中也同样适用。维基百科上提到,"分块是将一组信息的小个体片段绑定在一起的过程。这些块的目的是改善材料的短期保留,从而绕过工作记忆的有限容量,使工作记忆更加高效。"

将大型数据集分割成更小、有意义的信息片段,一个原因是可以更有效地利用大模型的非参数记忆(见图 2-3)。首先,这能提高检索精度,因为系统可以更精准地匹配关键词和语义,从而优化搜索效果。其次,它也能优化模型性能,因为大模型在处理过长文本时可能会遇到瓶颈,而分块有助于模型的理解和响应效率,使其回答更加准确。

图2-3 长文本的分块

因此，进行分块的主要原因是确保我们嵌入的内容尽可能减少噪声，同时保持语义相关性。这是为 RAG 系统准备数据时不可或缺的预处理步骤。

此外，另一个需要分块的原因在于大模型存在上下文窗口的限制。

2.1.1 上下文窗口限制了块最大长度

RAG 系统在操作过程中需要依赖两类不同的模型：一类是嵌入模型，另一类是生成模型。这两类模型各自都有上下文窗口的限制。

每段文本都需要通过嵌入模型来生成嵌入向量，因此必须考虑嵌入模型的上下文窗口限制。这一限制因具体模型而异。对于商业模型，相关信息通常在其官方文档中提供；而对于开源模型，相关信息则多见于如 Hugging Face Hub 的模型卡（Model card），如图 2-4 所示。

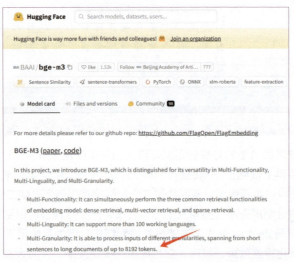

图2-4 Hugging Face Hub的模型卡中的最大token数

如果模型卡中未包含此类信息，可以选择 Files and versions 选项卡后，找到 tokenizer_config.json 或者 config.json 等文件的相关字段。图 2-5 中 BERT 模型的 model_max_length 字段就是该模型最大可容纳的输入 token 数。

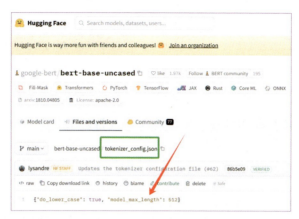

图2-5　model_max_length字段中的最大可容纳的token数

一旦确定用于生成嵌入的模型，就可以知道分块长度的最大值（以 token 而非字符或单词计算）。通常嵌入模型的上下文窗口限制在 8000 个 token 以内。

检索到的块作为上下文输入到生成模型的提示词中，用于生成响应。这意味着所有检索到的块的总长度不能超过该生成模型的上下文窗口限制。小型模型可能仅能处理少量信息，在实际应用中还需要预留部分空间给其他内容，例如详细的说明、角色设定或少量的少样本示例。因此，检索到的知识上下文应尽可能紧凑。有时，为了适应限制，我们需要压缩提示词（第 7 章会讲解压缩提示词的方法）。

尽管随着大模型的发展，这个问题变得不那么突出，许多现代大模型提供了极大的上下文窗口，例如 GPT-4o 可以接受 128 000 个 token 的上下文。然而，即使文本块的容量不再是问题，使用非常大的块时仍需要注意，过度冗余的信息可能会对对话结果的相关性产生负面影响。

2.1.2　分块大小对检索精度的影响

虽然嵌入模型规定了每个块的最大 token 数，但这并不意味着你的分块需要达到这个最大长度。实际上，为了提高检索精度，我们常常倾向于将文本分成更小的块。

1. 分块与嵌入过程

让我们"剧透"一下在生成一段文本的嵌入向量时发生了什么。大多数嵌入模型基于仅编码器的 Transformer 架构，通过池化层将输入文本映射为一个固定维度的向量（如 768 维），如图 2-6 所示。

图2-6 文本嵌入的生成过程（平均池化）

首先，输入文本会被分词，并在开头加入特殊的 [CLS] 标记；然后，通过 Transformer 为每个 token 生成对应的向量表示。接下来，根据以下 Pooling（池化，可以视为一种压缩）方式之一将所有 token 向量压缩为单个向量，从而得到最终特定维度的文本嵌入向量。

- CLS Pooling（CLS 池化）：使用特殊标记 [CLS] 的向量来表示整个序列的意义。
- Mean Pooling（平均池化）：对所有 token 的向量表示取平均值。
- Max Pooling（最大池化）：选取 token 向量表示中值最大的部分作为整个序列的表示。

因此，无论输入是 10 个单词的句子还是 1000 个单词的段落，生成的嵌入向量维度都是相同的。

这一过程本质上是有信息损失的。对于较大的块，向量表示可能会过于笼统，导致某些关键细节被模糊化。这就是为什么不应选择嵌入模型所能容纳的最大 token 数作为分块大小。

2. 分块与主题稀释

一个较大的文本块可能涵盖多个主题，其中一些主题与用户的查询相关，而另一些则无关。在这种情况下，单个向量试图表示多个主题可能导致主题被稀释，从而影响检索精度。

较小的文本块能够维持更加集中的上下文，这有助于更精确地匹配和检索相关信息。通过将文档分解为有意义的小片段，检索器可以更准确地定位特定的片段或事实，进而增强 RAG 系统的性能。

举例来说，假设山西文旅建立了一个包含山西省各地景点和活动的知识库。如果一个文本块包含了关于"五台山、云冈石窟、太原游乐场"的描述，当用户询问"适合带小朋友玩的景点"时，这个综合信息块可能不会得到很高的检索评分。然而，如果每个景点的信息被独立为块，例如"五台山：佛教名山""云冈石窟：唐代造像巅峰""太原游乐场：暑期攻略"，那么 RAG 系统将能更准确地定位到相关信息，避免无关内容对相似度检索过程的稀释。

然而，文本块也不宜过小。假如用户的问题是"太原游乐场几点开门"，如果把太原游乐场的介绍与其开放时间切割成不同的块，那么检索出来的结果可能会包含其他景区的开放时间。因为在没有其他元数据信息的情况下，时间信息和景区信息之间的联系被切断了。

2.1.3 分块大小对生成质量的影响

从生成的角度来看,尽管许多现代大模型提供了极大的上下文窗口,但完全填满这个窗口仍可能导致"大海捞针问题",即在大量信息中难以找到关键部分。这种现象在 RAG 领域被称为"lost in the middle",意味着随着信息量的增加,提取关键信息变得更加困难。

在医疗问答系统中,如果分块过大,当用户询问"高血压患者能服用哪些降压药"时,系统可能会返回大量与高血压相关但夹杂其他无关内容的信息,包括高血压的诊断信息、治疗方案、用药禁忌等,这不仅增加了用户的阅读负担,还可能掩盖关键信息。

通过应用合理的分块策略,将知识库中的内容切分为主题明确的小块,如"高血压:常用药物""高血压:用药禁忌""高血压:生活方式建议",每块保持在 500 个字符左右,可以使检索过程更精准地捕捉每个主题的核心信息,并将该信息传递给生成模型,从而生成精准的回答,例如"常用的降压药包括药物 A 和药物 B,需要在医生指导下服用"。

小冰:那么,块的大小可以多小,同时仍保留足够的上下文?

咖哥:这取决于文档的性质和项目的需求。如何进行分块以及确定文本切割的逻辑和大小,应基于具体的应用场景,并且通常需要经过一些实验来优化。如果检索的目标较为宽泛,只是为了定位哪个文档,那么块可以相对大一些甚至不分块;但如果目标是找到某个特定的句子或段落,就需要更加精细地分块。通常,约 500 个 token 的块大小是一个合理的起点。

2.1.4 不同的分块策略

在处理文本数据时,选择合适的分块策略对于保持信息的完整性,以及提高检索、生成的质量至关重要。以下是几种常见的分块方法。

- **按固定字符数分块**:这是最直接的方法,通过设定一个固定的字符数来将大文档分割成更小的块。这种方法虽然简单,但可能导致语义不连贯问题,例如将一个完整的句子或代码块分割开。为了解决这个问题,通常会设置分隔符(separator),以避免强行分割句子或段落,并在块之间保留一定的重叠(chunk_overlap),确保语义上下文的连续性。这就能避免 2.1.2 小节提到的"太原游乐场"和"开门时间"之间的联系被切断的问题。(小冰插嘴:为什么基于字符数,而不是直接用大模型能懂的 token 数来分块?咖哥回答:因为做文本分块时,还没有进行嵌入,token 数无法确定,只能根据字符数或单词数估算个大概,因此无法指定用 token 数分块。)
- **递归分块**:通过指定一组分隔符,逐步将文本分割成较小的部分,以更好地保持单个句子或段落的完整性。例如,首先使用双换行符(\n\n)作为段落分隔符进行切割,然后使用句点(.)、空格等符号进一步细分。如果某个段落超过了预设大小,则继续使用下一级别的分隔符进行切割,确保每个部分长度适宜且语义完整。
- **基于格式分块**:为了识别复杂的文档结构(如段落、标题、脚注、列表或表格),

可以采用基于特定格式（如 Markdown、LaTeX、HTML 或代码）的分块工具。这些工具能够依据文档的结构元素（如标题、章节）进行分割，确保内容结构的完整性。例如，针对 Markdown 文件按"#"标记进行分割，针对代码，则按"class"或"def"关键字进行分割。

- **基于版式分块**：对于包含版式信息的文档（如 PDF 或 PPT），Unstructured 工具所提供的基于文档布局的分块策略非常实用。这种策略能够基于逻辑单元（如段落、表格、图像、代码等）进行分割，同时允许灵活调整块大小和合并策略，以适应不同需求。
- **语义分块**：这是一种高级分块策略，首先将文本按句子切分，然后利用嵌入技术分析句子的语义，并将相似的句子组合在一起形成块。这种方法确保了每部分内容的语义一致性，适用于需要深度语义理解的场景。LlamaIndex 的 SemanticSplitterNodeParser 和 LangChain 的 SemanticChunker 都提供了实现此功能的工具。
- **命题分块**：基于语言模型的命题分块将长文本分解为多个表达完整思想的命题。每个命题作为一个小的语义单元，便于检索和存储，适用于需要高效搜索和查阅的场景。

2.1.5 用ChunkViz工具可视化分块

ChunkViz 的工具（见图 2-7）可以帮助你可视化不同的分块方式，并允许根据参数优化分块效果。

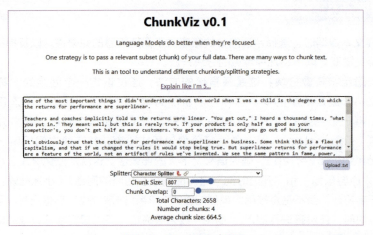

图2-7　ChunkViz主界面

将一段文本粘贴到输入框后，你可以选择不同的分块器（Splitter，也就是不同的分块策略）来设定分块的大小，然后观察不同设置下的分块结果，如图 2-8 所示。

图2-8　选择不同的分块器

2.2 按固定字符数分块

接下来，我们将探讨如何实现不同的分块策略。首先介绍最简单的按固定字符数进行文档分块的方法。这种方法简单高效，是一种常见的处理方式。

2.2.1 LangChain中的CharacterTextSplitter工具

LangChain 通过 CharacterTextSplitter 将文本按固定的字符数、单词数或 token 数进行切割。

图 2-9 展示了 CharacterTextSplitter 的分块流程。

CharacterTextSplitter 首先按照指定的字符分隔符（默认为 "\n\n"，这是两个换行符，即一个换行符加一个空行）对文本进行分割，然后不断地累加分割后的片段，并检查当前累积的文本是否超过了预设的大小限制。如果超过限制，就会开始一个新的块。此外，CharacterTextSplitter 允许设置块和块之间的重叠字符数，以便更好地捕捉信息间的关联。

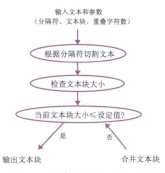

图2-9　CharacterTextSplitter的分块流程

以下代码示例展示了如何使用 CharacterTextSplitter 的 split_documents 方法对文本进行分块操作。

```
from langchain_community.document_loaders import TextLoader
from langchain_text_splitters import CharacterTextSplitter
loader = TextLoader("data/ 山西文旅 / 云冈石窟 .txt")
documents = loader.load()
# 设置分块器，指定块的大小为 50 个字符，无重叠
text_splitter = CharacterTextSplitter(
    chunk_size=50,
    chunk_overlap=0,
)
chunks = text_splitter.split_documents(documents)
print(chunks)
```

```
[Document(metadata={'source': 'data/ 山西文旅 / 云冈石窟 .txt'}, page_content=' 云冈石窟 \n 云冈石窟位于中国北部山西省大同市西郊 17 公里处的武周山南麓……2007 年 5 月 8 日被国家旅游局评为首批国家 5A 级旅游景区。'), Document(metadata={'source': 'data/ 山西文旅 / 云冈石窟 .txt'}, page_content=' 云冈五华洞 \n 位于……这五窟因清代施泥彩绘云冈石窟景观而得名。五华洞雕饰绮丽……为云冈石窟群的重要组成部分。'), ……]
```

小雪：split_documents 方法读取的是 LangChain 中的 Document 对象，如果我要分割的是纯文本，应该如何处理？

咖哥：可以用 create_documents 方法接受一个文本列表（非 LangChain 的 Document 对象），将其分割成新的 Document 对象。

```python
from langchain_text_splitters import CharacterTextSplitter
text = """
云冈石窟位于中国北部山西省大同市西郊 17 公里处的武周山南麓，
石窟依山开凿，东西绵延 1 公里。存有主要洞窟 45 个，…… """
text_splitter = CharacterTextSplitter(
    chunk_size=50,
    chunk_overlap=0,
    separator="\n"
)
# 使用 create_documents 方法分割文本
chunks = text_splitter.create_documents([text])
print(chunks)
```

```
[Document(metadata={}, page_content=' 云冈石窟位于中国北部山西省大同市西郊 17 公里处的武周山南麓，'), Document( page_content=' 石窟依山开凿，东西绵延 1 公里。存有主要洞窟 45 个，'), ……]
```

小雪：假如我只想进行分块操作，同时保留文档的纯字符串文本格式，而不创建 LangChain 的 Document 对象，又该如何做？

咖哥：你应该使用 split_text 方法对文本字符串进行分割，该方法只会返回分割后的纯文本片段，也不会生成 Document 对象。当然，这样也就无法保留元数据了。

```python
from langchain_text_splitters import CharacterTextSplitter
text = """
云冈石窟位于中国北部山西省大同市西郊 17 公里处的武周山南麓，
石窟依山开凿，东西绵延 1 公里。存有主要洞窟 45 个…… """
text_splitter = CharacterTextSplitter(
    chunk_size=50,
    chunk_overlap=0,
    separator="\n"
)
# 使用 split_text 方法分割文本
chunks = text_splitter.split_text(text)
print(chunks)
```

```
云冈石窟位于中国北部山西省大同市西郊 17 公里处的武周山南麓，
石窟依山开凿，东西绵延 1 公里。存有主要洞窟 45 个，
```

需要注意的是，如果设定的文本块大小为 1000 个字符，默认分隔符为 "\n\n"，而某个段落的实际长度超过了这个限制（如 1200 个字符），那么这种分割方式并不会切

分该段落，而是直接给出一个 1200 个字符的块，并给出警告："Created a chunk of size 1200, which is longer than the specified 1000"。要解决这个问题，建议使用 RecursiveCharacterTextSplitter 方法，它能够更智能地处理这种情况，确保每个块都不会超过指定的最大长度。

2.2.2 在LlamaIndex中设置块大小参数

在 LlamaIndex 中，SimpleDirectoryReader 能够在加载文档的同时直接进行分块操作，只需预先设置与分块相关的全局参数即可。以下是如何在 LlamaIndex 中配置这些参数，并使用它们来处理和查询文本数据的代码示例。

```
from llama_index.core import SimpleDirectoryReader, VectorStoreIndex
from llama_index.core import Settings
documents = SimpleDirectoryReader(input_files=["data/山西文旅/云冈石窟.txt"]).load_data()
# 设置分块参数
Settings.chunk_size = 512  # 设置文本块的大小为 512 个字符
Settings.chunk_overlap = 50  # 设置文本块之间的重叠为 50 个字符
index = VectorStoreIndex.from_documents(documents)
query_engine = index.as_query_engine(similarity_top_k=4)
response = query_engine.query(" 云冈石窟位于何处？ ")
print(response)
```

Out: 云冈石窟位于中国北部山西省大同市西郊 17 公里处的武周山南麓。

2.3 递归分块

咖哥：在 LangChain 中，RecursiveCharacter-TextSplitter（LangChain 的默认分块方式）通过递归对固定字符数分块进行了优化。所谓递归，是指使用一组分隔符逐步对文本进行分割（见图 2-10）。如果初始分割后的文本块过大，则继续细化分割过程，直到每个文本块都达到预期大小。

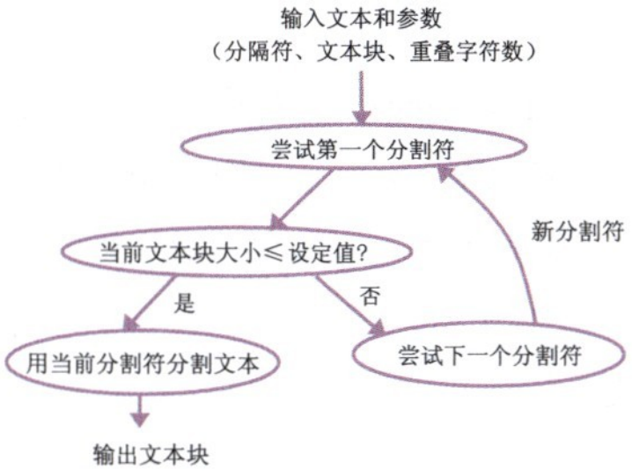

小冰：与 CharacterTextSplitter 相比，主要的优化点在哪里？

图2-10 递归分块的工作流程

咖哥：在 CharacterTextSplitter 中，仅指定一种分割符进行分割，而 RecursiveCharacterTextSplitter 则尝试使用一个字符列表（默认为 ["\n\n"，"\n"，" "，""]）作为分隔符进行分割，并优先尝试将段落、句子、单词保持在一起，直到分块足够小。例如，要求每个块包含 500 个字符时，如果每个段落约为 400 字，则使用段落分隔符；如果段落过大，达到好几千个字符，则递归引入新的分隔符，进一步通过句子进行切分。

以下代码示例展示了如何进行递归分块。

In
```
from langchain_text_splitters import RecursiveCharacterTextSplitter
text = """
云冈石窟位于中国北部山西省大同市西郊17公里处的武周山南麓，石窟依山开凿，东西绵延1公里。存有主要洞窟45个……"""
# 定义分割符列表，按优先级依次使用
separators = ["\n\n", ".", ", ", " "]
# 创建递归分块器，并传入分割符列表
text_splitter = RecursiveCharacterTextSplitter(
    chunk_size=100,
    chunk_overlap=10,
    separators=separators
)
split_texts = text_splitter.split_text(text)
print(chunks)
```

2.4 基于特定格式分块

在处理编程语言代码时，使用适当的工具对代码进行合理分割是非常重要的。RecursiveCharacterTextSplitter 的 from_language 方法提供了针对不同编程语言优化的文本分割功能。

小冰：什么样的业务场景需要拆分代码块呢？

咖哥：有很多啊。例如，多人协作时不同团队并行开发，需要代码审查和版本控制系统，或者按功能模块分析性能瓶颈和内存使用优化；调试和测试中的单元测试粒度控制，Bug 定位和修复，行为调试等。这些都可以通过 RAG 系统在海量的程序库中提取所需要的代码块。

RecursiveCharacterTextSplitter 中包含预先构建的分隔符列表，可用于以特定编程语言拆分文本。它所支持的语言存储在枚举类型的数据对象 langchain_text_splitters. Language 中。涉及的语言值包括 "cpp"、"go"、"java"、"kotlin"、"js"、"ts"、"php"、"proto"、"python"、"rst"、"ruby"、"rust"、"scala"、"swift"、"markdown"、"latex"、"html"、"sol"、"csharp"、"cobol"、"c"、"lua"、"perl"、"haskell" 等。

通过向 RecursiveCharacterTextSplitter.get_separators_for_language 方法传递语言值，可以查看给定编程语言的分隔符列表。

In
```
from langchain_text_splitters import RecursiveCharacterTextSplitter
from langchain_text_splitters import Language
separators = RecursiveCharacterTextSplitter.get_separators_for_language(Language.PYTHON)
print(separators)
```

Out: `['\nclass ', '\ndef ', '\n\tdef ', '\n\n', '\n', ' ', '']`

以下代码示例展示了如何对一段 Python 代码进行切分。

In:
```python
from langchain_text_splitters import (
    Language,
    RecursiveCharacterTextSplitter,
)
GAME_CODE = """
class CombatSystem:
    def __init__(self):
        self.health = 100
        self.stamina = 100
        self.state = "IDLE"
        self.attack_patterns = {
            "NORMAL": 10,
            "SPECIAL": 30,
            "ULTIMATE": 50
        }
    def update(self, delta_time):
        self._update_stats(delta_time)
        self._handle_combat()
    def _update_stats(self, delta_time):
        self.stamina = min(100, self.stamina + 5 * delta_time)
    def _handle_combat(self):
        if self.state == "ATTACKING":
            self._execute_attack()
    def _execute_attack(self):
        if self.stamina >= self.attack_patterns["SPECIAL"]:
            damage = 50
            self.stamina -= self.attack_patterns["SPECIAL"]
            return damage
    return self.attack_patterns["NORMAL"]
"""
python_splitter = RecursiveCharacterTextSplitter.from_language(
    language=Language.PYTHON, # 指定编程语言为 Python
    chunk_size=100,
    chunk_overlap=0
)
python_docs = python_splitter.create_documents([GAME_CODE])
print(python_docs)
```

该切分工具会按语言特定关键字分割类和函数等，从而保持代码块的完整性和语义。类似的基于文件格式的切分工具，LangChain 中还有不少，需要用时可以去官网查找。

2.5 基于文件结构或语义分块

在某些文档处理场景中，仅根据换行符或空行进行文本分块可能无法准确捕捉文档的逻辑结构。例如，在论文、报告或说明书等文档中，段落、标题、表格、列表项都具有特定的语义。因此，希望能够对文档进行更加智能的拆分——不仅依据文本的换行，还能根据文档的排版结构（如标题、正文、表格、分页等）进行分割，并生成语义更丰富的文本块。

2.5.1 利用Unstructured工具基于文档结构分块

第 1 章提到过，LangChain 通过集成 Unstructured 工具提供了 UnstructuredLoader 加载器，可以在加载 PDF、Word、HTML 等多种类型的文档时自动提取并分割文本为"文档元素"。随后，根据指定的分块策略与最大字符数，对这些文档元素进行组合或进一步拆分，生成更符合需求的文本块。

Unstructured 工具中有两种主要的分块策略——Basic 和 By Title。这两种策略都基于对文档语义结构的识别，而非简单地根据空行或换行符来拆分文本。

- Basic 策略将文本元素顺序合并到同一个分块内，直至达到最大字符数（max_characters）或软限制（new_after_n_chars）。如果单个元素（如一段特别长的正文或一张很大的表格）本身超过了最大字符数，则会对该元素进行二次拆分。表格元素会被视为独立的分块；如果表格过大，也会被拆分为多个 TableChunk。可以通过 overlap 与 overlap_all 等参数设置分块重叠。
- By Title 策略在保留 Basic 策略的基础行为的同时，会在检测到新的标题（Title 元素）后立刻关闭当前分块，并开启一个新的分块。可以通过 multipage_sections 和 combine_text_under_n_chars 等参数进一步控制如何合并或拆分跨页片段、短小片段等。

此外，通过 API 调用 Unstructured 工具时，还有以下两种额外的智能分块策略。

- By Page：确保每页的内容独立分块。
- By Similarity：利用嵌入模型将主题相似的元素组合成块。

接下来，我们对同一个文件分别应用上述两种主要的分块策略。

```
from langchain_unstructured import UnstructuredLoader
loader = UnstructuredLoader(
    "data/ 黑神话 / 黑神话悟空设定 .txt",
    chunking_strategy="basic", # 指定分块策略为 Basic
    max_characters=1000,
    include_orig_elements=False # 不保留原始元素信息，只保留合并后的文本块
)
docs = loader.load()
print(" 分块后 LangChain 的 Document 数量：", len(docs))
print(" 第 1 个分块的文本长度：", len(docs[0].page_content))
```

Out
分块后 LangChain 的 Document 数量：9
第 1 个分块的文本长度：815

如果我们更换策略，则会得到不同的结果。

In
```
loader = UnstructuredLoader(
    "data/ 黑神话 / 黑神话悟空设定 .txt",
    chunking_strategy="by_title", # 指定分块策略为 By Ttitle，按标题进行分块
)
```

Out
分块后 LangChain 的 Document 数量：9
第 1 个分块的文本长度：627

你可以自行比较两种分块策略的结果。理论上，By Title 策略是一种更加智能的分块方式，不再依赖传统的换行符与空行，而是基于对文档逻辑结构（如标题、段落、表格等）的精确识别，提高了文本拆分的准确性与可用性。

2.5.2 利用LlamaIndex的SemanticSplitterNodeParser进行语义分块

语义分块是一种高级且复杂的文本处理技术，它不同于基于固定字符数的分块方法。语义分块器利用嵌入相似性自适应地选择句子之间的断点，以确保每个块在语义上相互关联。在 LlamaIndex 中，文本块被称为 Node（节点），而分块工具则被称为 NodeParser（节点解析器）。SemanticSplitterNodeParser 是实现语义分块的一种工具。

以下代码示例展示了如何使用 SemanticSplitterNodeParser 进行语义分块。

In
```
from llama_index.core import SimpleDirectoryReader
from llama_index.core.node_parser import (
    SentenceSplitter,
    SemanticSplitterNodeParser,
)
from llama_index.embeddings.huggingface import HuggingFaceEmbedding
embed_model = HuggingFaceEmbedding(model_name="BAAI/bge-small-zh")
documents = SimpleDirectoryReader(input_files=["data/ 黑神话 / 黑神话悟空设定 .txt"]).load_data()
# 创建语义分块器
splitter = SemanticSplitterNodeParser(
    buffer_size=1, # 缓冲区大小
    breakpoint_percentile_threshold=95, # 断点百分位阈值
embed_model=embed_model # 使用的嵌入模型
)
# 创建基础句子分块器（作为对照）
base_splitter = SentenceSplitter(chunk_size=512)
# 使用语义分块器对文档进行分块
```

In
```
semantic_nodes = splitter.get_nodes_from_documents(documents)
print(" 语义分块器生成的块数： ", len(semantic_nodes))
# 使用基础句子分块器对文档进行分块
base_nodes = base_splitter.get_nodes_from_documents(documents)
print(" 基础句子分块器生成的块数： ", len(base_nodes))
```

Out
```
语义分块器生成的块数：4
基础句子分块器生成的块数：29
```

由于篇幅限制，这里未显示 Node 中的具体内容。运行上述程序后，你会发现语义分块器尽可能地将内容进行了组织，而基础句子分块器只是按照预设的长度来分块。

LlamaIndex 封装了更多的高级语义分块工具，例如下面这两种。

- SemanticDoubleMergingSplitterNodeParser（双重语义合并分块）通过多次合并策略对文本进行语义一致性分段。它考虑多个阈值以确保分块既能捕捉主题变化，又能在适当范围内尽量合并相近的语义单元。
- TopicNodeParser（主题节点分块）通过主题相似性将文档切分为语义一致的文本块。它可以利用大模型或嵌入模型进行主题相似度计算，从而保持文本块之间的语义一致性。

对于同一批文档，可以尝试不同的工具并比较它们的分块结果、性能和效率。语义分块工具由于其设计复杂，处理同一批文档所需的时间较长。在普通 RAG 系统设计中，递归分块方式通常已能满足需求，并不一定需要使用语义分块方式。根据奥卡姆剃刀原则，选择简单有效的工具是更为明智的选择。

2.6 与分块相关的高级索引构建技巧

在 RAG 系统中，"索引的构建"广义上指的是建立文本块的数据存储机制，其中"数据"包含文本块的嵌入向量和元数据。这种机制旨在最大程度地优化检索效果，使得系统能够在大量数据中快速定位与查询最相关的内容，从而生成上下文相关的回答。

小冰：在 RAG 系统索引的构建过程中，有没有与分块技术关联非常密切的技巧？

咖哥：当然有。这里举的几个例子，对你进行项目实操会有很好的启发。

2.6.1 带滑动窗口的句子切分

LlamaIndex 提供了一种称为 SentenceWindowNodeParser 的分块工具，它能够将文档解析为单句节点，同时在元数据中为每个节点创建一个"窗口"，该窗口包含节点两侧的句子。检索时，先使用单个句子与查询进行匹配，随后根据该窗口找到周围的句子，最后将整体内容传递给大模型，如图 2-11 所示。

图2-11 带滑动窗口的句子切分

以下代码示例展示了如何使用 SentenceWindowNodeParser 对句子进行分块（完整程序和流程见第 6 章）。

```
from llama_index.core.node_parser import SentenceWindowNodeParser
from llama_index.core.node_parser import SentenceSplitter
node_parser = SentenceWindowNodeParser.from_defaults(
    window_size=3, # 设置窗口大小为 3 个句子
    window_metadata_key="window", # 设置窗口元数据的键名为 "window"
    original_text_metadata_key="original_text", # 设置原始文本元数据的键名为 "original_text"
)
nodes = node_parser.get_nodes_from_documents(documents)
sentence_index = VectorStoreIndex(nodes)
```

这种技巧对于大型文档的索引很有用，因为它不仅有助于检索更细粒度的细节，还保留了大量的上下文。

2.6.2 分块时混合生成父子文本块

在处理文档分块的过程中，平衡"小块数据的准确性"和"大上下文的完整性"是一个关键挑战。LangChain 提供了一个名为 ParentDocumentRetriever 的检索器，专门用于解决这个问题。

ParentDocumentRetriever 在文档分块时，首先将原始文档切分为较大的父文本块，然后再进一步将这些父文本块细分为更小的子文本块。每个子文本块都保留一个指向其父文本块的 ID，从而确保了信息的连贯性和可追溯性（见图 2-12）。

在存储阶段，对子文本块生成嵌入

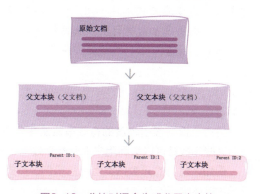

图2-12 分块时混合生成父子文本块

向量并存入向量库，同时单独存储父文本块。这两个存储通过父文本块的 ID 进行关联（见图 2-13）。

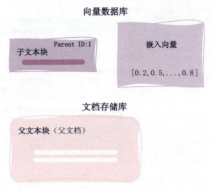

图2-13　父文本块与子文本块分别存储

在检索阶段，系统会找到与查询最相关的子文本块。在生成阶段，通过父文本块的 ID 定位相关的父文本，并将两者联合起来传递给大模型，从而提供更加丰富和准确的回答（见图 2-14）。

图2-14　在检索和生成阶段通过父文本块的ID定位更多信息

这种方法在文档切分、嵌入和检索之间找到了一个平衡点，既能提高检索精度，又能保留足够的上下文信息。（完整的程序和流程参见第 6 章。）

小冰：咖哥，在第 1 章介绍 Unstructured 工具时，其中 Element 解析出的元数据中也有类似的父文本块（父元素）的信息，也可以应用这种方法扩展当前元素，相当于在生成阶段自动进行上下文的扩展。

咖哥：完全可以！你这是举一反三。

2.6.3　分块时为文本块创建元数据

另一个提高索引精度的有效策略是在分块时为文本块加入可作为过滤条件的元数据。随后这些元数据可以被利用来提升检索效率，从而更精准地找到用户所需的信息。

例如，常见的元数据类型包括示例、页码、时间、类型和文档标题等，它们可以用来标记和描述文档的基本属性（见图 2-15）。

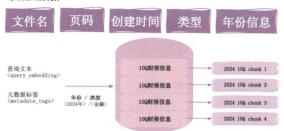

图2-15　用来标记和描述文档基本属性的元数据

在检索过程中，除了基于语义进行检索以外，还可以使用这些元数据作为额外的过滤条件，以进一步提高生成结果的相关性。例如，可以根据时间戳来筛选出特定时间段内的文档，或者限定检索范围为某一类别的文本。

以下代码示例展示了如何使用 Milvus 向量数据库实现条件过滤，更多详细信息请参阅第 4 章。

```
filter_expr = 'type == "BOSS 战 " and difficulty == " 困难 "'
results = collection.search(
    data=[search_embedding],
    anns_field="embedding",
    param=search_params,
    limit=5,
    expr=filter_expr, # 只返回符合元数据过滤条件的结果
    output_fields=["yokai", "battle_scene", "difficulty"]
)
```

除了显式地使用元数据进行过滤以外，还可以利用伪元数据生成（Hypothetical Document Embeddings，HyDE）技术来增强检索效果（Gao，et al，2022）。HyDE 技术的核心思想是先使用大模型（如 GPT 等）根据用户的查询生成一个假设性的文档，然后将该文档转换为向量后进行检索，以找到语义最相近的真实文档（见图 2-16）。

图2-16　HyDE技术的工作流程

这种方法通常比直接查询原始向量更为有效，因为 HyDE 技术生成的文档能够更好地捕捉查询的潜在含义，提供更相关的结果。完整的 HyDE 示例程序请参阅第 5 章。

2.6.4 在分块时形成有级别的索引

跟随 2.6.3 小节中元数据构建的思路,接下来要介绍的策略是在分块时手工构造元数据,并形成有级别的索引。这一策略的核心思想是通过层次化的语料组织来提升检索和生成的效果。

实际上,这种思路与滑动窗口技术及父子文本块技术有相似之处,都是通过形成文档层次结构来优化 RAG 系统。本小节将介绍摘要→文档(Summary → Document)技术以及文档→嵌入对象(Document → Embedded Objects)技术。

传统的全文搜索可能会带来过多无关文档。摘要→文档技术的精髓在于分块时为每个文本块形成摘要及关联节点,在检索时先检索文档摘要而非完整文档,再扩展到关联文档,从而更精准地捕捉用户意图,提升检索效率并增强结果的相关性。

图 2-17 展示了摘要→文档技术的工作流程,从查询开始,首先检索文档摘要,然后扩展到相关节点和子节点。

图2-17　摘要→文档技术的工作流程

例如,当用户查询"最新的体育新闻"时,系统会首先定位到相关文档的摘要,然后深入检索包含该摘要的完整文档及其关联节点,确保不仅检索到核心内容,还能提供额外背景信息。这种方式在长文档、多层级文档管理中尤为有效。

下面的代码示例展示了摘要→文档技术的具体实现。

```python
from langchain_unstructured import UnstructuredLoader
from langchain_core.documents import Document
from langchain_deepseek import ChatDeepSeek
from langchain.chains import StuffDocumentsChain
loader = UnstructuredLoader("data/ 黑神话 / 黑神话悟空的设定 .txt.pdf")
documents = loader.load()
llm = ChatDeepSeek(model="deepseek-chat")
for doc in documents[:5]:
    response = llm.invoke(f" 请用中文简要总结以下内容: \n\n{doc.page_content}")
    doc.metadata['summary'] = response.content # 将摘要添加到元数据中
print(documents)
```

```
Document(metadata={'summary': ' 黑神话悟空是一款动作角色扮演游戏 ……},
    page_content=' 黑神话 \n\n 类型 \t 动作角色扮演……')
```

在此示例中，第一段文本通过大模型进行了摘要处理，并保存在 metadata 中。在 LangChain 和 LlamaIndex 等框架中，当然也有自动为文本块生成摘要的工具，例如 LlamaIndex 中的 DocumentSummaryIndex 索引。

文档→嵌入对象技术专门针对包含复杂数据结构的文档进行特殊的分块处理。当文档不仅包含纯文本，还包含表格、图片、数据库引用等结构化内容时，传统分块方法通常仅返回整篇文档，而忽略了这些关键数据。相比之下，文档→嵌入对象技术在分块过程中保留了复杂对象的结构。这种方法首先匹配文档本身，随后进一步检索嵌入的对象。

在检索过程中，文档→嵌入对象技术首先识别并检索文档中的实体引用对象（主文本块），然后根据需要查询这些对象相关的其他内容，如表格、图片信息等子节点。这种方法能更好地处理复杂文档中的多样化内容，使检索结果更加精确和全面。

图 2-18 展示了如何将一个复杂的 PDF 文档解析为不同类型的节点和对象。

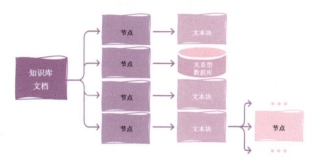

图2-18 将一个复杂的PDF文本块解析为不同类型的节点和对象

例如，在查询"《黑神话：悟空》中有哪些 BOSS？"时，系统不仅会找到相关的游戏文档，还会进一步分析其中的表格、SQL 数据表等，确保返回的信息更精准，更符合查询需求。这一方法对于技术文档、游戏数据库、企业知识库等多模态信息检索场景尤为重要，使信息提取更加全面且准确。

在 LlamaIndex 中，可以通过 IndexNode 对象建立起主文档之下的表格对象的层级索引。更多 LlamaIndex 的高级技巧示例，请参考官方文档。

上述这几种技术实质上都是通过建立文档内容的层级关系来优化检索过程的。它们使 RAG 系统能够更智能地理解和利用文档的结构化信息，从而提供更准确和完整的检索结果。

在第 4 章～第 6 章中（尤其是第 6 章），还将提供这几种高级索引构建技巧的详细讲解，并展示更多完整的代码示例。

2.7 小结

文本分块在 RAG 流程中扮演着至关重要的角色。它不仅解决了上下文窗口的限制问题，还能显著提升模型在生成、检索等任务中的性能表现。不同的分块策略和工具在处理文本时各有其特点。例如，按字符数或 token 数分块适合快速处理规则明确的文本，而语义分块则能更精准地捕捉文本中的语义一致性。

此外，根据特定场景选择合适的分块工具，并结合滑动窗口技术、元数据构建（如提炼出每个文本块的摘要和标签）等技巧，可以进一步提升分块的效果与适用性。

随着大模型上下文窗口的不断扩展，分块技术的重要性可能不像以前那样突出。然而，灵活选择分块策略并结合实际需求进行优化，仍然是提升文本处理效率与质量的重要手段。

在分块过程中通过采用各种不同的思路，如语义分块、层次分块、元数据的生成、文本块摘要的构建等，我们可以获得优化 RAG 系统的新视角。

第 3 章

信息嵌入

小冰：咖哥，文本分块之后，下一个环节应该到 Embedding 了，也就是嵌入技术（见图 3-1）。我知道，向量嵌入是现代人工智能系统的知识内核，当然也就是 RAG 系统的内核，其重要性不言而喻。

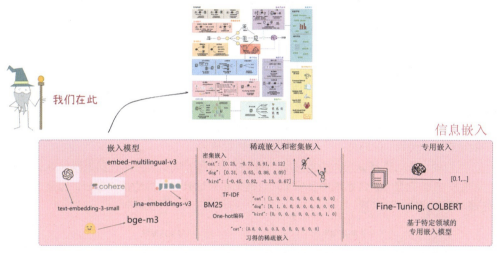

图 3-1 嵌入技术的工作流程

咖哥：当然。今天的大模型吸收世界级知识的效率也许比我们人类要高且快。可以将经过训练的大模型视为一座无比巨大的图书馆，或者一颗知识水晶球（见图 3-2），里面装满了它所能收集到的人类所有的图书、博客、音视频信息等。每本书、每个网页、每段视频都被魔法般地转化成一串数字，这都是拜嵌入技术所赐。

图 3-2 将大模型视为一颗知识水晶球

3.1 嵌入是对外部信息的编码

在深入探讨技术细节之前，这里以人脑作为类比：我们是如何感知外界信息并将其编码和存储的？这是一个复杂且多层级的生物和神经活动过程。首先，外界的信息通过感官（如视觉、听觉、触觉、嗅觉、味觉）进入大脑。每种感官都有专门的感受器，负责将物理或化学刺激（如光、声波、压力、化学分子）转换为神经信号。神经信号通过周围神经系统传递，经由脊髓或其他中继站（如丘脑）传输至大脑的相应区域。

神经信号到达大脑后，大脑会通过皮层区域对这些信号进行处理。这一步被称为信息编码，主要包括以下两种编码方式。

- 空间编码：大脑通过激活不同位置的神经元来表征不同的刺激。例如，视觉皮层的不同部分对应视野中的不同区域。
- 时间编码：神经元的脉冲频率和时间模式也承载了信息。神经元以特定的速率和顺序发出电冲动来表示不同的感官特征（如音调、强度等）。

信息经过大脑皮质的处理和编码后被短期存储，随后在长期记忆中得到巩固。大脑可以通过记忆检索从长期记忆中提取信息，并重新激活于工作记忆中。每次检索记忆，大脑都会对信息再次处理，这也可能导致信息的再编码和更新。

随着外界信息的不断输入，大脑内的神经网络会发生变化。这种变化称为神经可塑性，即大脑的结构和功能会根据经验和学习而不断调整。在此过程中，神经元之间的突触连接可能会被加强或削弱，甚至产生新的突触连接。整个过程涉及神经元间的复杂连接和突触可塑性，使我们能够感知、理解和记忆外界的信息。

类似地，嵌入就是基于大模型的 AI 系统的"感官"认知并内化外部世界信息的过程（见图 3-3）。它是 RAG 系统中负责感知、理解和表达外界数据的核心部分，也是理解和处理高维数据的关键工具。

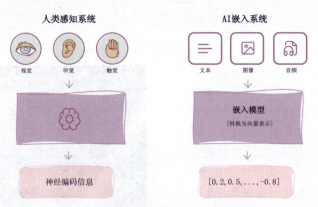

图3-3　人类感知系统与AI嵌入系统的对比

就像大脑通过视觉、听觉、触觉等感知外界信息一样，嵌入模型通过将文本、图像、音频等数据信息从自然语言转化为向量表示，让系统能够"感知"数据的语义内容。

感知系统不仅仅具有感知功能，还能整合不同类型的感官输入——眼睛看到的和耳朵听到的，都会被大脑综合处理。同样，嵌入模型不仅能处理文本，还能处理图像、音频等多模态数据，并将这些不同模态的信息转化为同一向量空间，使得不同来源的信息可以一致地处理。

感知信息和记忆（甚至是这些信息和记忆内化而成的潜意识）会影响人的行动。同样地，嵌入模型的质量直接影响后续的检索和生成过程。一个优秀的嵌入模型能帮助向量数据库找到最相关的信息，从而引导系统生成更准确的回答；反之，一个糟糕的嵌入模型可能导致系统对查询的"感知"出现偏差，影响生成结果的准确性。

人的感知系统会随着经验积累变得更加敏锐和精准。同样地，嵌入模型也可以通过训练与微调不断提升其表现，使得 AI 嵌入系统对语义的捕捉更为精确，从而提升 RAG 系统的性能。

> **咖哥发言**
>
> 嵌入模型（Embedding Model）的选择可能是 RAG 系统开发流程中最重要且具有决定性的环节。没有一个优秀的嵌入模型，后续的检索、生成要想得到满意的结果几乎是不可能的。当然，这并不意味着选择了最顶尖的嵌入模型就能确保 RAG 系统的卓越性能，因为还需要综合考量索引、检索策略等多种因素。在实际应用中，嵌入模型的选择往往受限于成本、速度、隐私等因素。例如，尽管 OpenAI 的嵌入模型效果显著，但如果数据由于隐私问题无法外传，则需要采用本地部署的开源模型。在这种情况下，关键不再是寻找"最优"的模型，而是要在可用选项之间进行权衡，选择最适合的本地模型。

从技术角度看，通过将离散的数据（如词语、句子或图像）映射到连续的向量空间（见图 3-4），嵌入模型能够捕捉数据间的语义和语法关系。这些数字并非简单的 0 和 1，而是复杂的多维向量，蕴含着丰富的语义信息以及世界级知识。

图 3-4　将离散的数据转化为嵌入向量

> **咖哥发言**
>
> 嵌入的维度（可能是 512、768、1024 等任意数值）就像是在多维空间里为每个词找到一个位置。可以将每个维度视为词的一种特性，例如防御、法力或等级。每个词都用这些特性来定义自身。维度越多，表达的细节就越丰富，但同时计算复杂度也会增加。选择合适的维度是让大模型既能精准理解词义又不至于性能崩溃的关键。

每个嵌入维度本质上是一组坐标（vector，也称向量），通常位于高维空间中。在这个空间中，每个点（嵌入）的位置反映了其对应文本的含义。就像同义词库中的相似单词可能彼此靠近一样，相似的概念最终也会在这个嵌入空间中彼此靠近。这使得我们能够直观地比较不同的文本。

通过将文本简化为这些数字表示，我们可以使用简单的数学运算来快速计量两段文本之间的相似程度，而不需要考虑它们的原始长度或结构。这样，我们将两段文字、两张图片、两段视频的比较转换成数字之间的差异运算——这是 RAG 系统检索得以实现的基本原理。这也恰好印证了毕达哥拉斯的名言：万物皆数。

那么，如何度量向量之间的相似度呢？一些常见的度量指标（见图 3-5）如下。

- 欧几里得距离（Euclidean Distance，简称欧氏距离）：测量两点之间的直线距离。
- 曼哈顿距离（Manhattan Distance）：沿着坐标轴方向分段测量两点之间的距离，而不是直线距离（较少用于比较向量的相似度）。
- 余弦相似度（Cosine Similarity）：测量两个向量之间角度的余弦值。
- 点积（Dot Product）或内积（Inner Product，IP）：测量一个向量在另一个向量上的投影。在欧几里得空间中，内积和点积等价。

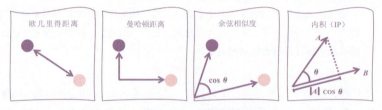

图3-5 相似度的度量指标

相似度度量指标的选择应基于具体的应用场景。例如，OpenAI 建议对其嵌入采用余弦相似度来度量。代码示例如下。

```python
import numpy as np
def cosine_similarity(vec1, vec2):
    dot_product = np.dot(vec1, vec2)
    norm_vec1 = np.linalg.norm(vec1)
    norm_vec2 = np.linalg.norm(vec2)
    return dot_product / (norm_vec1 * norm_vec2)
similarity = cosine_similarity(query_result, document_result)
print("Cosine Similarity:", similarity)
```

以上就是嵌入的基础知识。欢迎来到数据向量的世界，这里是 RAG 系统中跳动的信息脉冲。

3.2 从早期词嵌入模型到大模型嵌入

多年来，嵌入模型的格局经历了显著的变化。从最早的词向量模型如 Word2Vec 和 GloVe，到基于深度学习的动态嵌入方法，嵌入技术经历了快速的发展与演进。早期的模型主要关注单词级别的嵌入,但随着需求变得更为复杂,逐渐转向能够处理句子和段落的模型。2018 年出现了一个关键的转折点——Google 推出了 BERT(Bidirectional Encoder Representations from Transformers,基于 Transformer 的双向编码器表示)。通过运用 Transformer 模型,BERT 将文本嵌入为简洁的向量表示,在各种自然语言处理任务中实现了前所未有的性能提升。

然而,BERT 并未针对有效生成句子级别的嵌入进行优化。这一局限促使了 Sentence-BERT 的诞生,它后来发展成为知名的 SentenceTransformers 框架,目前支持多种开源嵌入模型的训练与部署。Sentence-BERT 调整了原始的 BERT 架构以生成语义丰富的句子嵌入,极大地降低了执行查找相似句子等任务的计算成本。

如今,嵌入模型的生态系统呈现出多样化的特点,众多服务提供商都提供了自己的嵌入实现方案。为了应对这种多样性,研究人员和从业者经常依赖于如海量文本嵌入基准之类的评估标准,以便对各种嵌入模型进行客观比较。

3.2.1 早期词嵌入模型

Word2Vec 是由 Google 提出的一种词嵌入模型,包含了连续词袋模型(CBOW)和跳字模型(Skip-Gram)两种架构。该模型通过预测目标词和上下文词之间的关系来学习词语的低维向量表示。尽管其机制相对简单,Word2Vec 却能够有效地捕捉词语间的语义相似性,并在训练后生成包含语义信息的词向量(见图 3-6)。这标志着人类进入了奇妙的词向量世界,同时也为大模型时代的开启奠定了基础。

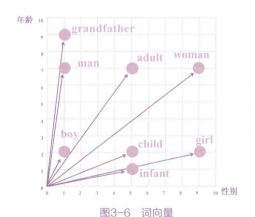

图3-6 词向量

GloVe(Global Vectors for Word Representation)是由斯坦福大学提出的另一种词嵌入方法。不同于 Word2Vec,GloVe 利用全局共现矩阵,通过构建词语共现概率的损失函数来训练模型。这种方法在处理稀疏数据和捕捉全局语义信息方面表现出色。

FastText 则是由 Facebook AI Research 团队提出的一种词嵌入模型。它的独特之处在于考虑了词语的子词信息,即将词语分解为字符 n-gram。这种策略使得 FastTest 在处理未登录词和词汇形态变化时更为有效,从而增强了模型的泛化能力。

3.2.2 上下文相关的词嵌入模型

尽管传统的词嵌入模型（如 Word2Vec、GloVe、FastText）在捕捉词语间的语义相似度方面取得了显著成就，但它们生成的词嵌入是静态的。这意味着每个词在不同上下文中都有相同的向量表示，这种局限性导致这些模型在处理多义词和复杂语境时表现不佳。为了解决这一问题，研究人员开发了上下文相关的词嵌入模型（图 3-7 展示了早期的模型），这些模型允许词的表示跟随其具体出现的语境进行动态变化，从而更精确地反映词义。

ELMo（Embeddings from Language Models）是由 AllenNLP 团队提出的基于双向 LSTM 的语言模型。它能够根据词所在的上下文动态生成词嵌入，使得同一词在不同的语境中有不同的向量表示，这样可以更好地捕捉词汇的多义性。

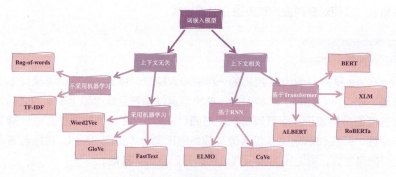

图 3-7　早期的词嵌入模型

如果你对大模型的基础架构 Transformer 以及各种词嵌入模型的技术细节感兴趣，可以通过查阅各模型的相关论文获取更多信息。此外，也可以阅读咖哥所著的图书《GPT 图解 大模型是怎样构建的》，书中深入浅出地讲解了多种自然语言处理核心技术。

3.2.3 句子嵌入模型和 SentenceTransformers 框架

Sentence-BERT（SBERT）是对 BERT 的一种扩展，旨在生成句子的固定长度向量表示。通过在 BERT 基础上添加双塔结构和对比学习的训练方法，SBERT 能够高效地计算句子间的语义相似度（见图 3-8），适用于信息检索和问答系统等场景。

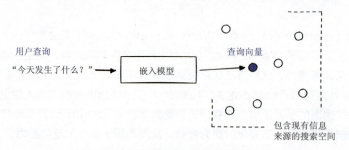

图 3-8　通过句子嵌入对查询进行检索

直至目前，SBERT 仍然在工业界被广泛应用，不过它已更名为 Sentence-Transformers 框架。该框架是下载、微调以及训练文本和图像嵌入模型时最常用的基础 Python 库。

咖哥发言

SentenceTransformers 框架由 UKPLab 创建，并由 Hugging Face 维护。Hugging Face 上提供了超过 5000 个预训练的 SentenceTransformers 模型，其中包括 MTEB 排行榜上的许多先进的模型。利用 SentenceTransformers 框架，也可以轻松地训练或微调模型，以满足特定用例的需求。

在 SentenceTransformers 框架中，常用的开源嵌入模型包括 all-MiniLM-L6-v2、all-mpnet-base-v2。这两个模型分别基于 MiniLM（一种轻量化的 Transformer 模型）和 MPNet 架构（该架构结合了 BERT 和 XLNet 的优势），并且都利用 Hugging Face 的 transformers 库进行了优化。它们经常被用作 RAG 系统中的基准模型，通过将其性能作为基础来进一步评估其他模型的优劣或改进幅度。其中，all-mpnet-base-v2 模型提供了更高的嵌入质量，而 all-MiniLM-L6-v2 模型则以大约 5 倍于前者的速度著称。

表 3-1 展示了常用的基于 SentenceTransformers 框架的开源嵌入模型的技术细节。

表 3-1 常用开源嵌入模型

模型名称	参数量	维度	特点	使用场景
paraphrase-MiniLM-L6-v2	33M	384	为文本相似度和语义检索特别优化，专注于高效低资源环境	比较句子或段落相似度；适用于常规自然语言处理任务
all-MiniLM-L6-v2	33M	384	更广泛训练的版本，覆盖多种用例；速度快、效果较好	搜索引擎优化；多语言支持较弱
all-mpnet-base-v2	110M	768	基于 MPNet 架构的更大模型，适合需要更高精度的场景	高精度语义检索；需要更多计算资源

下面我们将使用 sentence-transformers 库中的模型来比较两个句子的相似度。首先，安装 sentence-transformers 库。

In
```
pip install sentence-transformers
```

接下来，通过以下代码计算两个句子间的语义相似度。

In
```
from sentence_transformers import SentenceTransformer, util
model = SentenceTransformer ('paraphrase-MiniLM-L6-v2')
sentence1 = " 这款游戏玩法如何？  "
sentence2 = " 我想了解这款的战斗系统。"
embedding1 = model.encode(sentence1, convert_to_tensor=True)
embedding2 = model.encode(sentence2, convert_to_tensor=True)
cosine_similarity = util.pytorch_cos_sim(embedding1, embedding2)
print(f" 两个句子之间的相似度为： {cosine_similarity.item():.4f}")
```

第一次运行程序时，SentenceTransformers 框架会将指定的预训练模型的配置和参数下载到本地缓存中。需要确保本地有足够的存储空间来容纳这些嵌入。

sentence-transformers 库依赖于 Hugging Face 的模型存储机制，默认情况下使用 Hugging Face 的缓存文件夹路径。

- Windows 操作系统的缓存文件夹路径：C:\Users\< 用户名 >\.cache\huggingface\transformers。
- macOS 或 Linux 操作系统的缓存文件夹路径：/home/< 用户名 >/.cache/huggingface/transformers。

当第一次加载模型（如 paraphrase-MiniLM-L6-v2）时，模型文件会被下载并存储在上述目录下。如果之前已经使用 Hugging Face 下载过相同的模型，将不会再次下载。可以通过设置环境变量 TRANSFORMERS_CACHE 来自定义缓存路径。

In
```
export TRANSFORMERS_CACHE=" 你的自定义缓存路径 "
```

3.2.4 多语言嵌入模型

尽管早期的词嵌入和句子嵌入模型在单一语言环境下表现出色，但在跨语言任务中面临挑战，难以直接应用。为了解决这一问题，一些专门设计用于多语言环境的嵌入模型（如 MUSE 和 XLM-R 等）应运而生。

MUSE（Multilingual Unsupervised or Supervised Embeddings）是 Facebook（现 Meta）开发的一种多语言词嵌入工具。它支持无监督和有监督两种模式，可以将不同语言的词嵌入映射到同一向量空间中，从而实现跨语言的语义比较。

XLM-R（XLM-RoBERTa）是由 Facebook AI Research 团队开发的一种跨语言模型，它在 RoBERTa 架构的基础上构建，并利用了包含 100 种语言的大规模数据集进行训练。这种大规模且多样化的训练使得 XLM-R 在多语言理解及翻译任务中表现出色。

由 Google 提出的 Universal Sentence Encoder（USE）也是一种基于 Transformer 的句子嵌入模型，旨在为句子和段落生成通用的向量表示。USE 在多语言环境中同样表现出色，适用于文本分类、聚类及语义相似度计算等任务。

现代大模型通常具备强大的多语言能力。例如，OpenAI 的 text-embedding-3-

small 和 text-embedding-3-large、BGE 的 M3-Embedding 以及 Cohere 的多语言嵌入模型，均能支持接近或超过 100 种语言。

3.2.5 图像和音频嵌入模型

图像数据的反向搜索是许多应用中的核心功能。例如，若要找到更多与"悟空"相关的图片，用户可以上传一张含有"悟空"的图片，并请求搜索引擎找出类似的图片。传统上，这类任务依赖诸如 ResNet50 这样的卷积神经网络（Convolutional Neural Network，CNN）模型，该模型由微软于 2015 年基于 ImageNet 数据集训练而成，能够高效地进行图像特征提取和相似度匹配。

类似地，在反向视频搜索中，ResNet50 同样可用于视频嵌入。通过将视频帧转换为特征向量，并在视频帧数据库中执行相似度检索，可以定位到与输入视频最为接近的其他视频片段。

对于音频数据，可以通过 PANN（Pretrained Audio Neural Network）进行处理。PANN 是在大规模音频数据集上预训练的。它允许用户通过输入一段音频来执行反向音频搜索，广泛应用于音频检索任务和声音分类系统。

3.2.6 图像与文本联合嵌入模型

图像与文本联合嵌入模型的出现为嵌入技术开辟了新的方向。这类多模态嵌入模型能够同时捕捉文本以及图像、音频甚至视频等多种非结构化数据的语义表示。这类模型不仅支持用户通过文本搜索图像，还能生成图像描述，并执行反向图片搜索等。

2021 年，OpenAI 的 CLIP（Contrastive Language-Image Pretraining）模型成为这类联合嵌入模型的标准架构。OpenAI 收集了一个包含超过 4 亿个图像-文本对的数据集，并通过对大量的图像-文本对进行对比学习，将图像和文本映射到同一个向量空间中，从而建立了文本与图像之间的联系（见图 3-9）。这种跨模态的嵌入方式使得机器在处理图文数据时，能够更有效地理解和关联不同模态的信息，为多模态学习带来了突破。

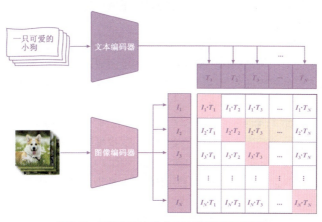

图3-9 图像与文本联合嵌入模型的工作流程

Google 在 2024 年推出的 SigLIP（sigmoidal-CLIP）模型是对 CLIP 模型的一种改进版本，它在零样本任务中表现出色，并且使用起来更加简便。随着硬件技术的进步和模型优化的提升，小型模型变得越来越流行，例如，由 Unum 提供的小型多模态嵌入模型。这类小型模型由于内存占用较少，可以在笔记本电脑等设备上顺畅运行，从而实现低延迟和更快的处理速度。这不仅拓宽了多模态技术的应用范围，也使得其应用变得更加便捷和广泛。

3.2.7 图嵌入模型和知识图谱嵌入模型

图嵌入（Graph Embedding）和知识图谱嵌入（Knowledge Graph Embedding）在处理涉及复杂关系和结构的数据时具有重要价值。图嵌入主要关注节点间的结构关系，而知识图谱嵌入则更注重实体间的语义关系，如图 3-10 所示。

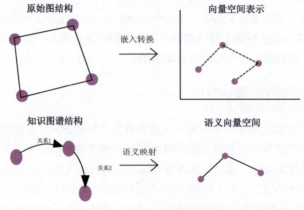

图3-10　图嵌入和知识图谱嵌入

图嵌入将图中的节点、边和它们之间的关系映射到低维向量空间，同时保留图的结构信息。例如，Node2Vec 和 GraphSAGE 等模型通过随机游走或聚合邻居信息，将图的局部和全局结构编码为向量表示。这些向量可以在下游任务（如节点分类、聚类或图上的关系预测）中直接使用。

图嵌入被广泛应用于社交网络分析、推荐系统、金融网络、医疗网络等领域，能够有效处理这些数据中的复杂关系结构和网络特性。通过图嵌入，系统可以学习节点的语义和结构信息，使得相似的节点在向量空间中更加接近，从而提升在节点分类、链路预测等任务中的应用效果。

知识图谱嵌入（如 TransE、TransR、DistMult 等）通过将实体和关系映射到同一个向量空间，能够有效地捕捉实体间的语义关系。这类模型广泛应用于知识图谱补全和链路预测任务，有助于发现知识图谱中潜在的关系。例如，TransE 模型采用简单的平移操作来捕捉实体间的关系，而 TransR 和 DistMult 等模型则进一步增强了对复杂、多维关系的建模能力。

知识图谱嵌入在智能问答、推荐系统、语义搜索等场景中发挥了重要作用。例如，在问答系统中，嵌入可以帮助识别问题与知识库中的实体间的复杂关系，从而提供更精确的答案。

3.2.8 大模型时代的嵌入模型

随着大模型时代的到来，以 BERT、GPT 为代表的模型对传统的嵌入架构进行了颠覆和重塑，形成了大一统的局面。这些大模型不仅在文本生成任务中表现卓越，它们的隐藏层输出还能够作为强大的文本嵌入工具，有效捕捉文本中的深层语义信息。这种能力极大地提升了相似度计算、分类以及搜索等任务的性能。

除了可以通过"裁剪"方式将 BERT、GPT 用于嵌入模型以外，OpenAI 及其他 AI 提供商或开源组织也提供了大量专门设计的嵌入模型，通过 API 或者开源代码的方式供开发者广泛使用。这些模型在各种自然语言处理应用中展现了出色的适应性，能够为文本提供丰富的语义表示，适用于相似度计算、分类和搜索等多种任务。

因此，与其他 AI 技术一样，嵌入技术在过去几年中经历了显著的突破和发展，机器对语言和图像的理解能力得到增强，为各种下游任务提供了坚实的基础，从而推动了 Scaling Law（规模法则）的发展。

> OpenAI 的联合创始人兼前首席科学家 Ilya Sutskever 指出，人类的优质语料已经基本耗尽，Scaling Law 的进一步演进需要探索不同的方向。在文本数据方面，我们可能已经利用了大部分现有资源，但仍有大量视频和多模态信息等待大模型进行分析和理解。此外，未来 Scaling Law 的发展还将涉及硬件扩展、资源与性能优化以及 AI 主动创建高质量训练数据等多个方面。这些观点为未来的探索提供了有价值的思考方向。

接下来，我们将进一步聚焦于 RAG 系统中会用到的现代嵌入模型。

3.3 现代嵌入模型：OpenAI、Jina、Cohere、Voyage

在现代嵌入模型领域，很多公司提供了商业嵌入模型。这些商业嵌入模型通常不是完全开源的，而是通过 API 调用的方式供用户使用。虽然有时需要付费，但总体而言，这些服务的费用并不高，并且随着技术的进步和服务竞争的加剧，价格逐渐下降，这与大模型的收费趋势相似。

尽管如此，从使用习惯的角度来看，咖哥最常使用的仍然是 Open AI 的 text-embedding-3-small 和 text-embedding-3-large 模型。然而，在这个竞争激烈的市场中，OpenAI 的嵌入模型领先优势并不明显。例如，Google 已经推出了 Gemini 系列中的 text-embedding-005 模型，而一些初创公司如 Jina、Cohere 和 Voyage 也提供了最新的商业嵌入模型。这些公司的模型在语义相似度计算、搜索以及推荐等场景中都表现出色，为开发者提供了多样化的选择。

3.3.1 用OpenAI的text-embedding-3-small进行产品推荐

OpenAI 提供了多种功能强大的商业嵌入模型，包括早期的 text-embedding-ada-002 以及目前的主打模型 text-embedding-3-small 和 text-embedding-3-large（见表 3-2）。text-embedding-3-large 模型拥有更高的维度（3072 维），能够捕捉更细微的语义信息，但同时也意味着更高的计算成本。

表 3-2　OpenAI 提供的商业嵌入模型

模型名称	维度	MTEB 性能	价格 /1M token	特点
text-embedding-3-small	1536	62.3%	0.02 美元	性价比高
text-embedding-3-large	3072	64.6%	0.13 美元	性能强
text-embedding-ada-002	1536	61.0%	0.08 美元	早期模型

注：截至 2025 年 4 月 15 日，1 美元兑换约 7.2 元人民币。

接下来构建一个模拟使用嵌入技术的场景。假设有一批玩家，他们对多款动作类型游戏提供了简短评价和评分。首先，使用 OpenAI 的 text-embedding-3-small 模型生成用户评价的嵌入向量及每款游戏的嵌入向量。然后，计算用户评价嵌入向量与游戏"灭神纪·猢狲"[①] 嵌入向量之间的余弦相似度。通过这种方式，得到的相似度分数就是这款游戏对该用户的推荐分值，从而定位可能喜欢玩"灭神纪·猢狲"游戏的用户群体。

In
```
import os
import openai
import pandas as pd
import numpy as np
import json
from sklearn.metrics.pairwise import cosine_similarity
# 读取用户评价数据集
df = pd.read_csv("data/ 灭神纪 / 用户评价 .csv")
# 读取游戏描述文件
with open("data/ 灭神纪 / 游戏说明 .json", "r") as f:
    game_descriptions = json.load(f)
# 定义获取嵌入向量的函数
def get_embedding(text, model="text-embedding-3-small"):
    response = openai.embeddings.create(
```

---

① 为了避免过多地引用《黑神话：悟空》的场景，我们在此虚拟了一款风格相似的"灭神纪·猢狲"游戏。

```python
        input=[text],
        model=model
    )
    return response.data[0].embedding
# 获取所有游戏的嵌入向量
unique_games = df['game_title'].unique().tolist()
target_game = "Killing God: Hu Sun"  # 目标游戏名称更改
if target_game not in unique_games:
    unique_games.append(target_game)  # 确保目标游戏在列表中
game_embeddings = {}
for game in unique_games:
    description = game_descriptions[game]
    game_embeddings[game] = np.array(get_embedding(description))
# 计算用户评价的嵌入向量（用户评价过的所有游戏描述嵌入向量的平均值）
user_vectors = {}
for user_id, group in df.groupby("user_id"):
    user_game_vecs = []
    for idx, row in group.iterrows():
        g_title = row['game_title']
        g_vec = game_embeddings[g_title]
        user_game_vecs.append(g_vec)
    user_vectors[user_id] = np.mean(np.array(user_game_vecs), axis=0)
# 获取"灭神纪·猢狲"的嵌入向量
target_vector = game_embeddings[target_game]
# 计算每个用户评价的嵌入向量与目标游戏的嵌入向量的余弦相似度
results = []
for user_id, u_vec in user_vectors.items():
    u_vec_reshaped = u_vec.reshape(1, -1)
    t_vec = target_vector.reshape(1, -1)
    similarity = cosine_similarity(u_vec_reshaped, t_vec)[0,0]
    results.append((user_id, similarity))
# 排序并找出最可能喜欢"灭神纪·猢狲"的用户
result_df = pd.DataFrame(results, columns=["user_id", f"similarity_to_{target_game}"])
result_df = result_df.sort_values(by=f"similarity_to_{target_game}", ascending=False)
print(f"\n 最可能喜欢 {target_game} 的前 5 位用户：")
print(result_df.head())
```

最可能喜欢 Killing God: Hu Sun 的前 5 位用户：

	user_id	similarity_to_Killing God: Hu Sun
0	U001	0.923190
3	U004	0.922800
4	U005	0.917884
1	U002	0.910476
2	U003	0.909157

如果用户过去喜欢的游戏（如魂系、动作 RPG）风格与"灭神纪·猢狲"相近，则其相似度分数应较高。

3.3.2　用jina-embeddings-v3模型进行跨语言数据集聚类

jina-embeddings-v3 是一个前沿的多语言文本嵌入模型，它基于 XLM-RoBERTa 模型并进行了多项改进，以支持更长文本序列的有效编码。该模型拥有 5.7 亿参数，支持包括阿拉伯语、汉语、法语、德语、日语在内的 89 种语言，并在各种多语言任务上表现出色。除了对多种语言的强大支持以外，jina-embeddings-v3 模型还特别增强了处理长上下文的能力，最大支持高达 8192 个 token 的输入，这使得它非常适用于长文档检索和长文本嵌入等任务。

jina-embeddings-v3 模型采用了特定于任务的低秩适应技术，能够为检索、聚类、分类和文本匹配等任务生成高质量的嵌入表示。这种灵活性使得模型能够根据不同的任务需求生成最优的嵌入结果。为了进一步提升效率和降低资源消耗，该模型利用了 FlashAttention2 技术和 DeepSpeed 架构，显著提升了分布式训练的效率并减少了内存使用。

此外，jina-embeddings-v3 模型还集成了 Matryoshka 表征学习方法，允许用户灵活调整嵌入维度，最低可至 32 维，而不会对整体性能造成负面影响。这为在生产环境或边缘设备上需要大规模向量存储的应用提供了显著优势。

jina-embeddings-v3 模型提供了 3 个主要的 API 参数供用户定制化使用。

- task：用于根据下游任务（如检索、分类或文本匹配）调整信息嵌入策略，以优化针对特定任务的表现。
- dimensions：用户可以根据自身需求自由调整嵌入的维度大小，在确保性能的同时优化存储成本。
- late_chunking：通过在信息嵌入后再进行文本分块处理，特别优化了长文档的嵌入表示，有助于提升检索效果。

接下来，我们将使用 jina-embeddings-v3 模型实现多语种游戏描述的语义检索与聚类，展示如何在多语言文本中找到与"灭神纪·猢狲"风格相似的游戏描述，并进行简单的文本聚类。

首先，安装相关的库 einops，这是一个用于简化和增强向量（多维数组）操作的 Python 库。

```
pip install einops
```

然后，配置 Jina API（需要在 Jina 官网获取），并读取游戏数据。

```python
import pandas as pd
import numpy as np
import requests
from sklearn.cluster import KMeans
# 配置 Jina API
url = 'https://api.jina.ai/v1/embeddings'
headers = {
    'Content-Type': 'application/json',
    'Authorization': 'Bearer 你的 Jina API'
}
# 读取游戏描述数据
df = pd.read_csv("data/ 灭神纪 / 游戏描述 .csv")
texts = df['description'].tolist()
# 获取文本嵌入
data = {
    "model": "jina-embeddings-v3",
    "task": "text-matching",
    "dimensions": 1024,
    "normalized": True,
    "input": texts
}
response = requests.post(url, headers=headers, json=data)
if response.status_code != 200:
    raise RuntimeError(f"API 调用失败：{response.status_code} - {response.text}")
embeddings = [item['embedding'] for item in response.json().get('data', [])]
if not embeddings:
    raise RuntimeError("API 未返回嵌入向量 ")
embeddings = np.array(embeddings)
# 聚类分析
kmeans = KMeans(n_clusters=3, random_state=42)
labels = kmeans.fit_predict(embeddings)
print("\n 聚类结果：")
for i, lbl in enumerate(labels):
    print(f"Cluster {lbl}: {texts[i]}")
```

Cluster 2: " 灭神纪·猢狲 " 是一款根据经典《西游记》改编的动作 RPG 游戏，以其高品质画面和硬核战斗风格而著称。

Cluster 2: Killing God: Hu Sun is an action RPG game inspired by the classic Journey to the West, known for its stunning visuals and challenging combat.

Cluster 2: Ein actiongeladenes RPG, Killing God: Hu Sun, inspiriert von der klassischen chinesischen Literatur, kombiniert mythische Kreaturen und intensiven Nahkampf.

> Out
>
> Cluster 2: Sekiro: Shadows Die Twice is a challenging action–adventure game set in a reimagined Sengoku–era Japan, focusing on precise sword combat and stealth.
> Cluster 2: Der Spieler erkundet in Elden Ring eine weitläufige offene Welt voller Geheimnisse, schrecklicher Feinde und verborgener Schätze.
> Cluster 0: Elden Ring 是由 FromSoftware 和 George R.R. Martin 共同打造的开放世界动作 RPG 游戏,以庞大的世界与多样化构建而著称。
> Cluster 0: Bloodborne 是一款设定在维多利亚风格恐怖世界的动作 RPG 游戏,以高速攻防节奏和诡异气氛而著称。
> Cluster 0: Dark Souls Ⅲ 是一款黑暗奇幻风格的动作 RPG 游戏,以极高难度和深邃世界观而著称。
> Cluster 1: Cuidado de la piel orgánica: 与游戏无关的一段文字,用于测试聚类时的无关主题。
> Cluster 1: 此文本与游戏无关,仅用于测试文本聚类的效果。

接下来,通过 t-SNE 算法将高维嵌入向量(1024 维)降至 2 维,然后可视化聚类结果,如图 3-11 所示。受限于图书篇幅,这里不再展示具体代码,关于完整代码,可以访问咖哥的 GitHub 仓库。

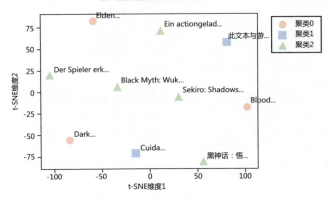

图3-11　游戏描述聚类可视化

可见,无论是汉语、英语还是其他语言,只要是与"灭神纪·猢狲"相似的游戏,都会被分配相同的类标签。现代嵌入模型对多语言的支持非常实用。

诸如 jina-embeddings-v3 模型、OpenAI 的商业嵌入模型以及 Cohere 的 embed-english-v3.0 模型等,均已集成到 AWS SageMaker 和 Azure Marketplace 等云平台。Pinecone、Qdrant 和 Milvus 等向量数据库(详细介绍见第 4 章),以及 LangChain、LlamaIndex 等开源框架,也都无缝集成了这些模型,以便用户进行高效的相似度检索和检索任务。

3.3.3　MTEB:海量文本嵌入基准测试

小冰:诸多的开源和商业嵌入模型在不同场景下表现各有差异。嵌入模型哪家强,谁说了算?

咖哥：MTEB（Massive Text Embedding Benchmark）由 Hugging Face 和大规模文本检索社区联合提出，是一个专为评估文本嵌入模型性能而设计的基准框架。它覆盖了多种语言、多种任务，提供了一个统一的大规模基准，能够系统地评估嵌入模型在不同应用场景下的表现。

Hugging Face 社区网站的 MTEB 页面提供了在各种任务中最佳文本嵌入模型的排名表，这为模型使用者提供了参考，如图 3-12 所示。

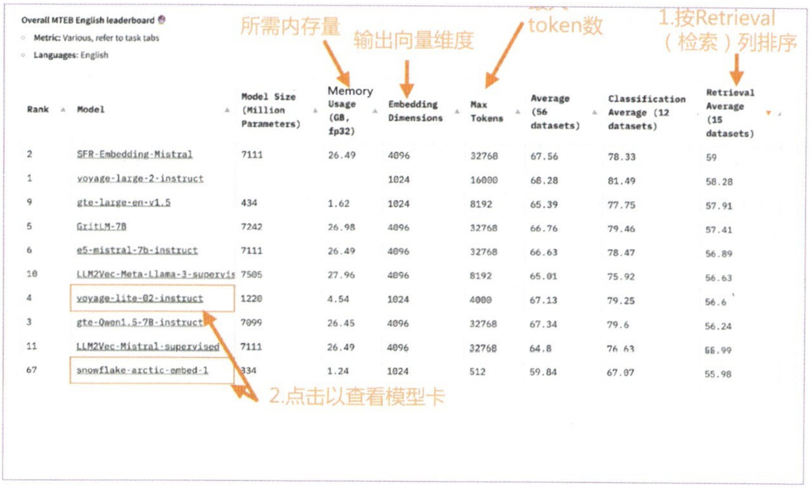

Overall MTEB English leaderboard

- Metric: Various, refer to task tabs
- Languages: English

Rank	Model	Model Size (Million Parameters)	Memory Usage (GB, fp32)	Embedding Dimensions	Max Tokens	Average (56 datasets)	Classification Average (12 datasets)	Retrieval Average (15 datasets)
2	SFR-Embedding-Mistral	7111	26.49	4096	32768	67.56	78.33	59
1	voyage-large-2-instruct			1024	16000	68.28	81.49	58.28
9	gte-large-en-v1.5	434	1.62	1024	8192	65.39	77.75	57.91
5	GritLM-7B	7242	26.98	4096	32768	66.76	79.46	57.41
6	e5-mistral-7b-instruct	7111	26.49	4096	32768	66.63	78.47	56.89
10	LLM2Vec-Meta-Llama-3-supervis	7505	27.96	4096	8192	65.01	75.92	56.63
4	voyage-lite-02-instruct	1220	4.54	1024	4000	67.13	79.25	56.6
3	gte-Qwen1.5-7B-instruct	7099	26.45	4096	32768	67.34	79.6	56.24
11	LLM2Vec-Mistral-supervised	7111	26.49	4096	32768	64.8	76.63	55.99
67	snowflake-arctic-embed-l	334	1.24	1024	512	59.84	67.07	55.98

图3-12　MTEB嵌入模型排行榜

MTEB 的一大特点是其任务的广泛性。由于嵌入模型的实际应用场景多样化，需要在检索、聚类、分类等任务上进行验证，MTEB 涵盖了表 3-3 所示的八大类任务。

表 3-3　八大类任务

任务类别	任务示例	说明
检索	信息检索（BEIR）	检索与查询语义匹配的文档
文本匹配	语义相似度（STS-B）	判断两个句子的语义相似度
分类	句子分类（Amazon Reviews）	预测句子类别，如情感分析
聚类	主题聚类（TREC）	将相似文本聚为同一组
排序	语义排名（MS MARCO）	将文档根据查询与语义相似度进行排序
摘要评估	摘要质量评估（SummEval）	评估机器生成摘要与参考摘要的匹配程度
回归	句子回归（STS-B）	对句子进行回归分析，输出相似度分数
生成任务辅助	评估输入输出质量	辅助生成模型评估输入与生成输出的嵌入质量

每当一个嵌入模型训练完成之后，负责该模型的组织、机构或者公司通常会使用

MTEB 提供的多种数据集和任务对自己的模型进行评估。随后,他们通过 GitHub Repo 提交模型的评分及代码至 MTEB 排行榜。

当然,正如前面提到的,尽管 MTEB 的评估任务覆盖面广泛且具有一定的挑战性,但因为其使用的数据集大多是公开的,如果某个机构专门针对这些任务和数据集优化其模型以提升排名,则其 MTEB 排行榜上的表现自然会较突出。然而,这样的模型能否在其他未经过专门优化的任务中取得同样的效果,尚无法确定。

实践是检验真理的唯一标准。为了找到最适合特定需求的嵌入模型,需要构建一套适用于自己应用场景的评估数据集,对不同的嵌入模型,包括各种商业嵌入模型、Hugging Face 及 SentenceTransformers 等提供的开源模型,进行反复测试与比较。这一过程并非易事,但它是确保选择最佳模型的有效方法。接下来,我们将介绍一个由个人独立进行嵌入模型测评的优秀范例,供读者参考学习。

3.3.4 各种嵌入模型的比较及选型考量

Jonathan Ellis 在《2025 信息检索最佳嵌入模型》一文中对常用的嵌入模型进行了测评和比较。

测试数据来源于 ViDoRe 图像搜索基准的数据集,这些数据通过 Gemini Flash 1.5 OCR 工具转换为文本。Jonathan Ellis 选择这些数据集的原因在于大多数经典的文本搜索数据集都已被模型开发者反复训练使用,因此不适用于测评。通过对图像搜索数据集进行 OCR 处理,他认为这些模型能够接触到它们未见过的数据。鉴于很多大模型是基于已知公开数据集进行训练的现状,他自创测试数据的做法是一个很好的创新实践。

Jonathan Ellis 的嵌入模型测评结果如图 3-13 所示。

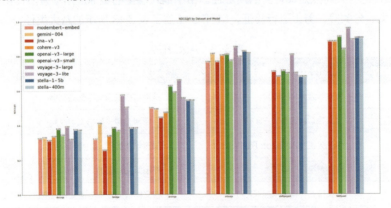

图3-13 Jonathan Ellis的嵌入模型测评结果

测评结果揭示了一些有趣的发现。例如,ModernBERT、Gemini 的 text-embedding-004 模型仅支持英语,而其他大多数模型则支持多语言。在性能方面,voyage-3-large 模型表现突出,独占鳌头,而 voyage-3-lite 模型则在低成本领域表现出色。

在开源模型中,Stella 模型的表现令人惊艳。然而,尽管 stella-1.5b 模型的规模是

stella-400m 模型的 4 倍，但其准确性并未显著提高。

性价比之王被认定为 Gemini 的 text-embedding-004 模型，它提供中等水平的性能且免费使用，拥有合理的每分钟 1500 次请求速率限制。唯一的不足之处在于，无法通过付费方式来提升吞吐量。

相比之下，jina-embeddings-v3 和 Cohere 的 embed-v3 模型在这次测试中的表现较为普通，被那些性能更优且成本更低的模型所超越。

当然，一次独立的测试结果并不能代表一切。大模型时代，"去年你是天王，今年我是至尊"，这句话生动地描述了快速变化的技术环境。选择最适合的嵌入模型，无论是商业模型还是开源模型，都需要基于深入了解每一个模型，并根据具体的应用场景、用量大小、性能需求及预算限制来做决定。

3.4 稀疏嵌入、密集嵌入和BM25

小冰：咖哥，我最近在整理"灭神纪·猢狲"中的战斗日志，经常听小伙伴谈到稀疏嵌入、密集嵌入这些概念，但总是分不清楚。能给我讲讲它们的区别吗？

咖哥：在大模型时代，当我们谈论嵌入时，大多数情况下指的是密集嵌入（Dense Embedding，也称为密集向量）。有时也会用到稀疏嵌入（Sparse Embedding，也称为稀疏向量）。如果你在项目中听到技术人员讨论稀疏嵌入，那么这通常意味着他们在进行混合检索。这个话题我们以后再深入探讨。

接下来用一个简单的比喻来解释这两种嵌入方式的不同。想象一下你在描述一个人，稀疏嵌入就像是用标签来描述这个人，[高个子 =1, 戴眼镜 =1, 长头发 =0, 圆脸 =0,⋯]；而密集嵌入则像是用一组抽象特征来描述这个人，[0.8, −0.2, 0.5, 0.3,⋯]。例如，图 3-14 展示了使用两种嵌入方式描述"灭神纪·猢狲"游戏中猢狲的特征。稀疏嵌入是直接列出猢狲的特征清单，而密集嵌入则是将这些特征压缩成抽象的数值表示。

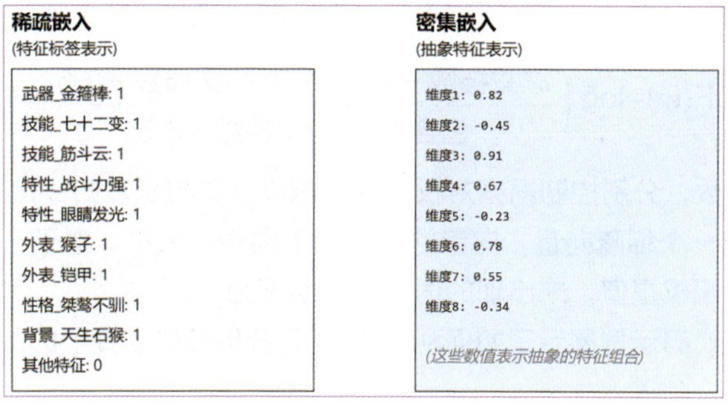

稀疏嵌入 (特征标签表示)	密集嵌入 (抽象特征表示)
武器_金箍棒: 1	维度1: 0.82
技能_七十二变: 1	维度2: -0.45
技能_筋斗云: 1	维度3: 0.91
特性_战斗力强: 1	维度4: 0.67
特性_眼睛发光: 1	维度5: -0.23
外表_猴子: 1	维度6: 0.78
外表_铠甲: 1	维度7: 0.55
性格_桀骜不驯: 1	维度8: -0.34
背景_天生石猴: 1	
其他特征: 0	(这些数值表示抽象的特征组合)

图3-14 使用两种嵌入方式对猢狲的特征进行描述

小冰：哦？这个比喻很形象！它们各自有什么特点呢？

咖哥：让我们来看看它们的特点。稀疏嵌入的维度通常非常大（可能达到几万维），但是其中大部分的值是 0。每个维度都有明确的含义，例如对应具体的词。由于稀疏嵌入中大多数值为 0，因此它的存储和计算都非常高效，因为只需要处理非零值。相比之下，密集嵌入的维度相对较小（通常是几百到几千维），并且每个维度都有值。然而，这些维度的含义比较抽象，代表的是模型通过学习得到的特征。与稀疏嵌入不同，密集嵌入需要对所有维度进行存储和计算，这意味着它对计算资源的需求更高。

3.4.1 利用BM25实现稀疏嵌入

BM25 是一种经典的稀疏嵌入表示方法，广泛应用于信息检索和搜索引擎，其核心思想是基于词的重要性对文档和查询进行匹配。接下来具体说明 BM25 是如何实现稀疏嵌入的。

首先，构建一个包含语料库中所有词的词表（vocabulary）。词表中的每个词对应向量的一维。假设我们整理了"灭神纪·猂狖"游戏中猂狖的战斗日志，词表相当于日志中出现的"战斗术语集合"。这些术语可能是"神兵""妖怪""烈焰拳""金刚体"等，所有的词都会组成一个大的词表，每个术语都会分配唯一的编号，也就是一个一维向量。如词表大小 10 000，"猂狖"在词表中的索引是 103，则它对应稀疏向量的第 103 维。

对于每个词 w，BM25 会基于以下公式计算其权重。

$$\text{score}(w) = \text{IDF}(w) \cdot \frac{\text{TF}(w) \cdot (k_1 + 1)}{\text{TF}(w) + k_1 \cdot \left(1 - b + b \cdot \frac{\text{文档长度}}{\text{平均文档长度}}\right)}$$

其中，TF（Term Frequency，词频）指词 w 在文档中出现的次数，例如"烈焰拳"出现 3 次。

IDF（Inverse Document Frequency，逆文档频率）用于衡量词 w 的全局重要性，低频词的权重更高。例如，"金刚体"可能在大部分日志中出现，因此其权重较低；而"毁灭咆哮"出现的次数较少，因此其权重更高。IDF 的计算方式如下。

$$\text{IDF}(w) = \log\left(\frac{\text{总文档数} - \text{包含词 } w \text{ 的文档数} + 0.5}{\text{包含词 } w \text{ 的文档数} + 0.5} + 1\right)$$

k 和 b 是超参数，分别控制词频对权重的影响以及文档长度归一化的程度。

根据词表生成一个稀疏向量，向量的维度等于词表的大小。对于一个文档或查询，只需要为出现的词分配权重值，未出现的词对应的维度为 0。

以下 Python 代码示例展示了如何利用 BM25 分析和检索猂狖的战斗日志。

```
from collections import Counter
import math
# 猂狖的战斗日志
battle_logs = [
```

In
```
    "猢狲施展烈焰拳，击退妖怪；随后开启金刚体，抵挡神兵攻击。",
    "妖怪使用寒冰箭攻击猢狲，但被烈焰拳反击击溃。",
    "猢狲召唤烈焰拳与毁灭咆哮，击败妖怪，随后收集妖怪精华。"
]
# 超参数
k1 = 1.5
b = 0.75
# 构建词表
vocabulary = set(word for log in battle_logs for word in log.split("，"))
vocab_to_idx = {word: idx for idx, word in enumerate(vocabulary)}
# 计算 IDF
N = len(battle_logs)
df = Counter(word for log in battle_logs for word in set(log.split("，")))
idf = {word: math.log((N - df[word] + 0.5) / (df[word] + 0.5) + 1) for word in vocabulary}
# 日志长度信息
avg_log_len = sum(len(log.split("，")) for log in battle_logs) / N
# BM25 稀疏信息嵌入
def bm25_sparse_embedding(log):
    tf = Counter(log.split("，"))
    log_len = len(log.split("，"))
    embedding = {}
    for word, freq in tf.items():
        if word in vocabulary:
            idx = vocab_to_idx[word]
            score = idf[word] * (freq * (k1 + 1)) / (freq + k1 * (1 - b + b * log_len / avg_log_len))
            embedding[idx] = score
    return embedding
# 生成稀疏向量
for log in battle_logs:
    sparse_embedding = bm25_sparse_embedding(log)
    print(f"稀疏嵌入：{sparse_embedding}")
```

Out
稀疏嵌入：{0: 0.9285957424963089, 2: 0.9285957424963089, 5: 0.9285957424963089}

　　BM25 的特点在于其高效的存储方式。在存储猢狲的战斗日志时，不需要保存所有维度的权重。如果只有 5 个术语拥有非零权重值，那么仅存储这些信息。每个非零的维度都明确对应某个具体的战斗术语，例如，"烈焰拳"的分数就是根据它的出现频率和重要性计算的。当需要检索所有使用"金刚体"抵挡攻击的日志时，只需要计算查询与日志稀疏向量的点积即可。这种方式不仅速度快，而且结果精确。

　　通过稀疏嵌入高效地表示和检索关键战斗信息，BM25 结合了战斗术语的局部频率和全局稀有性，从而既保证了存储效率，又保留了对战斗术语的语义解释能力。

3.4.2　BGE-M3模型：稀疏嵌入和密集嵌入的结合

在了解稀疏嵌入和密集嵌入的概念之后，接下来介绍 BGE-M3 模型。这是智源研究院开发的开源文本嵌入模型。BGE-M3 模型通过自知识蒸馏方法提升模型性能，使其在多种检索任务中表现出色。此外，该模型采用优化的批处理策略和缓存机制，以高效处理长文本，满足长文档检索的需求。BGE-M3 模型旨在为多语言、多功能、多粒度的文本检索和表示任务提供支持。

为什么叫作 M3？因为 BGE-M3 模型主要有 3 个特点。

- 多功能性（Multi-Functionality）：BGE-M3 模型集成了密集检索、稀疏检索和多向量检索 3 种功能，能够灵活应对不同的检索需求。
- 多语言性（Multi-Linguality）：BGE-M3 模型支持超过 100 种语言，具备强大的多语言和跨语言检索能力。
- 多粒度性（Multi-Granularity）：BGE-M3 模型能够处理从短句到长达 8192 个 token 的长文档，满足不同长度文本的处理需求。

小冰：BGE-M3 模型是如何同时生成稀疏嵌入和密集嵌入的？

咖哥：BGE-M3 模型的独特之处在于它提供的返回接口可以同时输出稀疏向量和密集向量。稀疏嵌入主要用于捕捉关键词特征，而密集嵌入则用于捕捉语义特征。此外，BGE-M3 模型还提供了将稀疏嵌入和密集嵌入混合后进行重排序的功能（详见 7.1.3 小节），可以进一步提高检索的准确性和相关性。

要使用 BGE-M3 模型，应先安装智源研究院的 FlagEmbedding 包。

In
```
pip install flagembedding
```

接下来，初始化模型并输入文本。

In
```
from FlagEmbedding import BGEM3FlagModel
model = BGEM3FlagModel("BAAI/bge-m3", use_fp16=False)
passage = [" 猢狲施展烈焰拳，击退妖怪；随后开启金刚体，抵挡神兵攻击。"]
```

通过设置 return_sparse、return_dense 和 return_colbert_vecs 等参数，可以从模型中获取不同类型的向量表示。关于 ColBERT 这种多向量重排序机制，详见第 7 章。

In
```
# 编码文本，获取稀疏嵌入和密集嵌入
passage_embeddings = model.encode(
    passage,
    return_sparse=True,      # 返回稀疏嵌入
    return_dense=True,       # 返回密集嵌入
    return_colbert_vecs=True # 返回多向量嵌入
)
# 分别提取稀疏嵌入、密集嵌入和多向量嵌入
dense_vecs = passage_embeddings["dense_vecs"]
```

```
sparse_vecs = passage_embeddings["lexical_weights"]
colbert_vecs = passage_embeddings["colbert_vecs"]
# 展示稀疏嵌入和密集嵌入的示例
print(dense_vecs[0][:10]) # 仅显示前 10 维
print(list(sparse_vecs[0].items())[:10]) # 仅显示前 10 个非零值
print(colbert_vecs[0][:2]) # 仅显示前两个多向量嵌入
```

现在,我们拥有了多种向量表示(不再叙述相关计算过程或展示这些向量)。在 4.6 节中,我们将展示如何通过混合嵌入模型来构建一个混合检索系统,这样的系统既能准确匹配关键词,又能理解查询的语义意图。

3.5 多模态嵌入模型:Visualized_BGE

小雪:咖哥,针对单一模态(如文本或图像)的嵌入模型已经相对成熟。然而,在我们的实际应用场景中,往往需要同时处理文本、图像,甚至是音频和视频等多模态数据,以实现更加丰富和灵活的功能。

咖哥:多模态嵌入模型正是为了解决这样的需求而出现的。它能够将不同模态的数据映射到同一向量空间,从而支持跨模态检索、跨模态生成以及多模态分析等功能。

代表性作品是来自智源研究院的 Visualized_BGE 模型,这是该研究院在 BGE 模型的基础上为了应对多模态处理的需求而推出的可视化版本。Visualized_BGE 模型主要关注图像和文本这两种模态的联合处理。通过在同一嵌入空间中度量图像和文本向量之间的相似度,该模型实现了图文互搜和跨模态检索的功能。例如,用户可以根据一段文字描述检索出最相关的图片,或根据一张图片检索出最匹配的文字描述。

Visualized_BGE 模型的技术架构主要包含以下模块。
- 视觉编码器(Vision Encoder):通常基于 ViT 或其他深度卷积网络,用于提取图像特征。通过对输入图像进行分块或卷积操作,模型能够提取多层级的视觉信息,并最终生成图像的全局向量表示。
- 文本编码器(Text Encoder):基于 BERT、RoBERTa 等大模型架构,用于提取文本语义。对于输入的文本序列,模型输出一个表示整体语义的向量。
- 对比学习(Contrastive Learning):采用对比学习方法训练模型,使得相关联(匹配)的图像 – 文本对在向量空间中的距离更近,而不相关(不匹配)的图像 – 文本对的距离更远,从而实现跨模态的对齐与检索能力。

Visualized_BGE 模型目前属于研究阶段,建议访问 FlagEmbedding 的官方 Github 仓库以获取最新安装说明。目前咖哥的安装方式如下。

```
git clone https://github.com/FlagOpen/FlagEmbedding.git
cd FlagEmbedding/research/visual_bge
pip install -e .
```

以下代码示例展示了如何使用 FlagEmbedding 导入并展示一个多模态嵌入。

```
from visual_bge.modeling import Visualized_BGE
model = Visualized_BGE(
    model_name_bge="BAAI/bge-base-en-v1.5",
    model_weight="path/to/weights"
)
# 图文联合编码
embedding = model.encode(image="image.jpg", text="description")
# 仅图像编码
img_embedding = model.encode(image="image.jpg")
# 仅文本编码
text_embedding = model.encode(text="description")
```

这里我们仅完成了图像与文本的联合编码、向量提取及表示。要实现完整的图片相似度检索或跨模态检索功能，通常还需要结合向量数据库（如 Milvus）或其他高效的相似度检索工具。我们将在 4.7 节中详细介绍如何借助 Milvus 向量数据库实现对图片向量的检索。

3.6 通过LangChain、LlamaIndex等框架使用嵌入模型

在之前的示例中，我们或是直接调用商用嵌入模型的 API，或是通过 Hugging Face 平台下载开源的嵌入模型。本节将演示如何利用主流应用框架如 LangChain、LlamaIndex 加载并使用嵌入模型。这种方法的一个显著优点是，允许开发者在一个统一的开发框架内无缝切换不同的嵌入模型。开发者不需要为不同的嵌入模型重新编写适配代码，可以更专注于业务逻辑的实现。此外，这些框架提供的缓存机制能够避免重复计算嵌入向量，从而大幅提升检索与查询效率。

3.6.1 LangChain提供的嵌入接口

LangChain 提供了多种组件与工具，方便将大模型整合进应用程序中，并且在"嵌入"方面提供了良好的抽象接口，使切换不同的嵌入模型（包括 OpenAI Embeddings、Hugging Face Embeddings 及本地模型）变得轻松。

LangChain 中常见的嵌入类如下。
- OpenAIEmbeddings：用于调用 OpenAI 提供的文本嵌入 API。
- HuggingFaceEmbeddings：用于调用基于本地或远程的 Hugging Face 模型。
- SelfHostedPipelineEmbeddings：用于调用自定义部署的 Pipeline。
- CacheBackedEmbeddings：可以将任意嵌入模型"包装"成支持缓存的版本，以避免重复计算嵌入向量。

以下代码示例展示了如何使用 OpenAIEmbeddings 对文本进行编码，并查看返回的向量维度或数值。

```python
from langchain.embeddings import OpenAIEmbeddings
embed_model = OpenAIEmbeddings(
    model="text-embedding-3-small", # 可指定其他 OpenAI 模型
)
text = "This is a sample sentence for embedding."
text_vector = embeddings.embed_query(text)
print(len(text_vector))
print(text_vector[:10]) # 查看向量的前 10 个元素
```

传入一段文本后，OpenAIEmbeddings 将返回一个浮点数列表作为编码后的向量（如 1536 维）。这些向量可存储于向量数据库（如 Faiss、Milvus 等），以便进行相似度检索。

如果要更换成其他嵌入模型，只需要进行以下调整。

```python
from langchain.embeddings import HuggingFaceEmbeddings
embed_model = HuggingFaceEmbeddings(
    model_name="sentence-transformers/all-MiniLM-L6-v2" # 可指定任意 Hugging Face 模型
)
text = "This is a sample sentence for embedding."
text_vector = embeddings.embed_query(text)
print(len(text_vector))
print(text_vector[:10]) # 查看向量的前 10 个元素
```

3.6.2 LlamaIndex提供的嵌入接口

类似于 LangChain，LlamaIndex 同样提供了统一的嵌入接口，使开发者可以根据需求轻松更换不同的嵌入模型。OpenAI 等嵌入模型的使用前面已有说明，不再叙述。这里给出一个通过 Settings 来设置全局嵌入模型的代码示例。

```python
from llama_index.core import SimpleDirectoryReader, VectorStoreIndex, Settings
from llama_index.embeddings.huggingface import HuggingFaceEmbedding
# 设置全局嵌入模型
Settings.embed_model = HuggingFaceEmbedding(model_name="BAAI/bge-small-zh")
# 加载文档
documents = SimpleDirectoryReader("data/ 灭神纪 ").load_data()
# 创建索引，会自动使用 Settings 中设置的嵌入模型
index = VectorStoreIndex.from_documents(documents)
# 创建查询引擎
query_engine = index.as_query_engine()
response = query_engine.query(" 请简要概括文件内容 ")
print(response)
```

类似地，也可以通过 Settings.llm 来设置全局嵌入模型。

3.6.3 通过LangChain的Caching缓存嵌入

在处理大量文本或频繁对同一批文本进行重复查询时，每次都重新计算嵌入会消耗大量的算力和时间。为了解决这一问题，LangChain 提供了 CacheBackedEmbeddings 功能，可以将嵌入结果持久化存储到本地文件系统或其他键值对数据库中。当再次需要对相同文本进行编码时，框架会直接调用缓存结果，而不再重复计算。

LangChain 将输入文本经哈希运算后的结果作为键（key），对应的嵌入作为值（value），并将它们存储到指定的 ByteStore（字节存储）中。下次计算相同文本的嵌入时，先检查缓存是否存在，如果有则直接返回；如果没有，则调用底层的实际嵌入模型进行生成。

以下代码示例展示了如何将 LocalFileStore 作为文件系统缓存，并结合 Faiss 进行嵌入检索。

```python
from langchain.storage import LocalFileStore
from langchain_community.document_loaders import TextLoader
from langchain_community.vectorstores import FAISS
from langchain_huggingface import HuggingFaceEmbeddings
from langchain_text_splitters import CharacterTextSplitter
# 初始化嵌入模型
embed_model = HuggingFaceEmbeddings(model_name="BAAI/bge-small-zh")
# 初始化本地缓存存储路径
store = LocalFileStore("./cache/")
# 利用 CacheBackedEmbeddings.from_bytes_store 创建包装器
from langchain.embeddings import CacheBackedEmbeddings
cached_embedder = CacheBackedEmbeddings.from_bytes_store(
    underlying_embeddings=embed_model,
    document_embedding_cache=store,  # 用来缓存文档向量
    namespace=embed_model.model_name  # 避免不同模型产生冲突
)
# 准备测试文本并进行切分
raw_documents = TextLoader("state_of_the_union.txt").load()
text_splitter = CharacterTextSplitter(chunk_size=1000, chunk_overlap=0)
documents = text_splitter.split_documents(raw_documents)
# 构建 Faiss 嵌入检索库，第一次执行需要实际计算嵌入
db = FAISS.from_documents(documents, cached_embedder)
# 再次执行则使用缓存结果，处理速度明显提升
db2 = FAISS.from_documents(documents, cached_embedder)
```

第一次构建嵌入检索库时可能耗时较长，因为需要实际调用 OpenAI 的嵌入模型来计算所有文本块的嵌入。但第二次执行相同操作时，可以从本地缓存读取嵌入，从而大幅减少运行时间。

当然，也可以选择其他缓存存储机制，例如 InMemory、Redis 等。如果你的应用仅需要在程序运行期间缓存（且不会跨进程、跨机器使用），可以用内存进行缓存。

```
from langchain.storage import InMemoryByteStore
store = InMemoryByteStore()
cached_embedder = CacheBackedEmbeddings.from_bytes_store(
    underlying_embeddings,
    store,
    namespace=underlying_embeddings.model
)
```

对于更完善的持久化存储，如 Redis、SQLite、云存储等，只需要实现或使用相应的 ByteStore 接口，即可将嵌入缓存到存储媒介中。这样可以满足大规模分布式部署或跨团队共享的需求。

3.7 微调嵌入模型

在本节中，我们将讨论嵌入模型的微调。

微调是指调整预训练模型以适应特定任务的过程。它的核心在于确保任务与已有数据之间的紧密关联。重要的是，在开始微调之前，需要明确是否真的有必要进行微调。如果任务目标不清晰或与现有数据特性不符，进行微调可能会浪费资源，甚至产生负面效果。例如，如果目标是通过大模型回答几个专业领域的问题，而现有的开源模型已经能提供令人满意的答案，那么没有必要进行微调。

可能需要考虑微调的场景如下。

- 高度专业化的任务：如某个细分领域的医学报告生成。
- 有特定格式要求：如生成符合内部文档标准的回答。
- 有本地化需求：如需要在特定语言或文化环境中生成内容。

总之，微调应围绕实际任务和已有数据展开，避免"为了微调而微调"。

接下来，我们以开源嵌入模型 Stella 为例介绍如何进行微调。先安装以下工具和库：Hugging Face 的 transformers 库、PyTorch（最好是 GPU 版本），以及用于数据加载的 Datasets 库。

```
pip install transformers datasets torch
```

Stella 模型有以下多个版本。

- stella-400m：参数量适中（约 4 亿参数），适合资源受限的环境。
- stella-1.5b：高性能版本（约 15 亿参数），需要更多的计算资源，至少拥有 16GB 显存的 GPU。

以下示例代码使用预先准备好的数据集，按批次输入两段文本，分别生成嵌入向量，并计算余弦相似度。随后，将计算结果与真实的相似度标签进行比较，通过梯度下降方法拟合模型参数。经过这样的训练，模型能够使数据集中相似度较高的文本对在嵌入空间中的距离更加接近。

首先，导入所需的库。

```
from transformers import AutoModel, Autotokenizer, TrainingArguments, Trainer
import torch
import torch.nn as nn
from datasets import Dataset, DatasetDict
```

示例数据以文本对的形式存储，每对文本表示需要计算相似度的两个语句。similarity 表示两段文本的人工标注相似度（范围是 0 到 1），用于监督训练。（注意：实际微调所需的数据会比这里展示的多得多。）

```
# 示例数据为文本对形式
train_data = [
    {
        "text1": "“灭神纪·猢狲”的游戏玩法如何？",
        "text2": "我想了解"灭神纪·猢狲"的战斗系统。",
        "similarity": 0.8  # 相似度分数
    },
    {
        "text1": "“灭神纪·猢狲"的画面细节好吗？",
        "text2": "这款游戏的开放世界设计得怎么样？",
        "similarity": 0.3  # 不太相似
    }
]
val_data = [
    {
        "text1": "“灭神纪·猢狲"的战斗体验如何？",
        "text2": "游戏的打斗系统怎么样？",
        "similarity": 0.9
    }
]
```

SentenceEmbeddingModel 类中封装了一个基础预训练模型（如 stella-400m-v5），用来生成句子嵌入。将两段文本输入基础模型中，提取 CLS token 的嵌入作为句子的向量表示。同时，使用 nn.CosineSimilarity 计算两段文本的余弦相似度，并通过 similarity 标签计算均方误差（Mean Squared Error，MSE）损失，用于监督训练。

```
# 自定义模型类
class SentenceEmbeddingModel(nn.Module):
    def __init__(self, base_model):
        super().__init__()
        self.model = base_model
    def forward(self, input_ids1, attention_mask1, input_ids2, attention_mask2, similarity=None):
        # 获取两段文本的嵌入
        outputs1 = self.model(input_ids=input_ids1, attention_mask=attention_mask1)
        outputs2 = self.model(input_ids=input_ids2, attention_mask=attention_mask2)
```

```
# 将 CLS token 的嵌入作为句子的向量表示
embeddings1 = outputs1.last_hidden_state[:, 0]
embeddings2 = outputs2.last_hidden_state[:, 0]
# 计算余弦相似度
cos = nn.CosineSimilarity(dim=1)
pred_similarity = cos(embeddings1, embeddings2)
# 如果提供了相似度标签，则计算 MSE 损失
loss = None
if similarity is not None:
    loss_fn = nn.MSELoss()
    loss = loss_fn(pred_similarity, similarity)
return {"loss": loss, "predictions": pred_similarity} if loss is not None else pred_similarity
```

数据预处理函数分别对两段文本（text1 和 text2）进行分词、截断和填充，使其长度一致。然后返回分词后的结果，包括 input_ids 和 attention_mask，以便模型使用。

```
# 数据预处理函数
def preprocess_function(examples):
    # 分别对两段文本进行编码
    text1_encodings = tokenizer(
        examples["text1"],
        truncation=True,
        padding="max_length",
        max_length=128
    )
    text2_encodings = tokenizer(
        examples["text2"],
        truncation=True,
        padding="max_length",
        max_length=128
    )
    # 合并编码结果
    return {
        "input_ids1": text1_encodings["input_ids"],
        "attention_mask1": text1_encodings["attention_mask"],
        "input_ids2": text2_encodings["input_ids"],
        "attention_mask2": text2_encodings["attention_mask"],
        "similarity": examples["similarity"]
    }
# 将数据转换为数据集
train_dataset = Dataset.from_list(train_data)
val_dataset = Dataset.from_list(val_data)
raw_datasets = DatasetDict({
    "train": train_dataset,
    "validation": val_dataset
})
```

接下来，加载 Hugging Face 提供的预训练模型 stella_en_400M_v5 及其分词器，并用预训练模型初始化自定义的 SentenceEmbeddingModel。

```
# 加载预训练模型和分词器
model_name = "NovaSearch/stella_en_400M_v5"  # 可更换为 stella-400m-v5 模型
tokenizer = Autotokenizer.from_pretrained(model_name)
base_model = AutoModel.from_pretrained(model_name, trust_remote_code=True)
model = SentenceEmbeddingModel(base_model)
```

下面对原始数据集（raw_datasets）应用 preprocess_function 以进行预处理。处理后的数据集包含分词后的输入 ID 和注意力掩码，以及相似度标签。

```
# 数据预处理
tokenized_datasets = raw_datasets.map(preprocess_function, batched=True)
```

训练参数通过 TrainingArguments 进行配置，主要参数说明详见程序中的注释。

```
# 设置训练参数
training_args = TrainingArguments(
    output_dir="./results",  # 输出目录
    evaluation_strategy="epoch",  # 每个 epoch 结束时评估
    learning_rate=2e-5,  # 学习率
    per_device_train_batch_size=8,  # 训练批次大小
    per_device_eval_batch_size=8,  # 评估批次大小
    num_train_epochs=3,  # 训练周期数
    weight_decay=0.01,  # 权重衰减
    save_steps=10,  # 每 10 步保存一次模型
    logging_dir='./logs',  # 日志目录
    logging_steps=10,  # 每 10 步记录一次日志
    save_total_limit=2,  # 最多保存两个检查点
)
```

接下来，开始训练模型。使用 Trainer 类封装训练逻辑。model 为自定义的 SentenceEmbeddingModel，train_dataset 和 eval_dataset 则是经过预处理的训练数据集和验证数据集。training_args 是之前定义的训练参数。

```
# 定义 Trainer 类并开始训练
trainer = Trainer(
    model=model,
    args=training_args,
    train_dataset=tokenized_datasets["train"],
    eval_dataset=tokenized_datasets["validation"],
)
# 启动训练
trainer.train()
```

```
Out   100%|██████████████████| 3/3 [00:02<00:00,  1.49it/s].
      {'eval_runtime': 0.0412, 'eval_samples_per_second': 24.288, 'eval_steps_per_second': 24.288, 'epoch': 3.0}
      {'train_runtime': 7.4859, 'train_samples_per_second': 0.802, 'train_steps_per_second': 0.401, 'train_loss':
      0.04166938861211141, 'epoch': 3.0}
```

模型微调结束之后，可以保存模型参数和分词器。

```
In    model.save_pretrained("./my_stella_model")
      tokenizer.save_pretrained("./my_stella_model")
```

可以像使用 HuggingFace 开源模型那样，通过该模型生成微调后的嵌入向量；也可以通过 LangChain 或 LlamaIndex 提供的自定义嵌入模型接口（请参阅相关框架文档）进行操作。

通过微调 Stella 模型，可以生成更优质的文本嵌入，使语义相似的文本在嵌入空间中的距离更加接近。为了进一步提升模型性能，建议提供更多高质量的训练数据，以增强模型的泛化能力。

需要强调的是，现代大模型在各方面的能力都非常强大，如果不是特别必要，通常不建议进行微调。

3.8 小结

嵌入是大模型的核心技术之一。所谓嵌入，指的是对外部信息的编码过程。没有嵌入技术，整个大模型对世界的感知、知识的理解和处理将无从谈起。为了管理非结构化数据的复杂性，我们应用嵌入技术将数据转换为数字向量，以捕获其基本特征。

本章覆盖了嵌入技术从起源到最新发展的方方面面，并提供了许多具体的实战示例，以帮助读者理解和实践。

目前，文本嵌入技术已经非常成熟。然而，多模态非结构化数据（如图像、音视频）格式各异，且带有丰富的底层语义。

未来嵌入技术的重点是多模态（如文本、图像和音视频等）的协同发展。通过跨模态嵌入技术，可以更有效地捕捉不同数据类型之间的关联性和共通性，从而提升模型在理解复杂现实世界场景中的表现。

第 4 章 向量存储

如果将嵌入技术视作文本的表征学习，那么向量存储技术则涉及向量的索引、保存和查询等过程。嵌入负责形成并传递"神经介质"，通过对外界信息进行编码，将输入的信息转换为可理解和处理的向量表示（见图4-1）。而向量数据库则如同海马体，在复杂的语义空间中对向量化信息进行存储和组织，并在需要时实现高效的记忆检索。

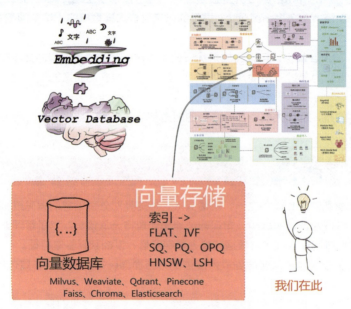

图4-1　外界信息的编码和存储

利用嵌入技术，文章被转换成一系列数字；利用向量存储技术，我们能够从数十亿个向量中迅速找出最相关的那一个。该技术专注于优化这一过程，以达到更快、更精准且更节省资源的目的。

向量数据库是向量存储技术的一种典型应用。传统数据库以表格形式存储数据（见图4-2），并通过给数据点赋值来建立数据索引。收到查询请求时，传统数据库返回与查询完全匹配的结果。相比之下，向量数据库以

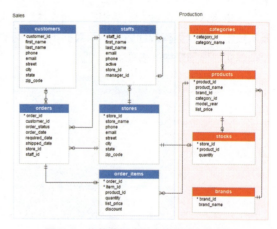

图4-2　传统数据库以表格形式存储数据

嵌入形式存储向量（见图4-3），支持基于相似度度量（而非精确匹配）的向量搜索功能。尽管二者都被称作"数据库"，但它们适用于不同的场景，并没有优劣之分。

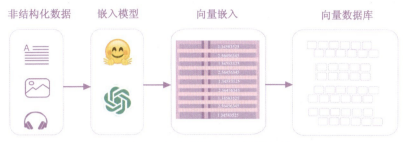

图4-3　向量数据库以嵌入形式存储向量

随着AI技术的发展，向量数据库在现代应用程序中的作用日益重要。其技术栈不仅仅局限于"保存向量"，还涵盖了向量索引和搜索的优化机制。接下来，我们将详细探讨这些内容。

4.1　向量究竟是如何被存储的

即使不安装商用向量数据库，仅通过LlamaIndex，我们也能快速建立一套基于内存或本地磁盘的向量存储机制。

4.1.1　从LlamaIndex的设计看简单的向量索引

麻雀虽小，五脏俱全。利用LlamaIndex来实现向量的存储机制，咖哥称之为简单向量索引。接下来看一个简单示例。

首先，读取目录中的所有文档。然后，生成索引，即存储向量。

In
```
from llama_index.core import SimpleDirectoryReader
documents = SimpleDirectoryReader("/data").load_data() # 加载文档
len(documents)
from llama_index.core import VectorStoreIndex
index = VectorStoreIndex.from_documents(documents) # 创建索引
vars(index)
```

Out
```
{'_use_async': False,
 '_store_nodes_override': False,
 '_embed_model': OpenAIEmbedding(model_name='text-embedding-ada-002', embed_batch_size=100,
callback_manager=<llama_index.core.callbacks.base.CallbackManager object at 0x0000022E8FEB1730>,
num_workers=None, additional_kwargs={}, api_key='sk-8j2Vjv……', api_base='https://api.openai.com/v1',
api_version='', max_retries=10, timeout=60.0, default_headers=None, reuse_client=True, dimensions=None),
 '_insert_batch_size': 2048,
```

Out
```
'_storage_context': StorageContext(docstore=<llama_index.core.storage.docstore.simple_docstore.
SimpleDocumentStore object at 0x0000022ECC6291C0>,
index_store=<llama_index.core.storage.index_store.simple_index_store.SimpleIndexStore object at
0x0000022E90DE6570>,
vector_stores={'default': SimpleVectorStore(stores_text=False, is_embedding_query=True, data=SimpleVe
ctorStoreData(embedding_dict={'03fa0674-d5cc-4e2b-b65d-45a36da94cb2': [-0.008005363866686821,
0.012379131279885769, 0.005627532955259085, 0.01884971372783184, -0.02227955311536789,
-0.01039039995521…]}
```

上述输出的"索引"信息非常丰富，包含了文档存储（SimpleDocumentStore）、索引存储（SimpleIndexStore）和向量存储（SimpleVectorStore）等数据管理及组织的核心组件，它们各自承担不同的职责，并在数据处理流程中相互配合。

- 文档存储：用于保存读取的文档，这些文档以节点对象表示。节点是对原始文档进行分块处理的结果，包含文本内容及其相关元数据。
- 索引存储：包含轻量级的索引元数据，即在构建索引时创建的附加状态信息。它用于存储索引结构和相关的元数据，以支持快速检索和查询操作。
- 向量存储：一种内存中的存储系统，以字典形式保存嵌入，将节点 ID 映射到相应的嵌入。

在这个向量索引中，llama_index 会自动将读入的文档内容切分成一个个节点。LlamaIndex 中的节点是向量存储的基本单元，节点之间的关联以及节点与嵌入之间的关系都被详细记录在索引中。

In
```
nodes = index.index_struct.nodes_dict
for node in nodes:
    print(node)
```

Out
```
4a2aedf6-6c9e-4359-9125-786119be2b50
77f2ab3f-4ac0-433d-9b5a-f3fa442587a5
07388425-9662-4690-b0b4-6ede6943561d
```

当然，也可以手动拆分节点。

In
```
from llama_index.core.node_parser import SentenceSplitter
text_splitter = SentenceSplitter(chunk_size=512, chunk_overlap=10)
nodes = text_splitter.get_nodes_from_documents(documents) # 将文档拆分成节点（文本块）
index = VectorStoreIndex(nodes) # 从节点 (nodes) 中生成索引
nodes = index.index_struct.nodes_dict
for node in nodes:
    print(node)
```

接下来，通过 storage_context（存储上下文）将索引保存到磁盘并查看索引文件的结构。

`In` `index.storage_context.persist(persist_dir="saved_index") # 保存索引`

在生成的 saved_index 目录下，可以看到图 4-4 所示的内容。

图4-4　LlamaIndex生成的saved_index目录

该目录包含多个 JSON 文件，用于存储索引和相关数据。

- default_vector_store.json：保存默认的向量存储配置或数据。用于存储嵌入后的默认向量数据，例如用户上传的文本、文档或其他资源的向量化表示。它被系统用作检索时的主要向量索引库。
- docstore.json：保存文档存储的元数据或实际内容。存储文档的详细信息，例如文档的原始内容、标题和路径等。在检索过程中，向量索引返回的结果可以通过 docstore 获取具体的文档内容。
- graph_store.json：保存知识图谱或关系图的数据。如果系统支持知识图谱增强检索，这个文件将记录文档或向量之间的关系。需要基于节点关系进行推理时会用到。
- image_vector_store.json：保存与图像相关的向量数据。如果系统支持多模态检索（如文本和图像混合检索），这个文件可能保存了图像嵌入（向量化表示）的数据。通过这个文件，系统可以进行基于图像内容的相似度检索。
- index_store.json：保存索引本身的结构或元信息。存储所有已创建索引的元数据，例如每个索引对应的文档范围、嵌入模型、参数配置等。用于管理整个索引系统，决定如何调度不同的索引。

index_store.json 的内容如图 4-5 所示。

图4-5　index_store.json的内容

docstore.json 的内容如图 4-6 所示。

图4-6 docstore.json的内容

docstore.json 中的数据结构信息特别丰富。例如，展开 relationships 后可以看到存储节点之间的关系，如图 4-7 所示。

图4-7 relationships中存储节点之间的关系

其中，1、3 是 relationships 的类型，用于表示不同节点之间的关联关系，例如，当前节点的文档节点、前节点和后节点等，都通过 node_id 进行连接。而 node_type 用于区分不同类型的节点：4 表示文档节点，1 代表普通向量节点（文本块）。

default__vector_store.json 的内容如图 4-8 所示。该文件存储了一个个文本块嵌入向量。

其中，embedding_dict 就是每个文本块的嵌入向量，均为 1536 维的 OpenAI 嵌入向量，如图 4-9 所示。

图 4-8　default__vector_store.json 的内容　　　图 4-9　1536 维的 OpenAI 嵌入向量

这些数字是嵌入模型生成的信息精髓，也就是密集嵌入。向量存储或索引，就是把这些数字高效组织起来的方式。

小冰：咖哥，这里我有个疑问。embedding_dict 中的内容对应的是一个个的文本块还是一个个的 token？

咖哥：是文本块（也就是 LlamaIndex 中的节点或者 LangChain 中的分块）。其中 Key（如 6e95bafe-5646-4ae5-90b2-3174a4ae2792）是文本块的唯一 ID。每个文本块（可能是一个句子、段落，甚至更大的文本片段）都会被转换为一个 1536 维的向量，而不是每个 token 生成一个向量。

> 嵌入模型的输入是文本，而不是单个 token。你输入一段文本（如一个句子或段落），模型先将文本拆分成 token（这只是内部计算过程，并不影响最终输出）。尽管中间过程中的每个 token 都是一个向量，但经过 Transformer 计算后，最终生成一个固定长度（如 1536 维）的向量，表示整个输入文本的语义。模型不会为每个 token 计算一个单独的嵌入，而是为整个输入文本计算一个嵌入向量。因此，1536 维的嵌入代表整个文本块的语义信息，而非单个 token 的独立信息。

这里之所以详细展示 LlamaIndex 的索引构建和存储细节，是为了让你了解向量存储，即小型向量数据库的信息组织过程。

4.1.2　向量数据库的组件

小冰：咖哥，既然用 LlamaIndex 已经可以实现本地向量存储和搜索，为什么我们还需要 Milvus、Weaviate 这样的开源或商业向量数据库呢？

咖哥：这些向量数据库提供了更完备的向量数据管理解决方案。RAG 系统落地，需要向量数据库具备可扩展性，允许动态更改数据，支持元数据存储和筛选，需要兼顾高可用性与容错能力，并提供监控、安全、访问控制、多用户支持和数据隔离等多种功能。

接下来，我们以 Milvus（见图 4-10）为例进行说明。

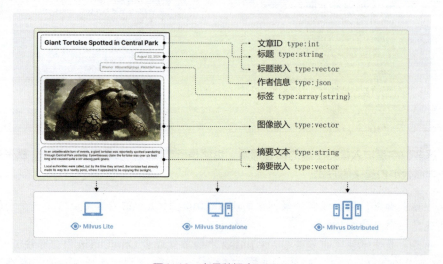

图4-10　向量数据库Milvus

Milvus 提供 3 种部署模式，适用于从简单应用到管理数百亿向量的大规模 Kubernetes 集群的数据规模。

- Milvus Lite 作为 Milvus 的轻量级版本，易于集成到应用程序中，本书将以它为例进行介绍。
- Milvus Standalone 是 Milvus 的单机服务器版本，所有组件都打包在一个 Docker 镜像中，便于部署。
- Milvus Distributed 可以部署在 Kubernetes 集群上，支持十亿级向量甚至更大规模场景的云原生架构。

在实际应用中，仅存储向量是不够的，因为业务逻辑通常需要额外的元数据（如文本、时间、标签和类别等）。Milvus 将非结构化或多模态数据组织成结构化集合，支持多种数据类型，包括常见的数值和字符类型、各种向量类型、数组、集合和 JSON，从而减少了维护多个数据库系统的需要。

更重要的是，向量数据库通过算法为向量嵌入建立索引并进行查询。这些算法使用哈希、量化或基于图结构的搜索方法来实现 ANN（近似最近邻）搜索。ANN 搜索的目标是找到与查询最接近的向量。尽管其准确度略低于 k-NN 搜索（精确最近邻）搜索，但计算量更小，更适合高效处理大型高维数据集。

在性能方面，Milvus 采用硬件感知优化（如 AVX512、SIMD、GPU 支持等）、先进的搜索算法（如 IVF、HNSW、DiskANN）以及用 C++ 开发的高效搜索引擎，速度非常快。列式存储进一步提升了查询效率。

在可扩展性方面，Milvus 采用云原生架构，支持处理数百亿规模的向量数据，其模块化设计使搜索、数据插入和索引构建等核心功能可以独立扩展。

在功能特性方面，Milvus 支持多种搜索方式（如 ANN 搜索、过滤搜索、范围搜索等），提供多语言 SDK（Software Development Kit，软件开发工具包），支持多种数据类型，并具备分区管理、多租户支持、安全授权等企业级特性。此外，Milvus 还提供丰富的生态工具，如可视化管理界面、监控工具及与主流 AI 工具的集成支持。

表 4-1 展示了商用向量数据库应具备的核心功能。

表 4-1 商用向量数据库应具备的核心功能

功能	描述
性能和容错	分片，在多个节点上对数据进行分区；复制，在不同节点上创建多个数据副本。发生故障时启用容错机制，确保性能稳定
监测	监测资源使用情况、查询性能及系统运行状况，持续优化性能和容错性
访问控制	确保数据安全，提供合规性、问责制及审计能力；保护数据免受未经授权访问，并记录用户活动
可扩展性与可调整性	支持横向扩展，适应不同的插入率、查询率及硬件差异
多用户和数据隔离	支持多用户或多租户；实现数据隔离，确保用户活动（如插入、删除、查询）不影响其他用户的私密数据
备份	定期创建数据备份；支持在数据丢失或损坏时恢复到之前的状态，减少中断时间
API 和 SDK	提供易于操作的 API；封装多个 API，方便开发者在特定用例（如语义搜索、推荐系统等）中使用向量数据库，不需要关注底层结构

4.2 向量数据库中的索引

向量数据库的工作流程通常包含以下步骤。

（1）数据存储：将高维向量数据存入向量数据库。

（2）索引构建：通过哈希、量化或图结构等技术为向量嵌入建立索引，以加速查询过程。

（3）查询检索：接收查询请求后，向量数据库比较查询向量与索引中的向量，利用相似度度量方法（如余弦相似度、欧几里得距离或点积）确定最邻近向量。

（4）检索后处理：对找到的最近邻结果进行进一步筛选或排序，以优化查询结果。

在大型数据集中进行向量搜索是计算密集型的任务，特别是在高维空间中。为了提升搜索效率，可以引入多种索引结构，以减少需要比较的向量数量，从而降低计算成本。

咖哥发言

索引在向量数据库和整个 RAG 系统中都是一个重要概念。在 2.6 节中定义过，RAG 系统中的索引目的是通过建立高效的文本块数据存储机制来优化检索效果，其内容包括文档的嵌入向量和元数据的构建过程及方式。这个定义属于应用层面的索引。此处所讨论的向量数据库的内部索引则具有更强烈的技术特性，其主要目的在于优化高维向量数据的存储和检索性能，从而提升相似度检索的效率。这涉及多种数据结构和算法（如 FLAT、IVF、HNSW 等），用于组织和加速向量的 ANN 搜索。这类索引属于数据库内部实现的一部分，侧重于底层的数据处理和搜索优化。

向量索引是向量数据库中加速检索过程的关键技术，它决定了向量的组织和检索策略。接下来将详细介绍几种常见的向量索引方式。

4.2.1 FLAT

扁平索引（Flat Index，简称 FLAT）是一种最基本的索引方式，其特点是逐一比较数据库中的所有向量，以确保检索结果的绝对准确性。由于不涉及任何形式的近似处理或数据压缩，FLAT 能够保证 100% 的召回率。

在执行查询时，FLAT 通过计算查询向量与数据库中每一个向量之间的相似度或距离来进行比较。然而，由于需要遍历所有向量，因此在数据规模较大时，检索速度会显著降低。

可以设想一个二维空间，在这个空间中分布着所有的向量。查询向量需要与每一个数据点计算距离，如图 4-11 所示。

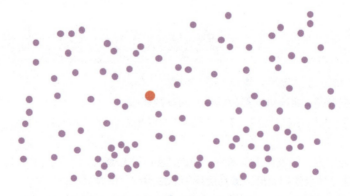

图 4-11　查询向量（红色）需要与所有数据点（紫色）计算距离

FLAT 适用于数据规模较小的场景，如数据量在百万级别以下的情况。当应用场景对检索准确性的要求极高且可以接受较长的查询时间时，FLAT 是一个理想的选择。

4.2.2 IVF

倒排文件索引（Inverted File Index，IVF）通过将向量数据聚类来减少查询时需要比较的向量数量，从而显著加快检索速度。最基础的 IVF 形式是 IVF_FLAT，此外还有如 IVF_SQ8 和 IVF_PQ 等变体。

IVF_FLAT 首先将向量数据聚类成若干个簇（cluster），每个簇代表数据空间中的一个特定区域。在执行查询时，首先计算查询向量与每个簇中心（图 4-12 中的粉点）的距离，然后仅选择与查询向量最相似的前 n 个簇。接下来，在这些选定的簇中对所有向量进行精确匹配。示例中，向量被分组到不同的簇。查询向量只需要与这些选定簇中的向量进行比较。

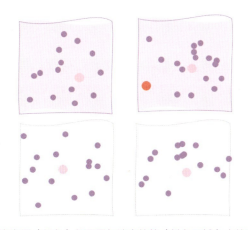

图4-12　查询向量（红色）仅需要与选定的簇（粉色区域）中的向量进行比较

通过只搜索部分簇，IVF_FLAT 极大地减少了需要计算的向量数量，提升了查询效率。同时，由于在选定的簇内进行精确比较，确保了检索结果的准确性。

小冰：为什么叫倒排？

咖哥：在文本检索场景中，"倒排索引"是指为给定的词（或关键词）维护一份"文档列表"，列出所有包含该词的文档。这样，在搜索某个词时，只需要从这个"倒排列表"中查找相关文档，不需要遍历整个文档集合。

IVF 借鉴了这一理念，将所有向量聚类成多个"簇"，每个簇记录自己的向量列表，就像文本检索中的倒排列表一样。当执行查询时，根据查询向量与各"簇中心"的相似度，仅选择最相似的几个簇进行检索，而非遍历整个数据集。

4.2.3 量化索引

量化技术通过压缩向量数据来减少存储空间和计算量。主要的量化方法包括标量量化（Scalar Quantization，SQ）、乘积量化（Product Quantization，PQ）和优化乘积量化（Optimized Product Quantization，OPQ），如图 4-13 所示。

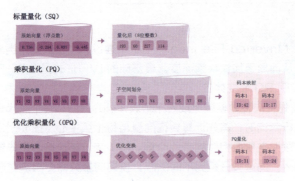

图4-13 主要的量化方法

> 索引方式决定了向量如何组织及检索策略，而量化技术则专注于向量数据的压缩优化。在实际应用中，这两种技术常常结合使用以达到最佳效果。

咖哥
发言

标量量化是最简单的量化方法，它将每个浮点数直接转换为低比特的整数（如8位或4位整数）。这种方法易于实现，且量化与反量化过程迅速，显著降低了存储需求。然而，它可能导致较大的量化误差，从而影响检索准确性。

乘积量化将高维向量分割成多个较低维度的部分，并对每一部分独立进行量化。每个子空间的取值被映射到一个离散的码字，通过预先生成的"码本"来表示最接近查询向量的数据。由于只需要存储码字索引，因此乘积量化大幅降低了存储需求并提升了查询效率，使得距离计算能够在压缩空间中进行。

优化乘积量化对乘积量化进行了改进，在进行乘积量化之前，先通过线性变换（如旋转）优化向量的分布。这种方法有助于减小量化误差，提高检索准确性。在相同的压缩率下，优化乘积量化相比乘积量化能够提供更高的准确性，并更好地适应实际的向量数据分布。

IVF_SQ8是在IVF_FLAT的基础上采用标量量化对向量进行压缩的一种方法。在此方法中，向量被转换为低比特表示，即将浮点数转换为8位整数，从而在簇的基础上进一步降低存储需求，大幅降低了内存和存储需求，适用于资源受限的环境。尽管存在一定的量化误差，但在大多数应用场景中，这种影响是可以接受的。

IVF_PQ则结合了IVF和乘积量化，在聚类的基础上，将高维向量拆分到多个低维子空间并分别量化，提升查询效率的同时也降低了存储需求。然而，这种方式会带来一定程度的检索精度损失，因此需要在准确性和效率之间找到平衡。

4.2.4 图索引

层次化可导航小世界图（Hierarchical Navigable Small World Graph，简称

HNSW）是一种基于图的高效索引结构，专门设计用于加速向量的 ANN 搜索。它利用了小世界网络的特点，通过构建一个多层图结构来实现对大规模向量数据集中的相似向量进行快速检索。

在 HNSW 中，图结构被组织成多个层次（见图 4-14），每个层次的密度不同。最上层的图非常稀疏，节点之间的连接较少，这有助于实现查询时的粗略定位和快速跳跃；而越接近底层，图越密集，允许进行更细致的搜索。查询操作从最上层开始，这里可以迅速缩小搜索范围，找到查询向量的大致位置。然后逐层深入，每一层都以上一层的结果为基础进行更加精确的搜索，直到最后一层找到最相似的向量为止。HNSW 能够在保持高召回率的同时提供非常快的查询速度。

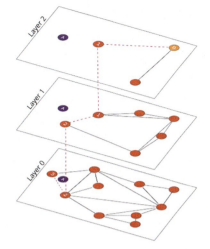

图4-14　查询从高层开始，逐层深入搜索

HNSW 的优点在于其能够在不牺牲太多准确性的情况下大幅提升查询效率，因此非常适用于那些对查询速度和准确性都有较高要求的应用场景。然而，使用 HNSW 时，需要系统拥有足够的内存资源来存储其图结构，以保证查询效率和结果质量。

4.2.5　哈希技术

局部敏感哈希（Locality Sensitive Hashing，LSH）通过构造一组哈希函数，将相似的高维向量映射到同一哈希桶中（见图 4-15），从而加速 ANN 搜索。在执行查询时，只需要检索与查询向量位于同一哈希桶中的向量，这极大地减少了计算量。

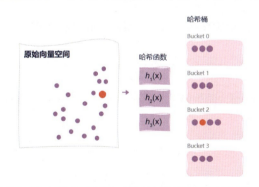

图4-15　高维向量通过一组哈希函数被映射到哈希桶中

LSH 的优点是检索速度快，算法简单，易于实现。然而，它的缺点是精确性相对较低，只适用于近似检索场景。此外，随数据分布的不同，LSH 的性能可能会发生显著变化。

因此，LSH 非常适用于需要快速返回近似结果的应用场景，例如推荐系统和实时查询，以及那些数据分布稀疏且不严格要求完全精确性的应用。

4.2.6 向量的检索（相似度度量）

在向量数据库中，检索或搜索的本质是在高维空间中找到与查询向量最相似的向量，因此也可以称为相似度度量。为了在向量数据库中实现快速、高效的检索，理解其底层原理至关重要。

在向量数据库中，索引结构和相似度度量之间存在着紧密的关系。相似度度量决定了如何衡量向量之间的距离或相似度，而索引结构则利用这种度量方式来组织和加速向量数据的检索。选择合适的相似度度量和索引方法，对于提升检索效率和准确性极为关键。

小雪：你在第 3 章中讲过，度量方式有欧几里得距离、曼哈顿距离、余弦相似度和内积。

咖哥：是的。曼哈顿距离较少用于向量相似度的度量，这里我将给出几种常用度量方式的计算公式，并再介绍一下偶尔会用到的汉明距离和杰卡德相似度。

欧几里得距离（L2）：衡量两个向量在空间中的直线距离，适用于连续数值型数据。计算公式如下。

$$d=\sqrt{\sum_{i=1}^{n}(a_i-b_i)^2}$$

余弦相似度：衡量两个向量之间的夹角余弦值，反映向量的方向相似性。计算公式如下。

$$余弦相似度 = \frac{\sum_{i=1}^{n}a_i \times b_i}{\sqrt{\sum_{i=1}^{n}a_i^2} \times \sqrt{\sum_{i=1}^{n}b_i^2}}$$

内积（IP）：衡量两个向量的投影关系，反映向量的方向和长度。计算公式如下。

$$\boldsymbol{a} \cdot \boldsymbol{b}=\sum_{i=1}^{n}a_i \times b_i$$

汉明距离（Hamming Distance）：衡量二进制向量之间不同位的数量，适用于二进制数据。计算公式如下。

$$d(\boldsymbol{a},\boldsymbol{b})=\sum_{i=1}^{n}(a_i \oplus b_i)$$

杰卡德相似度（Jaccard Similarity）：衡量两个集合的相似度，通过计算交集与并集的比值来表示，适用于集合或稀疏数据。计算公式如下。

$$杰卡德相似度 = \frac{|A \cap B|}{|A \cup B|}$$

小冰：咖哥，这些索引方式和向量相似度度量方式显然非常重要。此处你整理得非常清晰，让我对这些知识有了系统性的了解。但是，我感觉在实际应用中操作起来仍有难度。

咖哥：确实如此。这些都是向量数据库的核心知识，要真正掌握它们，你需要动手实践，亲自尝试。在 4.5 节中，我将带着你编写一些使用这些索引方式进行向量检索的示例，这样你就能更清楚地知道在什么情况下该选用哪种索引方式和度量方式了。

4.3 主流向量数据库

随着大模型和向量检索技术的普及，各种开源和商业的向量数据库如雨后春笋般涌现，这些数据库在 AI 和大模型应用开发过程中扮演了重要角色。

这些数据库在可扩展性、性能优化、部署方式和生态系统等方面各有特点。接下来简单介绍几种常用的向量数据库。

4.3.1 Milvus

咖哥日常最喜欢使用的是 Milvus。它是一款开源、高性能的向量数据库，支持 PB 级别的数据，并提供了出色的可扩展性和高吞吐量。

Milvus 的设计特别注重开发者体验，其文档支持详尽，便于用户快速上手。此外，它还支持 Docker 部署，非常适合采用云原生架构的应用。对于小型团队和个人开发者，Milvus 的本地安装版本更加便于使用。在后续的示例中，我们也将使用 Milvus 的本地版本进行展示。

Milvus 因其广泛的适用场景而受到青睐，在需要处理大规模向量数据的云原生应用方面表现尤为突出。需要注意的是，Milvus 的配置优化需要一定的经验，因此其学习曲线相对较陡。

Zilliz Cloud 是基于 Milvus 的企业全托管 SaaS 版本，专注于向量数据库的商业化应用，为企业级用户提供托管服务和高级功能，如自动扩展和优化等。当使用 Milvus 完成原型项目的开发后，如果要将其移植到更大规模的生产级别的应用场景中，从 Milvus 迁移到 Zilliz Cloud 将是一个自然的选择。因此，无论是从小型项目到大型应用，还是从个人开发者到企业用户，Milvus 及其企业版 Zilliz Cloud 提供了一站式的解决方案。

4.3.2 Weaviate

Weaviate 的特点在于其开源性质，并支持多模态数据（如文本、图像和视频）的存储与检索。它易于快速上手，非常适合概念验证和中小型项目。Weaviate 支持嵌入式模式，便于在本地或小型设备上运行，并提供数据持久化支持，能够集成多种后端存储（如 S3、GCP）。

Weaviate 适用于快速构建多模态应用，例如基于图像和文本的智能问答系统。然而，在大规模扩展能力和性能优化方面仍有待增强。

4.3.3　Qdrant

Qdrant 以其出色的性能著称，特别针对高性能场景进行了优化，能够扩展到包含超过 5000 万条记录的大规模向量集合，在近实时检索和动态写入方面表现突出。然而，在高并发写入时可能会面临一些挑战。如果需要实现动态更新索引，完成实时推荐、个性化内容推送等项目，可以考虑使用 Qdrant。

Qdrant 拥有开源版、Cloud 版和企业版。其中，Cloud 版提供 1GB 免费空间，适用于 Demo 级别的项目。

4.3.4　Faiss

Faiss 由 Facebook AI Research 团队开发，是一个专门用于高效相似度检索和密集向量聚类的库，主要处理大规模向量数据。该库用 C++ 编写，并提供 Python 包。

Faiss 分为 CPU 和 GPU 两个版本：CPU 版适用于小规模数据集，可在普通服务器上运行；GPU 版则利用 CUDA 加速，适用于大规模数据集，可显著加快搜索速度。需要注意的是，Faiss 的 GPU 版本仅支持特定版本的 CUDA，如果 CUDA 版本不在其支持范围内，安装时会报错。

Faiss 提供了向量存储所需的核心功能，包括最近邻搜索（k-NN/ANN）、索引结构优化（支持 HNSW、IVF、PQ 等算法）以及向量聚类。

虽然 Faiss 具有轻量级且易于上手的优点，但其功能相对有限，索引只能存储在内存中，不提供数据库级别的存储管理（如事务、数据持久化），也不像 Milvus、Weaviate 那样原生支持分布式存储和查询。因此，Faiss 更适合处理百万级别的向量数据集，对于十亿级别的向量数据集处理能力有限，是初学者学习项目的理想选择。

4.3.5　Pinecone

Pinecone 是一个知名的商业向量存储解决方案，专注于托管服务，旨在降低部署和维护成本。它的优点是易于使用和扩展，提供一站式解决方案，并支持自动缩放和高可用性。尽管如此，在某些定制化的性能需求方面，Pinecone 可能不如开源替代品，而且成本较高。因此，对于那些对稳定性和可用性有较高要求，同时没有额外运维能力的企业，Pinecone 是一个不错的选择。

Pinecone 的文档也非常全面，其中包含了众多有价值的 RAG 解决方案示例，可供学习参考。

4.3.6　Chroma

类似于 Faiss，开源库 Chroma 也提供了基本检索所需的一切功能：存储嵌入及其元数据、向量搜索、全文搜索、文件存储、元数据过滤以及多模态检索。

Chroma 默认使用 SQLite 进行存储（同时支持持久化到磁盘），这使得它不需要额外的数据库管理，非常适合快速搭建项目。然而，这也意味着 Chroma 不适用于大规模生产环境,并且在支持分布式、复杂查询以及企业级应用方面有所限制。

Chroma 与 Faiss 一样,其优势在于易于上手。Chroma 的文档中还提供了丰富的向量存储相关知识,有助于用户更好地理解和使用。

4.3.7　Elasticsearch

作为一款成熟的分布式搜索引擎,Elasticsearch 凭借其近实时检索能力、水平扩展性及丰富的查询语法,已成为企业级搜索场景中的标杆工具。近年来,Elasticsearch 推出的向量搜索功能(如通过 dense_vector 字段类型和 k-NN 搜索接口),使其能够同时支持传统关键词检索、数值范围过滤以及高维向量相似度计算。这特别适用于需要混合多模态查询的场景,例如结合文本语义向量与商品属性过滤的电商搜索。

对于已深度集成 Elasticsearch 技术栈的团队,可直接复用现有的集群和运维体系,从而降低引入向量能力的边际成本。Elasticsearch 的分布式架构可轻松处理百亿级别的数据集,并支持多租户、细粒度权限控制等企业级特性。然而,在纯向量检索场景下,Elasticsearch 的性能可能不如专用向量数据库,需要通过分片策略或近似算法优化来提升性能。

4.3.8　PGVector

PGVector(PostgreSQL 扩展)通过为 PostgreSQL 提供向量数据类型和 ANN 检索(如 HNSW、IVF_FLAT),将向量计算能力无缝嵌入关系型数据库。这种设计特别适用于需要同时处理结构化数据关联与向量相似度分析的场景,例如用户画像系统中关联用户行为向量与 SQL 表内的标签数据,或者地理信息系统中结合空间坐标与特征向量的多条件检索。

在 PGVector 中,开发者可直接使用标准 SQL 语法实现"向量 JOIN 结构化数据"的复杂查询,避免了跨数据库同步的复杂性。虽然 PGVector 通过索引优化提升了性能,但在超大规模向量数据集(如千万级以上)或高并发场景下,其吞吐量和延迟仍可能落后于专用向量数据库。PGVector 的优势在于对事务一致性、复杂 SQL 操作(如窗口函数、存储过程)的天然支持,适合数据规模适中且需要强事务保障的业务,例如金融风控中的实时特征比对。

4.4　向量数据库的选型与测评

小冰:问题来了。这么多的向量数据库,表面上看起来都差不多,如何进行选择呢?

咖哥:这的确是个难以回答的问题。RAG 和向量数据库的概念非常新,目前在生产级项目中对多种向量数据库进行过测评的人还不是很多,相关的实践经验也有限。

4.4.1 向量数据库的选型

尽管如此,我们还是可以从以下几个关键因素出发,结合具体需求和场景来进行考量。

- **开源与付费托管**:如果团队具备强大的运维能力,可以选择开源数据库(如 Milvus、Weaviate、Qdrant 等)以提供灵活性。如果希望减少运维成本,则可以选择商业托管服务(如 Pinecone、AWS Kendra 等)。
- **性能(查询速度)**:对于需要大规模、高并发查询的场景,Milvus 和 Pinecone 表现出色。延迟敏感的应用(如推荐系统)应优先考虑具有低延迟的数据库,例如 Milvus。
- **可扩展性**:虽然各种向量数据库的可扩展性都还不错,但对于海量数据,Milvus 和 Pinecone 尤为出色。
- **开发者体验**:尽量选择有完善文档和社区支持的数据库,例如 Milvus 和 Weaviate。如果开发团队对 Python 友好,可以选择 API 简单的数据库,例如 Chroma。
- **功能支持**:如果需要复杂的混合搜索(结合结构化数据和向量数据),Weaviate、Qdrant 和 Milvus 是优选。如果需要动态更新数据和索引,Milvus 和 Qdrant 提供了更强大的支持。
- **成本与预算**:使用开源工具(如 PGVector、Chroma)可以降低初始投入。虽然商业解决方案(如 Pinecone)成本较高,但更适合追求稳定性和服务支持的企业。
- **技术栈兼容性**:如果现有技术栈使用 Elasticsearch,可以通过扩展其向量检索功能来减少学习成本。使用 PostgreSQL 的团队可以考虑 PGVector,便于结合结构化数据和向量数据。
- **特殊需求**:对于云原生应用,Vald 和 Milvus 提供更好的 Kubernetes 支持。对于 GPU 加速需求高的场景,Faiss 是一个优秀的选择。

根据这些维度,可以快速匹配最合适的向量数据库。例如,开发实时推荐系统时可选择 Milvus 或 Qdrant;进行概念验证或开发小型项目时可选择 Chroma 或 Weaviate;开发企业级搜索时可选择 Pinecone 或 Elasticsearch;如需要与关系型数据库整合,PGVector 是一个不错的选择。

表 4-2 展示了 LangChain 团队在 2024 年对常用向量数据库的一个全面比较,可以为开发者选型提供参考。需要注意的是,随着时间推移,各向量数据库的功能和特性可能会发生变化。

通过明确项目需求、预算,并结合表 4-2 中的对比,就可以完成向量数据库的选型过程。

LangChain 等框架几乎提供了所有向量数据库的接口,因此开发者可以在不同的向量数据库之间随意切换,体验不同向量数据库的性能差异。

表 4-2 LangChain 团队对常用向量数据库的比较（2024 年）

向量数据库名称	是否开源	是否支持自托管	是否支持云端管理	是否专为向量搜索设计	开发者体验	每秒查询数量	延迟/ms	支持索引类型	是否支持混合搜索	是否支持磁盘索引	是否支持角色访问控制	是否动态分片	是否免费托管计划	价格（50k 向量）/美元	价格（20M 向量）/美元
Pinecone	否	否	是	是	较好	150+（扩展后更高）	1	未知	是	否	否	未知	是	70	227（高性能版为 2074）
Weaviate	是	是	是	是	较好	791	2	HNSW	是	是	否	否，静态分片	是	25 起	1536
Milvus	是	是	是	是	很好	2406	1	多种（11 种）	是	是	否	是	是	65 起	309（高性能版为 2291）
Qdrant	是	是	是	是	较好	326	4	HNSW	是	是	否	是	是	9 起	281（高性能版为 820）
Chroma	是	是	否	否	较好	未知	未知	HNSW	是	否	是	是	是	自托管免费	自托管免费
Elasticsearch	否	是	是	否	一般	700~100	5~10	HNSW	是	是	否	否，静态分片	自托管免费	自托管不定	1225
PGVector	是	是	是	否	一般	141	8	HNSW/IVFFlat	是	是	否	—	自托管免费	不定	不定

4.4.2 向量数据库的测评

常用的向量数据库测评工具包括 ANN Benchmark 和 VectorDBBench。

ANN Benchmark 是一款用于评估向量索引算法在真实数据集上性能的外部工具。由于向量索引是向量数据库中资源消耗较高的核心组件，其性能对数据库整体表现具有重要影响。ANN Benchmark 在衡量向量索引算法性能方面表现出色，为选择和比较不同的向量搜索库提供了可靠的参考。然而，它的局限性在于无法评估复杂的、成熟的向量数据库系统，也未涵盖如"向量搜索与条件过滤结合"的场景。

相比之下，VectorDBBench 是一款专为评估向量数据库而设计的开源工具，适用于开源向量数据库（如 Milvus 和 Weaviate）以及全托管服务（如 Zilliz Cloud 和 Pinecone）。它支持评估数据库的每秒查询数量和召回率，并关注资源消耗、数据加载能力和系统稳定性等关键指标。与 ANN Benchmark 不同，VectorDBBench 能够模拟更接近真实生产环境的测试，更适合全面评估向量数据库的实际性能。

蔡一凡在文章《开源向量数据库性能对比：Milvus、Chroma、Qdrant》中使用了 VectorDBBench 这款工具来测评 3 种常见的开源向量数据库，其测评结果如图 4-16 所示。

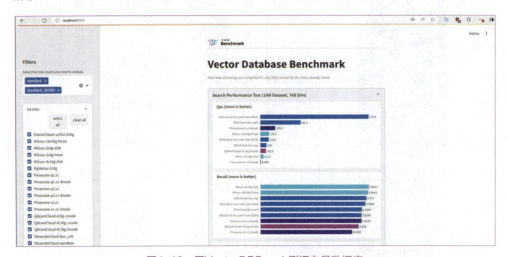

图 4-16　用 VectorDBBench 测评向量数据库

这篇文章详细介绍了使用 VectorDBBench 测评各种向量数据库的具体步骤和细节，这里仅给出最终结论：根据测试结果，Milvus 适合处理大规模数据集和对性能要求较高的应用，在性能（也就是查询速度）方面表现最佳；Qdrant 具有较低的延迟，适合规模不大且对延迟有高要求的应用；Chroma 更适合小规模、低负载的应用。

4.5　向量数据库中索引和搜索的设置

在向量数据库的使用过程中，设置索引和搜索时的度量标准是最为关键的部分。本节以 Milvus 为例详细说明这两个参数的选择及其适用场景。

4.5.1 Milvus向量操作示例

操作Milvus的整体代码流程如图4-17所示。此代码完全独立于LangChain、LlamaIndex等框架，旨在清晰地展现如何在Milvus中进行集合创建、向量插入及检索。

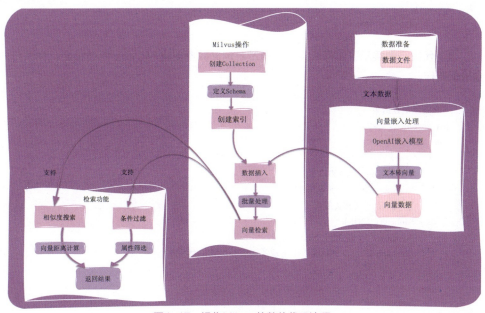

图4-17 操作Milvus的整体代码流程

在Milvus中，数据的组织和管理主要通过集合（Collection）来实现。集合支持多种操作，包括插入、删除、索引创建以及搜索等，是Milvus的核心数据结构，用于表示一组数据。在创建集合时，需要指定集合名称和模式。

咖哥发言

这里介绍两个与集合相关的核心概念——字段模式和集合模式。

- 字段模式（FieldSchema）：用于定义集合中每个字段的属性。每个字段代表数据的一个特定属性，其主要属性包括名称和数据类型，例如整型（INT64）、浮点型（FLOAT）、字符串（VARCHAR）或向量类型（FLOAT_VECTOR）等。
- 集合模式（CollectionSchema）：用于定义整个集合的结构，即该集合包含哪些字段以及集合的描述等，其主要属性包括字段列表和描述信息。通过定义集合模式，用户能够明确指定集合的数据结构和组织方式，从而更好地管理和操作数据。

第4章 向量存储

接下来，我们将安装 Milvus Lite，即本机版的 Milvus Python 包[①]。对于初学者，Milvus Lite 已经足够使用。如果需要实现更大规模的系统，则应安装功能更强大的 Milvus 版本。

```
pip install pymilvus
pip install pymilvus[model]
```

以下代码示例展示了如何从头开始通过自定义数据创建 Milvus 向量集合，并进行向量检索操作。

```python
# 准备示例数据集
import pandas as pd
data_records = [
    {
        "monster_id": "BM001",
        "monster_name": " 虎先锋 ",
        "location": " 竹林关隘 ",
        "difficulty": "High",
        "synonyms": " 猛虎妖 , 虎妖 ",
        "description": " 在竹林关卡中出现的猛虎型妖怪，力量强大。"
    },
    {
        "monster_id": "BM002",
        "monster_name": " 火猿 ",
        "location": " 火山洞窟 ",
        "difficulty": "Low",
        "synonyms": " 烈焰猿 , 炎猿 ",
        "description": " 生活在火山洞窟的猿类妖怪，只是插科打诨的小兵。"
    },]
df = pd.DataFrame(data_records)
# 建立 / 连接 Milvus
from pymilvus import MilvusClient, DataType, FieldSchema, CollectionSchema
from pymilvus import model
db_path = "./wukong.db"
client = MilvusClient(db_path)
collection_name = "Wukong_Monsters"
# 获取嵌入模型的向量维度
from pymilvus.model.dense import SentenceTransformerEmbeddingFunction
embedding_function = SentenceTransformerEmbeddingFunction(model_name='BAAI/bge-large-zh')
sample_embedding = embedding_function([" 示例文本 "])[0]
```

---

① Milvus Lite目前不支持Windows操作系统，因此需要在Linux操作系统或macOS中进行安装。

```python
vector_dim = len(sample_embedding)
# 定义集合模式并创建集合
fields = [
    FieldSchema(name="id", dtype=DataType.INT64, is_primary=True, auto_id=True),
    FieldSchema(name="vector", dtype=DataType.FLOAT_VECTOR, dim=vector_dim),
    FieldSchema(name="monster_id", dtype=DataType.VARCHAR, max_length=50),
    FieldSchema(name="monster_name", dtype=DataType.VARCHAR, max_length=100),
    FieldSchema(name="location", dtype=DataType.VARCHAR, max_length=100),
    FieldSchema(name="difficulty", dtype=DataType.VARCHAR, max_length=20),
    FieldSchema(name="synonyms", dtype=DataType.VARCHAR, max_length=200),
    FieldSchema(name="description", dtype=DataType.VARCHAR, max_length=500),
]
schema = CollectionSchema(fields, description=" Wukong Monsters", enable_dynamic_field=True)
if not client.has_collection(collection_name):
    client.create_collection(collection_name=collection_name, schema=schema)
# 创建索引
index_params = client.prepare_index_params()
index_params.add_index(
    field_name="vector",
    index_type="AUTOINDEX",
    metric_type="L2",
    params={"nlist": 1024}
)
client.create_index(
    collection_name=collection_name,
    index_params=index_params
)
# 批量插入数据
from tqdm import tqdm
for start_idx in tqdm(range(0, len(df)), desc=" 插入数据 "):
    row = df.iloc[start_idx]
    # 准备向量文本
    doc_parts = [str(row['monster_name'])]
    if row['synonyms']:
        doc_parts.append(f"( 别名：{row['synonyms']})")
    if row['location']:
        doc_parts.append(f" 场景：{row['location']}")
    if row['description']:
        doc_parts.append(f" 描述：{row['description']}")
    doc_text = "；".join(doc_parts)
    # 生成向量并插入数据
    embedding = embedding_function([doc_text])[0]
```

In

```
    data_to_insert = [{
        "vector": embedding,
        "monster_id": str(row["monster_id"]),
        "monster_name": str(row["monster_name"]),
        "location": str(row["location"]),
        "difficulty": str(row["difficulty"]),
        "synonyms": str(row["synonyms"]),
        "description": str(row["description"])
    }]
    client.insert(collection_name=collection_name, data=data_to_insert)
# 测试搜索
search_query = " 高难度妖怪 "
search_embedding = embedding_function([search_query])[0]
search_result = client.search(
    collection_name=collection_name,
    data=[search_embedding.tolist()],
    limit=3,
    output_fields=["monster_name", "location", "difficulty", "synonyms"]
)
print(f" 搜索结果 '{search_query}':", search_result)
# 测试条件查询
query_result = client.query(
    collection_name=collection_name,
    filter="difficulty == 'Low'",
    output_fields=["monster_name", "location", "difficulty", "synonyms"]
)
print(f" 难度为 Low 的妖怪：", query_result)
```

Out

插入数据：100%|█████████████████| 2/2 [00:01<00:00, 1.68it/s]
搜索结果 ' 高难度妖怪 ': data: ["[{'id': 456823454216224768, 'distance': 1.0104241371154785, 'entity': {'difficulty': 'High', 'location': ' 竹林关隘 ', 'monster_name': ' 虎先锋 ', 'synonyms': ' 猛虎369，虎妖 '}}]"]
难度为 Low 的妖怪：data: ["{'id': 456823565118078978, 'difficulty': 'Low', 'location': ' 火山洞窟 ', 'monster_name': ' 火猿 ', 'synonyms': ' 烈焰猿，炎猿 '}]"]

这段代码创建并连接本地 Milvus 数据库 wukong.db，同时创建了用于存储向量数据的集合 Wukong_Monsters。在集合的字段模式中，is_primary=True 表示 "id" 字段是主键，用来唯一标识一条记录。auto_id=True 表示该主键由 Milvus 自动生成，用户无需且不能自行指定。因此，在插入数据时，我们并未提供 "id" 字段，而仅提供了 Schema 中的其他字段。此外，enable_dynamic_field=True 表示在定义集合 Schema 时启用了动态字段功能，允许插入时包含 Schema 中未定义的字段，这些额外字段不会被丢弃，而是自动存储在一个名为 "$meta" 的内置字段中。

现在，我们将聚焦于代码中的 index_type（索引类型）和 metric_type（度量标准）参数，探讨它们的可选值及适用场景。

4.5.2 选择合适的索引类型

索引是有效组织数据的过程，它通过显著加速对大型数据集的耗时查询，在使相似度检索变得有用方面发挥着重要作用。Milvus 以专门的结构组织数据，并将元数据存储在索引文件中，以便在搜索或查询期间快速检索所请求的信息。

Milvus 支持的向量索引类型大多采用 ANN 搜索。相较于通常非常耗时的精确检索，ANN 搜索的核心思想不是返回最精确的结果，而是仅搜索目标的邻居。这样，ANN 搜索通过在可接受的范围内牺牲一定的准确率来大幅提升检索效率。

按照实现方式，ANN 搜索向量索引可以分为普通索引、基于图的索引、基于树的索引、基于哈希的索引及基于量化的索引等类型。一种向量数据库并不一定会涵盖并支持所有的索引类型。

索引类型和向量嵌入类型密切相关。浮点嵌入（也称为浮点向量或密集向量）、二进制嵌入（也称为二进制向量）和稀疏嵌入（也称为稀疏向量）各自使用的索引类型各不相同。为了提升查询性能，可以为每个向量字段指定一个索引类型。当前，每个向量字段只能分配一种索引类型，切换索引类型时，Milvus 会自动删除旧的索引。代码中，add_index 方法的 index_type 参数用于指定向量数据在 Milvus 中的索引类型。

表 4-3 展示了 Milvus 中的索引类型。

表 4-3 Milvus 中的索引类型

索引类型	分类	适用场景	嵌入类型
FLAT	普通索引	数据集规模相对较小 需要 100% 的召回率	浮点嵌入
IVF_FLAT	基于树的索引	查询速度要求高 同时需要尽可能高的召回率	浮点嵌入
IVF_SQ8	基于量化的索引	查询速度非常快 内存资源有限 可接受在召回率上有轻微折中	浮点嵌入
IVF_PQ	基于量化的索引	查询速度较快 内存资源有限 可接受在召回率上有轻微折中	浮点嵌入
ScaNN	基于量化的索引	查询速度非常快 对召回率要求高 内存资源充足	浮点嵌入
HNSW	基于图的索引	查询速度非常快 对召回率要求高 内存资源较为充足	浮点嵌入
HNSW_SQ	基于图的索引	查询速度非常快 内存资源有限 可接受在召回率上有轻微折中	浮点嵌入

续表

索引类型	分类	适用场景	嵌入类型
HNSW_PQ	基于图的索引	查询速度中等 内存资源非常有限 可接受在召回率上有轻微折中	浮点嵌入
HNSW_PRQ	基于图的索引	查询速度中等 内存资源非常有限 可接受在召回率上有轻微折中	浮点嵌入
BIN_FLAT	普通索引	数据集规模较小 需要精确的搜索结果 无需压缩	二进制嵌入
BIN_IVF_FLAT	基于树的索引	需要高查询速度 对召回率要求高 数据集规模较大	二进制嵌入
SPARSE_INVERTED_INDEX	普通索引	数据集规模较小 需要 100% 的召回率 适用于稀疏向量的检索	稀疏嵌入

接下来详细介绍表 4-3 中的索引类型，以及磁盘索引和 GPU 索引。

1. FLAT（精确暴力搜索）

FLAT 是最简单的索引类型，它不构建任何索引结构，而是对所有数据进行遍历，执行精确的暴力搜索。这种类型的索引适用于一般少于 10 000 个向量的小型数据集，并且在需要绝对精确检索的情况下尤为适用。

FLAT 不会对向量进行压缩，确保了检索结果的完全准确性和 100% 的召回率（Recall）。这使得它成为衡量其他索引性能的理想基准。

在向量检索中，召回率是衡量搜索结果是否覆盖了所有正确的最近邻向量的重要指标。计算公式如下。

$$召回率 = \frac{检索到的正确向量数}{所有可能的正确向量数}$$

其中，分子表示算法返回的 top-k 结果中真正相关的向量数量；分母表示暴力搜索返回的正确最近邻向量数量。当召回率为 1.0（100%）时，表示所有正确的最近邻都被检索到，没有遗漏；当召回率小于 1.0 时，表示部分正确的最近邻未被找到，表明检索存在遗漏。

FLAT 的搜索方式采用穷举式，即针对每个查询向量，都会与数据集中的所有向量进行比较。该索引方式不需要任何参数配置，也不需要训练数据，插入数据后即可直接查询。然而，随着数据量的增加，查询速度会显著下降；在数据量非常大的情况下，查询速度会变慢。

小冰：咖哥，你给出的代码中 index_type 是 AUTOINDEX，这是怎么回事？

咖哥：当设置为 AUTOINDEX 时，Milvus 会根据数据类型自动选择最适合的索引类型和参数。对于我们这个简单应用，不需要手动控制特定索引参数，设置 AUTOINDEX 实际上会为每个向量字段创建索引。

2. IVF_FLAT（倒排文件索引+精确搜索）

IVF_FLAT 通过将向量数据划分为 nlist 个簇，并在搜索时只与相似度最高的若干个簇进行比较来加速查询。具体做法是首先计算查询向量与每个簇中心的距离，之后根据 nprobe 参数的设置，选出最相似的若干个簇，最后只在这些簇内检索目标向量。

调整 nprobe 值可以在准确率与查询速度之间找到平衡点。nprobe 的值越大，准确率越高，但查询速度越慢；反之，nprobe 的值越小，查询速度越快，但准确率可能下降。

IVF_FLAT 不对向量进行压缩，因此索引文件大小与原始数据量基本一致。如果数据量非常大，加载索引可能会占用大量内存。

IVF_FLAT 的索引构建参数如表 4-4 所示。

表 4-4 IVF_FLAT 的索引构建参数

参数	说明	取值范围	默认值
nlist	聚簇数量	[1, 65536]	128

以下代码示例展示了如何使用 IVF_FLAT 创建索引。

```python
# 创建 IVF_FLAT 索引
index_params = {
    "index_type": "IVF_FLAT",
    "metric_type": "L2",
    "params": {"nlist": 100} # 设定 100 个簇
}
collection.create_index("vector", index_params)
# 向集合中插入向量数据
import numpy as np
num_vectors = 100000 # 向量的个数
dim = 128 # 向量的维度
vectors = np.random.random((num_vectors, dim)).astype("float32")
collection.insert([vectors.tolist()]) # 插入向量
```

IVF_FLAT 的搜索参数如表 4-5 所示。

表 4-5 IVF_FLAT 的搜索参数

类型	参数	说明	取值范围	默认值
常规搜索	nprobe	检索的簇数量	[1, nlist]	8
范围搜索	max_empty_result_buckets	在范围搜索过程中，若连续出现的"空结果聚簇"数量达到该值，则提前终止搜索。增大该值可以提高召回率，但会增加搜索时间	[1, 65535]	2

以下代码示例展示了如何使用 IVF_FLAT 创建搜索。

```
# 创建 IVF_FLAT 搜索
collection.load()
query_vectors = np.random.random((5, dim)).astype("float32")  # 5 个查询向量
search_params = {"metric_type": "L2", "params": {"nprobe": 10}}  # 搜索 10 个簇
results = collection.search(query_vectors.tolist(), "vector", search_params, limit=5)
```

IVF_FLAT 适用于数据量在数万到数百万之间的中等规模数据集，可以在查询速度和精度之间取得良好的平衡。IVF_FLAT 的查询速度较快，性能优于 FLAT，且索引构建时间相对较短。然而，使用 IVF_FLAT 需要仔细调优 nlist 和 nprobe 参数以获得最佳效果。

3. IVF_SQ8（倒排文件索引+8位量化）

IVF_SQ8 同样基于 IVF 原理构建索引，在 IVF_FLAT 的基础上，对向量实施了 8 位 SQ 量化压缩，从而减少了内存占用。

SQ 能够将每个浮点数（4 字节）转换为 1 字节的 UINT8，使得存储需求降低了 70%～75%。在相同的 IVF 策略下，与 IVF_FLAT 相比，IVF_SQ8 生成的索引文件更小，特别适用于硬盘、CPU 或 GPU 资源有限的环境。例如，在处理 SIFT1B 数据集时，通过 IVF_SQ8 处理后，索引文件大小可从约 470GB 减少到 140GB。

IVF_SQ8 的索引构建参数和搜索参数与 IVF_FLAT 相同。

该索引方式适用于包含数百万至数千万个向量的大规模数据集，尤其是在希望减少内存使用且可接受轻微精度损失的情况下。采用这种方式，内存占用显著减少，查询速度加快，但精度略有下降，因此需要根据具体情况做出权衡。

4. IVF_PQ（倒排文件索引+乘积量化）

IVF_PQ 在执行 IVF 聚簇之前，首先会对向量进行 PQ 分块处理。PQ 能够将高维向量均匀地分解为 m 个低维子空间，并对每个子空间进行量化。每个子向量通过 k-means 找到 2^{nbits} 个质心，之后每个子向量仅存储与最近质心的距离，从而使用 $m*nbits$ 位来编码整个向量。在执行搜索时，不需要计算查询向量与所有簇中心的距离，而是只计算与各子空间中心点的距离，这大幅降低了时间和空间复杂度。

IVF_PQ 实现了比 IVF_SQ8 更高的压缩比量化，因此其索引文件更小，但这也引入了一定的精度损失，导致搜索准确率有所下降。

IVF_PQ 的索引构建参数如表 4-6 所示，而搜索参数与 IVF_FLAT 相同。

表 4-6　IVF_PQ 的索引构建参数

参数	说明	取值范围
nlist	聚簇数量	[1, 65536]
m	PQ 分解的因子数量（将向量分成 m 个子向量）	需要满足 dim mod m == 0
nbits	（可选）每个低维向量的量化位数，默认为 8 位	[1, 64]（默认为 8）

IVF_PQ 适用于超大规模数据集，特别是那些包含上千万到上亿个向量的数据集，并

且需要最大限度地降低内存使用的情况。虽然这种索引方式的优点在于内存占用量低，非常适合处理超大规模的数据集，但其缺点是精度损失较大且索引构建时间较长。

5. ScaNN

ScaNN（Scalable Nearest Neighbor）与 IVF_PQ 类似，它同样采用了向量聚簇与 PQ 的方法，并通过 SIMD（Single-Instruction/Multi-data，单指令/多数据）优化来实现高效的运算处理，但在内部 PQ 的实现细节及其所使用的优化手段上与 IVF_PQ 有所区别。ScaNN 默认对 m、nbits 等参数进行了优化设置，使其在多数应用场景下能够提供更优的性能表现。

ScaNN 的索引构建参数如表 4-7 所示。

表 4-7 ScaNN 的索引构建参数

参数	说明	取值范围
nlist	聚簇数量	[1, 65536]
with_raw_data	是否在索引文件中存储原始数据	True 或 False，默认为 True

对于 m、nbits 等参数，ScaNN 采用了默认值以确保最佳性能表现，因此不需要显式设置。ScaNN 的搜索参数如表 4-8 所示。

表 4-8 ScaNN 的搜索参数

类型	参数	说明	取值范围	默认值
常规搜索	nprobe	检索的聚簇数量	[1, nlist]	8
常规搜索	reorder_k	查询的候选数（再排序的范围）	[top_k, ∞]	top_k
范围搜索	max_empty_result_buckets	在范围搜索过程中，如果连续出现"空结果聚簇"的数量达到该值，则提前终止搜索。增大该值可以提高召回率，但会增加搜索时间	[1, 65535]	2

6. HNSW

Milvus 也支持 HNSW 索引。前面内容介绍过，这种索引会根据一定规则为数据构建具有多层图结构的导航结构，上层图结构较稀疏，节点间距离较远；下层图结构较密集，节点间距离较近。搜索过程会从图的最顶层开始，寻找与目标向量最接近的节点，然后进入下一层重复检索，多次迭代后即可快速逼近最相似向量所在区域。

为了提升性能，HNSW 限制了每一层中节点的最大连接数 M。此外，用户可通过 efConstruction（在构建索引时）和 ef（在执行搜索时）参数指定搜索的范围。

HNSW 的索引构建参数如表 4-9 所示。

表 4-9 HNSW 的索引构建参数

参数	说明	取值范围	默认值
M	每层图中节点的最大连接数，越大的 M 值意味着在相同的 ef/efConstruction 参数设置下，会带来更高的准确率和更高的计算消耗	[2, 2048]	None
efConstruction	索引构建过程中的搜索范围控制参数。增大该值可以提高索引的质量，但会导致索引构建速度减慢	[1, int_max]	None

HNSW 的搜索参数如表 4-10 所示。

表 4-10　HNSW 的搜索参数

参数	说明	取值范围	默认值
ef	执行查询时的搜索范围。增大该值可以提高查询的准确率，但会导致查询速度变慢	[top_k, int_max]	None

HNSW 适用于包含数十万到数千万个向量的中大规模数据集，并且要求快速查询和高精度的情况。该方式的优点是在快速查询和高精度检索之间取得了良好的平衡，但缺点是索引构建时间较长且内存资源占用较高。

7. HNSW_SQ、HNSW_PQ和HNSW_PRQ

HNSW 索引家族包括 HNSW_SQ、HNSW_PQ 和 HNSW_PRQ 等衍生类型。下面分别介绍。

- HNSW_SQ：在 HNSW 图索引的基础上，结合 SQ 来对数据进行离散化压缩。例如，SQ6 将浮点数转换为 2^6（64）个离散值，并使用 6 位进行编码；而 SQ8 则将其量化为 2^8（256）个离散值，并使用 8 位进行编码。这种方式可以在较好地保留数据结构的同时显著降低内存占用。与普通 HNSW 相比，HNSW_SQ 的索引构建开销会有所增加，但它能在索引大小和查询速度之间取得更好的平衡。

- HNSW_PQ：在 HNSW 图索引的基础上，结合采用 PQ 进行压缩，与 HNSW_SQ 相比，在相同压缩率下，HNSW_PQ 的每秒查询数量可能会更低，但其召回率更高。同时，HNSW_PQ 的索引构建时间也会比 HNSW_SQ 更长一些。

- HNSW_PRQ：在 HNSW 图索引的基础上，结合 PRQ（Product Residual Quantization，产品残差量化）来提供更高的精度和更灵活的压缩率选择，但相应的索引构建时间也会更长。PRQ 与 PQ 类似，都是将向量分成 m 组，每组使用 $nbits$ 位进行量化。不同之处在于，PRQ 首先进行一次 PQ，然后计算原向量与量化向量之间的残差向量，并对这个残差再次进行 PQ，这一过程循环 nrq 次。因此，一个维度为 dim 的向量最终会被编码为 $m*nbits*nrq$ 位。

这些衍生类型的索引构建参数和搜索参数这里不赘述，如果需要具体的参数配置信息，请参考 Milvus 的官方文档。

8. SPARSE_INVERTED_INDEX

对于稀疏向量，Milvus 提供了 SPARSE_INVERTED_INDEX 索引类型。这种索引为每个维度维护一个列表，该列表记录了在对应维度上具有非零值的所有向量。在执行查询时，系统会遍历查询向量的每一个非零维度，并计算在这些维度上具有非零值的向量的得分。

SPARSE_INVERTED_INDEX 的索引构建参数如表 4-11 所示。

表 4-11　SPARSE_INVERTED_INDEX 的索引构建参数

参数	说明	取值	默认值
inverted_index_algo	在进行索引构建和搜索时所采用的相关算法	DAAT_MAXSCORE、DAAT_WAND、TAAT_NAIVE	DAAT_MAXSCORE

SPARSE_INVERTED_INDEX 的搜索参数如表 4-12 所示。

表 4-12　SPARSE_INVERTED_INDEX 的搜索参数

参数	说明	取值范围
drop_ratio_search	搜索过程中排除的小向量值的比例	[0, 1]

需要注意的是，稀疏嵌入的索引仅支持 IP 和 BM25（用于全文搜索）这两种度量标准。

9. BIN_FLAT 和 BIN_IVF_FLAT

Milvus 为二进制嵌入向量提供了两种索引类型——BIN_FLAT 和 BIN_IVF_FLAT。这两种索引可以分别类比于数值向量的 FLAT 和 IVF_FLAT 这两种索引类型，它们的设计目标是适应不同的应用场景需求。

- BIN_FLAT：与 FLAT 类似，BIN_FLAT 对所有二进制向量进行穷举搜索，以确保 100% 的召回率。这种方式适用于需要精确检索的小规模数据集。
- BIN_IVF_FLAT：与 IVF_FLAT 类似，BIN_IVF_FLAT 首先将二进制向量数据划分为多个簇，每个簇代表一组相似的向量。在执行查询时，仅搜索与查询向量最相似的那个或那些簇，以此来加速检索过程。这种方式适用于需要高效查询的大规模二进制向量数据集。

对于这两种索引类型，Milvus 支持的距离度量方法是杰卡德相似度和汉明距离。

10. 磁盘索引和 GPU 索引

小冰：讲完了吗？咖哥，这么多索引类型，听完我的脑子要爆炸了。

咖哥：由于索引的构建是向量存储的关键，因此这里罗列得比较全面。不过并没有全部列出，前面介绍的仅仅是内存索引类型。在 Milvus 中，这一系列内存索引用于将索引数据加载到内存中，以实现快速查询。

然而，当数据集规模增大，如果你的内存资源不足以容纳全部索引数据，就需要引入磁盘索引（如 DiskANN），将部分索引数据存储在硬盘上（如 NVMe SSD），以在内存有限的情况下处理大规模数据集。

此外，还可以通过 GPU 索引将向量数据加载到 GPU 显存中，利用 GPU 的并行计算能力进行高效计算。这种方式适用于需要高吞吐量、低延迟和高召回率的场景，尤其是在高并发查询的情况下。但受限于 GPU 显存容量，通常无法处理超大规模数据集，此时你的数据规模需要在 GPU 显存容量范围内。

小冰：咖哥，我还看到了以下输出日志。

> Database: milvus
> Index Mode: flat
> Total Vectors: 194
> Index Size: 194
> Processing Time: 0.730807s
> Collection Name: …

看起来有多少个向量，就有多少个索引？这正常吗？

咖哥：对啊。在 Milvus 中，向量数量等于索引数量是有可能的。在 FLAT 下，Milvus 不对向量数据进行压缩或分段，索引数量与向量数量完全一致。因为每个向量直接保存在索引中，因此这里的 Total Vectors 和 Index Size 相等。如果采用其他索引模式（如 IVF、HNSW），那可就不一定了，因为分段或压缩而导致索引数量与向量数量不一致。

前面提到，FLAT 是一种精确匹配模式，它会逐一比较每个向量，适合对数据量较小的集合进行高精度搜索，但对数据量大的集合效率较低。如果将来你的向量数量增多，可以考虑使用如 IVF_FLAT、HNSW 等模式来提升搜索效率，但需要接受一定的误差损失。

4.5.3 选择合适的度量标准

在 Milvus 中，相似度度量标准的选择对于搜索结果的质量至关重要。不同的度量方式适用于不同类型的数据分布和检索需求。正确选择度量标准能够显著提高搜索结果的准确性和效率。

Milvus 目前支持的度量标准如表 4-13 所示。

表 4-13　Milvus 支持的度量标准的类型、相似距离值的特征及其取值范围

度量标准的类型	相似距离值的特征	相似距离值的取值范围
欧几里得距离（L2）	值越小，相似度越大	[0, ∞)
内积（IP）	值越大，相似度越大	[-1, 1]
余弦相似度（COSINE）	值越大，相似度越大	[-1, 1]
杰卡德相似度	值越小，相似度越大	[0, 1]
汉明距离	值越小，相似度越大	[0, dim（向量维度）]
BM25	根据词频、倒排文档频率、文档规范化对相关性进行评分	[0, ∞)

从表 4-13 可以看出，有些度量标准是数值越小越相似（如欧几里得距离、杰卡德相似度、汉明距离），而有些则是数值越大越相似（如内积、余弦相似度、BM25）。

表 4-14 展示了不同向量字段类型与其对应的度量标准类型之间的映射。

表 4-14 向量字段类型与其对应的度量标准类型

向量字段类型	维度范围	支持的度量标准类型	默认度量标准类型
FLOAT_VECTOR	2~32 768	余弦相似度、欧几里得距离、内积	余弦相似度
FLOAT16_VECTOR	2~32 768	余弦相似度、欧几里得距离、内积	余弦相似度
BFLOAT16_VECTOR	2~32 768	余弦相似度、欧几里得距离、内积	余弦相似度
SPARSE_FLOAT_VECTOR	不需要指定维度	内积、BM25（仅用于全文检索）	内积
BINARY_VECTOR	8~32 768×8（必须为8的整数倍）	汉明距离、杰卡德相似度	汉明距离

在选择度量标准前，考虑以下几个问题可以帮助你做出最佳选择。
- 向量类型：你的数据是由浮点向量还是二进制向量组成?
- 数据特点：是否需要考虑向量大小？数据是否已经过归一化处理？
- 检索场景：应用场景是文本检索、图像向量检索还是哈希编码比对等？
- 资源与性能要求：是否能接受额外的归一化开销？对精度和速度有何要求？

接下来，先看看欧几里得距离、内积和余弦相似度这3种密集浮点向量常见的度量标准。

- 欧几里得距离：计算向量之间的欧氏距离，即两点之间的直线距离。适用场景包括连续实数的特征向量，如图像、音频、视频等。优点是常用且直观；缺点是对特征值的尺度敏感，可能需要归一化处理。
- 内积：计算向量之间的内积，用于衡量向量之间的相似度或相关性。适用场景包括推荐系统中计算用户与物品向量的相关性，或者文本嵌入的语义比较。使用内积时，需要注意向量的归一化，以确保结果合理。
- 余弦相似度：通过计算向量之间的夹角余弦值来衡量向量方向的相似度，对向量的模长不敏感。适用场景包括文本分析，如使用 TF-IDF 或嵌入向量表示的文本，以及在文本嵌入中忽略向量长度（即向量的"模"或"范数"）的场景，例如 BERT、GPT、BGE 等大模型生成的嵌入向量。

小冰：内积和余弦相似度看起来都可以比较文本向量，我没有完全明白二者的差别。

咖哥：内积度量的数值范围没有固定界限，取决于向量的大小和方向。向量模长越大，内积的数值可能越大，因此，如果不进行归一化处理，对于模长较大的向量，其结果可能总是很大。而余弦相似度的数值范围固定在 [-1,1]，与模长无关，在计算过程中通过归一化处理可以消除模长的影响，只关注向量方向的相似性。

接下来举几个例子来说明这一点。如果你正在构建一个推荐系统，并通过协同过滤算法中的用户-物品矩阵分解来计算用户与物品向量的大小（模长），这可以反映用户的偏好强度或物品的重要性，进而计算用户对物品的偏好分数。这种情况下建议使用内积，因为推荐系统通常需要综合考虑用户兴趣和物品的重要性，内积的结果可以直接用于排序推荐。

然而，如果仅关心用户与物品特征的方向是否一致，而不考虑向量的模长，例如在推荐系统的冷启动阶段，当用户数据较少时，就可以使用余弦相似度。这是因为余弦相似度更适合处理向量模长差距较大且模长无实际意义的情况。如果使用内积，可能会导致某些物品因模长较大而总是在推荐列表的前面出现，而余弦相似度则可以消除模长带来的影响。

又如，对于文本嵌入与语义搜索，使用大模型（如 BERT、OpenAI 嵌入模型、BGE 等）生成嵌入向量时，通常应忽略文本长度或其他与语义无关的因素来计算文档之间的相似度，判断两个句子的语义是否接近。而余弦相似度只考虑方向，可以避免文本长度差异带来的偏差，是一种规范的做法。然而，对于已经归一化的文本向量，选择内积也是可行的，因为它的计算速度更快，本质上等价于归一化后的余弦相似度。

再如，对于图嵌入与节点相似度，如果你的嵌入向量大小反映了节点的影响力或重要性，例如在社交网络分析中推荐好友或社团成员时，使用内积可以自然反映出影响力的叠加效果。相反，如果希望只关心图中节点间的关系方向而忽略节点本身的权重，例如在社交网络分析中寻找具有相似兴趣的用户组，则余弦相似度在归一化后更能突出节点关系的相似度。

小冰：哦，我明白了。

咖哥：我考考你，如果我希望比较两个用 OpenAI 的嵌入模型生成的文本向量，应该选择什么度量标准？

小冰：在这种情况下，两种都是可行的。因为 OpenAI 的嵌入模型返回的结果向量已经进行了归一化处理。这意味着，在归一化后，内积和余弦相似度的数值完全一致。如果选择余弦相似度肯定错不了，因为它被广泛认为是衡量语义相似度的标准方法，但如果考虑到效率，直接使用内积也是个不错的选择，尤其是在性能上更有优势，因为它的计算速度更快。

咖哥：对，这个场景下选择内积确实会更好。OpenAI 的官方文档指出其嵌入模型已经归一化，因此使用内积来计算相似度不仅准确而且效率高。当然，这并不意味着使用余弦相似度是错误的选择，因为本质上二者等价。这里我给出了一个参考示例。

```
# 创建索引参数
index_params = client.prepare_index_params()
index_params.add_index(
    field_name="vector",
    index_type="HNSW",        # 选择 HNSW 或其他合适的索引类型
    metric_type="IP",         # 设置为内积
    params={"M": 16, "efConstruction": 200} # HNSW 索引的参数
)
# 创建索引
client.create_index(
    collection_name=collection_name,
    index_params=index_params
)
# 加载集合
```

```
client.load_collection(collection_name=collection_name)
# 设置搜索参数
search_params = {
    "metric_type": "IP",       # 与索引的 metric_type 一致
    "params": {"ef": 64}       # HNSW 的查询参数，ef 的值可根据需要进行调整
}
# 执行搜索
search_result = client.search(
    collection_name=collection_name,
    data=[query_embeddings[0]],
    anns_field="vector",
    param=search_params,
    limit=5,
    output_fields=["concept_name", "synonyms", "concept_class_id", "full_name"]
)
logging.info(f"Search result for '{query}': {search_result}")
```

咖哥：好了，小冰，我继续考你。假设你正在处理一个包含数百万条由 BERT 模型生成的文本嵌入数据集，并希望以高性能和高精度进行相似度检索。

小冰：在这种情况下，索引类型应选择 HNSW，因为它在查询速度和精度之间取得了良好的平衡，非常适合中大规模数据集。对于度量标准，选择余弦相似度更为安全，因为在不确定这些向量是否已进行归一化处理的情况下，关注向量方向的相似度更加稳妥。

```
index_params = client.prepare_index_params()
index_params.add_index(
    field_name="vector",
    index_type="HNSW",
    metric_type="COSINE",      # 使用余弦相似度
    params={"M": 16, "efConstruction": 200}
)
```

4.5.4 在执行搜索时度量标准要与索引匹配

小冰：索引已经创建，向量已经存储，度量标准也确定了，接下来应该进行搜索了吧（也可以称为检索）。请问搜索时可以指定索引类型吗？

咖哥：当然不行。索引类型是在索引创建时设置的，无法在搜索时更改。不过你可以指定某些搜索参数，例如 metric_type 和 params。

小冰：咖哥，你看看我的搜索代码，为什么报错了？

```python
from pymilvus import MilvusClient, DataType, FieldSchema, CollectionSchema
# 建立 Milvus 连接
db_path = "./test.db"
client = MilvusClient(db_path)
# 定义集合模式
schema = CollectionSchema(
    fields=[
        FieldSchema(name="id", dtype=DataType.INT64, is_primary=True),
        FieldSchema(name="vector", dtype=DataType.FLOAT_VECTOR, dim=128)
    ]
)
# 创建集合
collection_name = "test_collection"
client.create_collection(
    collection_name=collection_name,
    schema=schema
)
# 创建索引
index_params = client.prepare_index_params()
index_params.add_index(
    field_name="vector",
    index_type="IVF_FLAT",
    metric_type="IP",    # 明确指定度量类型为内积
    params={"nlist": 128}
)
client.create_index(
    collection_name=collection_name,
    index_params=index_params
)
# 创建一个查询向量
import numpy as np
query_vector = np.random.random(128).tolist()
# 执行搜索
results = client.search(
    collection_name="my_collection",
    data=[query_vector],
    anns_field="vector",
    search_params={
        "metric_type": "COSINE", # 因为指定了与索引不同的度量类型而出错
        "params": {"nprobe": 10}
    },
    limit=10,
    output_fields=["id"]
)
print(results)
```

Out:
```
pymilvus.exceptions.MilvusException: <MilvusException: (code=1100, message=fail to search: metric type not match: invalid [expected=IP][actual=COSINE]: invalid parameter)>
```

咖哥：哦，你在搜索时指定的度量标准和索引创建时指定的存在冲突。当搜索参数中的 metric_type 与索引不一致时，Milvus 可能会忽略搜索时指定的 metric_type，继续使用索引中的设置，或者抛出错误，提示距离度量类型不匹配。为了确保正确的相似度计算，我们应该明确地定义集合的模式，包括向量字段和主键字段，并在执行搜索时使用与索引中匹配的 metric_type，也就是余弦相似度（COSINE）。

需要注意的是，如果想要更改度量标准，必须重新创建索引。首先，删除旧索引。

In:
```python
# 删除旧索引（如果存在）
client.drop_index(
    collection_name=collection_name,
    index_name="vector_index"
)
# 创建新索引
index_params = client.prepare_index_params()
index_params.add_index(
    field_name="vector",
    index_type="IVF_FLAT",
    metric_type="COSINE",  # 使用余弦相似度
    params={"nlist": 128}
)
client.create_index(
    collection_name=collection_name,
    index_params=index_params
)
# 重新加载集合（索引更新后需要重新加载）
collection.release()
collection.load()
```

然后，在执行搜索时使用匹配的 metric_type。

In:
```python
# 设置搜索参数
search_params = {
    "metric_type": "COSINE",  # 与新索引中的 metric_type 一致
    "params": {"nprobe": 10}
}
# 执行搜索
results = collection.search(
    data=[query_vector],
    anns_field="vector",
```

```
    param=search_params,
    limit=10,
    expr=None,
    output_fields=["id"]
)
```

接下来，我们简单介绍搜索参数的调优。对于 IVF_FLAT，nlist 控制聚类中心数，可根据数据规模调整至一个最合适的值。再如 HNSW[①]，efConstruction 代表查询时的搜索深度，值越大，查询精度越高，但查询速度可能会变慢。一般设置为期望返回结果数量的数倍。

```
# 创建索引参数
index_params = client.prepare_index_params()
index_params.add_index(
    field_name="vector",
    index_type="HNSW",
    metric_type="IP",
    params={"M": 16, "efConstruction": 200} # M 和 efConstruction 的值可根据需要进行调整
)
# 创建索引
client.create_index(
    collection_name=collection_name,
    index_params=index_params
)
```

4.5.5　Search和Query：两种检索方式

小冰：咖哥，我注意到，在 Milvus 中我们主要使用两种方式来检索数据，除了 Search（搜索）以外，还有 Query（查询）。

咖哥：这两种搜索方式有着不同的应用场景和特点。Search 用于向量相似度检索，基于向量距离寻找相似实体，而 Query 则用于精确匹配查询，基于普通字段或主键进行过滤。因此，Search 需要提供查询向量，而 Query 则使用过滤表达式或 ID 列表。Search 的结果基于相似度排序，而 Query 的结果则通常不排序或按 ID 排序。由于涉及向量运算，Search 的性能开销较大；相比之下，Query 主要是简单的过滤操作，通常执行速度更快。

以下代码示例展示了如何使用 Search 和 Query。

---

① Milvus Lite（本地模式）仅支持FLAT、IVF_FLAT和AUTOINDEX这3种类型的索引。如果使用HNSW等其他类型的索引，则需按照官网步骤安装Milvus Standalone或Distributed版本。

```
from pymilvus import MilvusClient
client = MilvusClient("./wukong_new.db")
from pymilvus.model.dense import SentenceTransformerEmbeddingFunction
embedding_function = SentenceTransformerEmbeddingFunction(model_name='BAAI/bge-large-zh')
# 示例1：使用 Search 进行向量相似度检索
search_results = client.search(
    collection_name="Wukong_Monsters",
    data=embedding_function([" 强大的妖怪 "]), # 查询向量
    filter="difficulty == 'High'", # 可以配合使用过滤条件
    limit=2, # 返回的结果数
    output_fields=["monster_name", "location", "difficulty", "synonyms"]
)
# 示例2：使用 Query 进行精确查询
query_results = client.query(
    collection_name="Wukong_Monsters",
    filter="location == ' 火山洞窟 '", # 必须指定查询条件
    output_fields=["monster_name", "location", "difficulty", "synonyms"]
)
# 示例3：使用主键进行查询
id_query_results = client.query(
    collection_name="Wukong_Monsters",
    ids=[1, 2], # 主键，需要与实际的主键值吻合才能得到查询结果
    output_fields=["vector", "monster_name", "location", "difficulty", "synonyms"]
```

小冰：Search 与 Query 似乎可以结合使用。

咖哥：是的。例如，当我们想查找与某篇医学文献相似的文章，但仅查找特定年份发表的文章时，就可以使用 Search 配合过滤条件。这正是 RAG 系统中基于元数据过滤的条件检索。再如，在电商推荐系统中，可以先使用 Query 过滤库存为 0 的商品，然后使用 Search 查找与用户兴趣相似的商品。

4.6 利用Milvus实现混合检索

小冰：咖哥，我已经了解了索引和搜索的基本模式，但还有一个疑问，前面例子中的向量大多是 Float Vector 类型，即以浮点数格式存储的密集向量，那么在 Milvus 中，又如何理解 Sparse Float Vector 和 Binary Vector 呢？

咖哥：这正是我接下来要介绍的内容——与混合检索相关的知识。在 3.5 节中，我们曾经提到过向量有不同的类型。Milvus 中的 Float Vector 是密集向量类型，而 Sparse Float Vector 和 Binary Vector 则分别对应稀疏浮点向量和二进制向量（都属于稀疏向量类型）。在某些场景下，单一的检索方式难以满足复杂的查询需求，此时混合检索通过结合多种检索方式的优势，可以显著提升检索效果。

4.6.1 浮点向量、稀疏浮点向量和二进制向量

在 Milvus 中,浮点向量、稀疏浮点向量和二进制向量这 3 种向量对应的数据类型分别如下。

1. FLOAT_VECTOR(密集浮点向量)

最常见的向量类型,通常由深度学习模型生成。其维度固定,每个维度都有对应的值。适用于语义搜索、图像特征提取等场景。特点是占用空间大,表达能力强。示例如下。

```
[0.2, –0.5, 0.8, ..., 0.3] # 512 维
```

2. SPARSE_FLOAT_VECTOR(稀疏浮点向量)

大多数维度的值为 0,仅存储非零值及其索引。尽管维度可能非常高,但实际上仅存储了非零元素。传统的 TF-IDF 或 BM25 表示就是典型的稀疏向量,适用于关键词检索等场景。存储格式通常是 {index: value} 形式的键值对。例如,某向量有 10 000 维,但只有 3 个非零值。

```
# 如果完整表示,则是 10 000 维的向量,但实际仅存储以下 3 个非零值
{ 15: 0.5,  # 第 15 维的值是 0.5
 128: 0.3,  # 第 128 维的值是 0.3
 945: 0.8   # 第 945 维的值是 0.8}
```

3. BINARY_VECTOR(二进制向量)

每个维度只有 0 或 1 两种值,是稀疏向量的一种简单表示形式,常用于快速近似匹配。适用于图像哈希、快速相似度检索及二值化的特征表示等场景。特点是存储空间小、计算效率高,但精度可能较低。示例如下。

```
[1, 0, 1, 1, 0, 0, 1, 0] # 500 维
```

如果按照表达能力排序,FLOAT_VECTOR 高于 SPARSE_FLOAT_VECTOR,SPARSE_FLOAT_VECTOR 高于 BINARY_VECTOR;如果按照存储空间排序,BINARY_VECTOR 最具优势,SPARSE_FLOAT_VECTOR 次之,FLOAT_VECTOR 占用的空间最多;如果按照计算复杂度排序,FLOAT_VECTOR 的计算最为复杂,SPARSE_FLOAT_VECTOR 次之,BINARY_VECTOR 的计算最简单,速度最快。

具体选择哪种向量存储方式,取决于具体应用场景及速度要求。对于需要精确语义理解的场景,可以考虑使用 FLOAT_VECTOR;对于关键词匹配场景,可以考虑使用 SPARSE_FLOAT_VECTOR;对于需要快速粗排的场景,可以考虑使用 BINARY_VECTOR。

不只 Milvus，很多现代向量数据库（如 Astra DB、Elasticsearch、Neo4j、AzureSearch、Qdrant 等）都支持混合向量存储，由此衍生出了多种检索方式。

以下代码示例展示了如何在 Milvus 中使用 3 种向量进行检索。

```
# 定义同时包含 3 种向量的集合
fields = [
    FieldSchema(name="id", dtype=DataType.INT64, is_primary=True),
    # 语义向量
    FieldSchema(name="dense_vec", dtype=DataType.FLOAT_VECTOR, dim=768),
    # 关键词向量
    FieldSchema(name="sparse_vec", dtype=DataType.SPARSE_FLOAT_VECTOR),
    # 快速匹配向量
    FieldSchema(name="binary_vec", dtype=DataType.BINARY_VECTOR, dim=256)
]
# 多阶段检索策略
def multi_stage_search(query, collection):
    # 步骤 1：使用 BINARY_VECTOR 快速粗排
    stage1_results = collection.search(
        binary_vectors,
        "binary_vec",
        limit=1000
    )
    # 步骤 2：使用 SPARSE_VECTOR 进行关键词过滤
    stage2_results = collection.search(
        sparse_vectors,
        "sparse_vec",
        expr=f"id in {{[r.id for r in stage1_results]}}",
        limit=100
    )
    # 步骤 3：使用 DENSE_VECTOR 进行精确语义匹配
    final_results = collection.search(
        dense_vectors,
        "dense_vec",
        expr=f"id in {{[r.id for r in stage2_results]}}",
        limit=10
    )
```

4.6.2 混合检索策略实现

在现代信息检索系统中，混合检索策略十分常见。例如，在合规性文档检索中，在预筛选层使用高效的关键词匹配进行初步过滤；在精确匹配层采用 BM25 等进行相关性排序；在语义理解层使用向量相似度进行深层语义匹配。这种策略也称为级联融合或多层级检索，即一种检索方式的结果作为另一种方式的输入。如此一来，既保持了检索效率，又提高了结果的相关性和精准性。

小冰：总听你说BM25，它和稀疏向量到底有什么关系？我有点忘了。

咖哥：BM25通过计算每个词在文档中的重要性（结合词频和逆文档频率）来生成向量，其中每个维度对应词表中的一个词。由于大多数词在单个文档中不会出现，因此这个向量自然就是稀疏的。例如，如果词表大小是10 000，而一篇文档只使用了50个词，则BM25向量中只有这50个位置有非零值（这些值是根据BM25的公式计算得出的），其余9950个位置上都是0。这样就形成了一个稀疏向量。因此，BM25本质上是一种特殊的稀疏向量表示方法。当我们说"使用BM25"时，实际上是指使用特定公式计算稀疏向量中那些非零值的权重。

Milvus的官方文档提供了一个示例（见图4-18），展示了在不同向量类型和检索方式下，针对相同问题可能得到不同的回答。

图4-18　混合检索结果示例

密集检索主要关注语义的相似度，而稀疏检索则更侧重于关键词是否匹配。混合检索则在这两者之间寻求平衡。

4.6.3　利用Milvus实现混合检索系统

本小节将展示如何构建一个针对"灭神纪·猢狲"游戏内容的混合检索系统，结合语义搜索和关键词匹配以实现更精准的内容检索。在该系统中，我们将使用第3章提到的BGE-M3模型，该模型能够生成多种格式的向量。

首先，安装必要的依赖包。

```
pip install --upgrade pymilvus "pymilvus[model]" pandas numpy pillow
```

然后，加载我们准备好的"灭神纪·猢狲"游戏的数据集。

```python
import json
from typing import Optional, Dict
with open("data/灭神纪/战斗场景.json", 'r', encoding='utf-8') as f:
    dataset = json.load(f)
docs = []
metadata = []
for item in dataset['data']:
    text_parts = [item['title'], item['description']]
    if 'combat_details' in item:
        text_parts.extend(item['combat_details'].get('combat_style', []))
        text_parts.extend(item['combat_details'].get('abilities_used', []))
    if 'scene_info' in item:
        text_parts.extend([
            item['scene_info'].get('location', ''),
            item['scene_info'].get('environment', ''),
            item['scene_info'].get('time_of_day', '')
        ])
    docs.append(' '.join(filter(None, text_parts)))
    metadata.append(item)
```

接下来，使用BGE-M3模型生成密集向量和稀疏向量。

```python
from milvus_model.hybrid import BGEM3EmbeddingFunction
ef = BGEM3EmbeddingFunction(use_fp16=False, device="cpu")
docs_embeddings = ef(docs)
```

```
start to install package: datasets
successfully installed package: datasets
start to install package: peft
successfully installed package: peft
start to install package: FlagEmbedding>=1.3.3
successfully installed package: FlagEmbedding>=1.3.3
sentencepiece.bpe.model: 100%|█████| 5.07M/5.07M [00:00<00:00, 113MB/s]
tokenizer.json: 100%|█████| 17.1M/17.1M [00:00<00:00, 168MB/s]
colbert_linear.pt: 100%|█████| 2.10M/2.10M [00:00<00:00, 50.5MB/s]
bm25.jpg: 100%|█████| 132k/132k [00:00<00:00, 30.1MB/s]
sentence_bert_config.json: 100%|█████| 54.0/54.0 [00:00<00:00, 218kB/s]
pytorch_model.bin: 100%|█████| 2.27G/2.27G [00:15<00:00, 149MB/s]
开始生成向量嵌入……99%|█████| 2.25G/2.27G [00:14<00:00, 236MB/s]
You're using a XLMRobertaTokenizerFast tokenizer. Please note that with a fast tokenizer, using the `__call__`
method is faster than using a method to encode the text followed by a call to the `pad` method to get a padded
encoding.
向量生成完成，密集向量维度：1024
```

第一次运行时，系统会提示安装一系列与BGE嵌入模型相关的包，以及下载一系列相关的模型。

接下来，连接 Milvus，创建 Milvus 集合和相应的索引。

```python
# 导入 Milvus 并连接服务
from pymilvus import (
    connections,
    utility,
    FieldSchema,
    CollectionSchema,
    DataType,
    Collection
)
collection_name = "wukong_hybrid"
connections.connect(uri="./wukong.db")
# 创建 Milvus 集合和索引
fields = [
    FieldSchema(name="pk", dtype=DataType.VARCHAR, is_primary=True, auto_id=True, max_length=100),
    FieldSchema(name="text", dtype=DataType.VARCHAR, max_length=2048),
    FieldSchema(name="id", dtype=DataType.VARCHAR, max_length=100),
    FieldSchema(name="title", dtype=DataType.VARCHAR, max_length=256),
    FieldSchema(name="category", dtype=DataType.VARCHAR, max_length=64),
    FieldSchema(name="location", dtype=DataType.VARCHAR, max_length=128),
    FieldSchema(name="environment", dtype=DataType.VARCHAR, max_length=64),
    FieldSchema(name="sparse_vector", dtype=DataType.SPARSE_FLOAT_VECTOR),
    FieldSchema(name="dense_vector", dtype=DataType.FLOAT_VECTOR, dim=ef.dim["dense"])
]
schema = CollectionSchema(fields)
if utility.has_collection(collection_name):
    utility.drop_collection(collection_name)
collection = Collection(name=collection_name, schema=schema, consistency_level="Strong")
collection.create_index("sparse_vector", {"index_type": "SPARSE_INVERTED_INDEX", "metric_type": "IP"})
collection.create_index("dense_vector", {"index_type": "AUTOINDEX", "metric_type": "IP"})
collection.load()
```

之后，将文档和向量插入 Milvus 集合中。

```python
batch_size = 50
for i in range(0, len(docs), batch_size):
    end_idx = min(i + batch_size, len(docs))
    batch_data = []
    for j in range(i, end_idx):
        item = metadata[j]
        batch_data.append({
            "text": docs[j],
            "id": item["id"],
            "title": item["title"],
            "category": item["category"],
```

```python
            "location": item.get("scene_info", {}).get("location", ""),
            "environment": item.get("scene_info", {}).get("environment", ""),
            "sparse_vector": docs_embeddings["sparse"]._getrow(j),
            "dense_vector": docs_embeddings["dense"][j]
        })

    collection.insert(batch_data)
```

接下来,执行混合搜索并展示搜索结果。

```python
# 定义并执行混合搜索
from pymilvus import AnnSearchRequest, WeightedRanker
query = " 雪地中的战斗场景 "
category = "combat"
environment = " 雪地 "
limit = 5
search_type = "hybrid"
weights = {"sparse": 0.7, "dense": 1.0}
query_embeddings = ef([query])
# 构建过滤表达式
expr = None
conditions = []
if category:
    conditions.append(f'category == "{category}"')
if environment:
    conditions.append(f'environment == "{environment}"')
if conditions:
    expr = " && ".join(conditions)
search_params = {
    "metric_type": "IP",
    "params": {}
}
if expr:
    search_params["expr"] = expr
if search_type == "hybrid":
    dense_req = AnnSearchRequest(
        data=[query_embeddings["dense"][0]],
        anns_field="dense_vector",
        param=search_params,
        limit=limit
    )
    sparse_req = AnnSearchRequest(
        data=[query_embeddings["sparse"]._getrow(0)],
        anns_field="sparse_vector",
        param=search_params,
        limit=limit
```

In

```
    )
    rerank = WeightedRanker(weights["sparse"], weights["dense"])
    results = collection.hybrid_search(
        reqs=[dense_req, sparse_req],
        rerank=rerank,
        limit=limit,
        output_fields=["text", "id", "title", "category", "location", "environment"]
    )[0]
else:
    field = "dense_vector" if search_type == "dense" else "sparse_vector"
    vec = query_embeddings["dense"][0] if search_type == "dense" else query_embeddings["sparse"]._getrow(0)
    results = collection.search(
        data=[vec],
        anns_field=field,
        param=search_params,
        limit=limit,
        output_fields=["text", "id", "title", "category", "location", "environment"]
    )[0]
# 展示搜索结果
print(f"\n 查询：{query}")
print("\n 搜索结果：")
for i, hit in enumerate(results):
    print(f"\n{i+1}. {hit.entity.title}")
    print(f"ID：{hit.entity.id}")
    print(f" 类别：{hit.entity.category}")
    print(f" 位置：{hit.entity.location}")
    print(f" 环境：{hit.entity.environment}")
    print(f" 相似度分数：{hit.distance:.4f}")
    print(f" 文本：{hit.entity.text[:200]}...")
```

Out

查询：雪地中的战斗场景
搜索结果：
1. 雪山白骨精之战
ID：455509357906362369
类别：combat
位置：雪山绝顶
环境：雪地
相似度分数：1.0097
文本：雪山白骨精之战 在皑皑白雪覆盖的山巅，悟空与白骨精展开激烈对决。寒风呼啸中……
2. 灵猴形态战斗展示……
3. 火眼金睛……

上面这段代码通过 BGE-M3 模型将用户查询"雪地中的战斗场景"转换为密集和稀疏两种向量表示，然后构造 Milvus 的布尔过滤表达式（如限定类别为 "combat"、环境为 " 雪地 "），接着，根据设定的搜索类型 "hybrid"，分别创建密集和稀疏的向量搜索请求，通过 WeightedRanker 设置权重（如稀疏向量权重为 0.7，密集向量权重为 1.0）进行加权融合排序。最后，调用 collection.hybrid_search 方法在 Milvus 中执行检索，并返回前 5 个最相关的结果。检索过程中，还融合了结构化字段过滤，实现了一种典型的"语义搜索 + 规则约束"的混合 RAG 检索方式。

4.7 向量数据库和多模态检索

文本、图像、音频等不同模态的数据都可以进行向量化表示，以支持更广义的相似度检索。图 4-19 展示了一个多模态的混合检索示例，在该示例中，系统同时对文本和图像的向量进行检索，并通过 RRF 等结果融合策略为这两条路径的检索结果设置权重，最终给出排序后的结果。

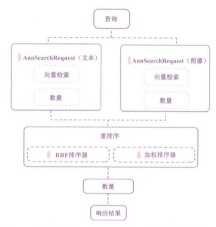

图4-19　多模态混合检索示例（重排将在7.1节中详述）

本节将探讨如何利用向量数据库实现多模态检索，并介绍两种典型方法：第一种是使用 Visualized BGE 模型进行文本和多模态嵌入匹配；第二种是通过 ResNet-34 提取图像特征向量并进行检索。

4.7.1 利用Visualized BGE模型实现多模态检索

本小节将展示如何利用 Visualized BGE 模型（详见第 3 章）和 Milvus 构建一个多模态检索系统。该系统支持基于图像和文本的组合查询，可以帮助用户查找游戏中的相似场景、特定战斗画面等内容。

这里使用了一个包含《黑神话：悟空》游戏相关图像的示例数据集（见图 4-20），数据集也可以在咖哥的 GitHub 仓库中找到。

接下来，加载嵌入模型。这里使用 Visualized BGE 模型生成图文嵌入。

图4-20　游戏图像示例数据集

```python
import torch
from visual_bge.modeling import Visualized_BGE
from dataclasses import dataclass
from typing import List, Optional
import json
from tqdm import tqdm
import numpy as np
import cv2
from PIL import Image
from pymilvus import MilvusClient

class WukongEncoder:
    """ 多模态编码器：将图像和文本编码成向量 """
    def __init__(self, model_name: str, model_path: str):
        self.model = Visualized_BGE(model_name_bge=model_name, model_weight=model_path)
        self.model.eval()

    def encode_query(self, image_path: str, text: str) -> list[float]:
        """ 编码图像和文本的组合查询 """
        with torch.no_grad():
            query_emb = self.model.encode(image=image_path, text=text)
        return query_emb.tolist()[0]

    def encode_image(self, image_path: str) -> list[float]:
        """ 仅编码图像 """
        with torch.no_grad():
            query_emb = self.model.encode(image=image_path)
        return query_emb.tolist()[0]

# 初始化编码器
model_name = "BAAI/bge-base-en-v1.5"
model_path = "./Visualized_base_en_v1.5.pth"
encoder = WukongEncoder(model_name, model_path)
```

随后，创建数据集类来管理图像和元数据。

```python
@dataclass
class WukongImage:
    """ 图像元数据结构 """
    image_id: str
    file_path: str
    title: str
    category: str
    description: str
    tags: List[str]
    game_chapter: str
    location: str
    characters: List[str]
```

```python
        abilities_shown: List[str]
        environment: str
        time_of_day: str
class WukongDataset:
    """ 图像数据集管理类 """
    def __init__(self, data_dir: str, metadata_path: str):
        self.data_dir = data_dir
        self.metadata_path = metadata_path
        self.images: List[WukongImage] = []
        self._load_metadata()
    def _load_metadata(self):
        """ 加载图像元数据 """
        with open(self.metadata_path, 'r', encoding='utf-8') as f:
            data = json.load(f)
            for img_data in data['images']:
                self.images.append(WukongImage(**img_data))
# 初始化数据集
dataset = WukongDataset("data/ 多模态 ", "data/ 多模态 /metadata.json")
```

随后，生成图像嵌入，为数据集中的所有图像生成嵌入向量。

```python
# 为所有图像生成嵌入向量
image_dict = {}
for image in tqdm(dataset.images, desc=" 生成图像嵌入 "):
    try:
        image_dict[image.file_path] = encoder.encode_image(image.file_path)
    except Exception as e:
        print(f" 处理图像 {image.file_path} 失败：{str(e)}")
        continue
print(f" 成功编码 {len(image_dict)} 张图像 ")
```

```
生成图像嵌入：100%|██████████| 10/10 [00:00<00:00, 29.35it/s]
成功编码 10 张图像
```

接下来，使用 Milvus 存储和检索向量。

```python
# 连接 / 创建 Milvus
collection_name = "wukong"
milvus_client = MilvusClient(uri="./wukong_images.db")
# 创建向量集合
dim = len(list(image_dict.values())[0])
milvus_client.create_collection(
    collection_name=collection_name,
    dimension=dim,
    auto_id=True,
```

```
        enable_dynamic_field=True
)
# 将数据插入到 Milvus 中
insert_data = []
for image in dataset.images:
    if image.file_path in image_dict:
        insert_data.append({
            "image_path": image.file_path,
            "vector": image_dict[image.file_path],
            "title": image.title,
            "category": image.category,
            "description": image.description,
            "tags": ",".join(image.tags),
            "game_chapter": image.game_chapter,
            "location": image.location,
            "characters": ",".join(image.characters),
            "abilities": ",".join(image.abilities_shown),
            "environment": image.environment,
            "time_of_day": image.time_of_day
        })
result = milvus_client.insert(
    collection_name=collection_name,
    data=insert_data
)
print(f" 索引构建完成，共插入 {result['insert_count']} 条记录 ")
```

Out:
索引构建完成，共插入 10 条记录

之后，创建一个搜索函数来执行多模态查询。

```
def search_similar_images(
    query_image: str,
    query_text: str,
    limit: int = 9,
    filters: Optional[dict] = None
) -> List[dict]:
    # 生成查询向量
    query_vec = encoder.encode_query(query_image, query_text)
    # 构建搜索参数
    search_params = {
        "metric_type": "COSINE",
        "params": {"nprobe": 10}
    }
    # 添加过滤条件
```

```python
if filters:
    filter_conditions = []
    for key, value in filters.items():
        if isinstance(value, list):
            filter_conditions.append(f"{key} in {value}")
        else:
            filter_conditions.append(f"{key} == '{value}'")
    search_params["expr"] = " and ".join(filter_conditions)
# 执行搜索
results = milvus_client.search(
    collection_name=collection_name,
    data=[query_vec],
    output_fields=[
        "image_path", "title", "category", "description",
        "tags", "game_chapter", "location", "characters",
        "abilities", "environment", "time_of_day"
    ],
    limit=limit,
    search_params=search_params
)[0]
return results
```

现在，执行一个示例查询，使用事先从数据集中抽取的一张图像进行检索。

```python
# 执行查询
query_image = "data/ 多模态 /query_image.jpg"
query_text = " 寻找类似的雪地战斗场景 "
filters = {
    "environment": " 雪地 ",
    "category": "combat"
}
results = search_similar_images(
    query_image=query_image,
    query_text=query_text,
    limit=9,
    filters=filters
)
# 输出详细信息
print("\n 搜索结果：")
for idx, result in enumerate(results):
    print(f"\n 结果 {idx}:")
    print(f" 图像：{result['entity']['image_path']}")
    print(f" 标题：{result['entity']['title']}")
    print(f" 描述：{result['entity']['description']}")
    print(f" 相似度分数：{result['distance']:.4f}")
```

Out

结果已保存到 search_results.jpg
搜索结果：
结果 0：
图像：./wukong_dataset/01.jpg
标题：雪山之战
描述：悟空在雪山，望向远方，试图释放终极技能
相似度分数：0.9454
结果 1：
图像：./wukong_dataset/09.jpg
标题：山地佛寺
描述：山中古庙，白雪皑皑，似乎是相当平静之地
相似度分数：0.8567
…

接下来，创建一个函数来可视化搜索结果。

In

```python
import numpy as np
import cv2
from PIL import Image
def visualize_results(query_image: str, results: List[dict], output_path: str):
    # 设置图像大小和网格参数
    img_size = (300, 300)
    grid_size = (3, 3)
    # 创建画布
    canvas_height = img_size[0] * (grid_size[0] + 1)
    canvas_width = img_size[1] * (grid_size[1] + 1)
    canvas = np.full((canvas_height, canvas_width, 3), 255, dtype=np.uint8)
    # 添加查询图像
    query_img = Image.open(query_image).convert("RGB")
    query_array = np.array(query_img)
    query_resized = cv2.resize(query_array, (img_size[0] - 20, img_size[1] - 20))
    bordered_query = cv2.copyMakeBorder(
        query_resized, 10, 10, 10, 10,
        cv2.BORDER_CONSTANT,
        value=(255, 0, 0)
    )
    canvas[:img_size[0], :img_size[1]] = bordered_query
    # 添加结果图像
    for idx, result in enumerate(results[:grid_size[0] * grid_size[1]]):
        row = (idx // grid_size[1]) + 1
        col = idx % grid_size[1]
        img = Image.open(result["entity"]["image_path"]).convert("RGB")
        img_array = np.array(img)
        resized = cv2.resize(img_array, (img_size[0] - 4, img_size[1] - 4))
        y_start = row * img_size[0]
        x_start = col * img_size[1]
```

In

```
        canvas[y_start:y_start + img_size[0], x_start:x_start + img_size[1]] = resized
        # 添加相似度分数
        score_text = f"Score: {result['score']:.2f}"
        cv2.putText(
            canvas,
            score_text,
            (x_start + 10, y_start + img_size[0] - 10),
            cv2.FONT_HERSHEY_SIMPLEX,
            0.5,
            (0, 0, 0),
            1
        )
    cv2.imwrite(output_path, canvas)
# 可视化结果
visualize_results(query_image, results, "search_results.jpg")
```

输出结果如图 4-21 所示。可以看到,与搜索图像风格最相似的图像排在前面,其中第一张图像就是被搜索的图像本身,这也是我们所期待的结果。

图4-21 多模态检索结果

4.7.2 利用ResNet-34提取图像特征并检索

我们也可以不借助图像嵌入模型,而是首先采用深度学习的方法提取图像特征,然后使用向量数据库进行图像相似度检索。

以下代码示例展示了如何基于神经网络 ResNet-34 构建游戏图像检索系统。首先，安装必要的依赖包。

```
pip install pymilvus>=2.4.2 timm torch numpy sklearn pillow
```

使用 ResNet-34 提取游戏场景的特征。

```python
import torch
from PIL import Image
import timm
from sklearn.preprocessing import normalize
from timm.data import resolve_data_config
from timm.data.transforms_factory import create_transform
class WukongFeatureExtractor:
    def __init__(self):
        # 加载 ResNet-34
        self.model = timm.create_model('resnet34', pretrained=True, num_classes=0)
        self.model.eval()
        # 配置图像预处理
        config = resolve_data_config({}, model='resnet34')
        self.preprocess = create_transform(**config)
    def extract_features(self, image_path):
        # 处理游戏场景图像
        image = Image.open(image_path).convert("RGB")
        input_tensor = self.preprocess(image).unsqueeze(0)
        # 提取特征
        with torch.no_grad():
            features = self.model(input_tensor)
        return normalize(features.squeeze().numpy().reshape(1, -1)).flatten()
```

随后，设置 Milvus 集合来存储场景特征。

```python
from pymilvus import MilvusClient
# 连接 / 创建 Milvus
client = MilvusClient(uri="wukong_images.db")
# 创建游戏场景集合
client.create_collection(
    collection_name="wukong_scenes",
    dimension=512,
    auto_id=True,
    enable_dynamic_field=True,
    metric_type="COSINE"
)
```

接下来，处理并索引所有游戏场景。

```python
import os
extractor = WukongFeatureExtractor()
scenes_dir = "data/多模态"
# 索引每个场景
for scene in os.listdir(scenes_dir):
    if scene.endswith(('.jpg', '.png')):
        path = os.path.join(scenes_dir, scene)
        features = extractor.extract_features(path)
        # 添加场景元数据
        client.insert(
            "wukong_scenes",
            {
                "vector": features,
                "filename": path,
                "scene_type": "combat" if "battle" in scene else "environment",
                "location": scene.split('_')[0]  # 假设文件名格式为 location_scenetype_id
            }
        )
```

之后，创建搜索相似场景的函数。

```python
def find_similar_scenes(query_image, top_k=5, scene_type=None):
    # 从查询图像提取特征
    query_features = extractor.extract_features(query_image)
    # 准备搜索参数
    search_params = {"metric_type": "COSINE"}
    # 如果指定了场景类型，则添加过滤条件
    if scene_type:
        search_params["expr"] = f"scene_type == '{scene_type}'"
    # 搜索相似场景
    results = client.search(
        "wukong_scenes",
        data=[query_features],
        output_fields=["filename", "scene_type", "location"],
        search_params=search_params,
        limit=top_k
    )
    return results[0]  # 返回第一个查询的结果
```

最后，搜索相似的战斗场景。

```python
from IPython.display import display
# 搜索相似的战斗场景
combat_scene = "data/多模态/query_image.jpg"
results = find_similar_scenes(combat_scene, scene_type="combat")
```

```
# 显示结果
print(" 查询场景：")
display(Image.open(combat_scene).resize((200, 200)))
print("\n 相似战斗场景：")
for hit in results:
    scene_path = hit["entity"]["filename"]
    similarity = hit["distance"]
    print(f"\n 相似度: {similarity:.2f}")
    print(f" 场景位置: {hit['entity']['location']}")
    display(Image.open(scene_path).resize((200, 200)))
```

```
相似战斗场景：09.jpg（雪山）
相似度：1.00
```

通过这个基于经典神经网络的方法，我们也可以搜索到相同或相似的图像内容。但是，ResNet-34 提取的特征只能用于比较图像之间的相似度，这并不是一个多模态解决方案。

4.8　RAG系统的数据维护及向量存储的增删改操作

实现向量化并存储数据之后，任务并未结束。在 RAG 系统中，需要对数据流进行维护与管理，确保系统知识库能够动态更新、保持一致性和高效运行。

4.8.1　RAG系统中的数据流维护与管理

无论是传统数据还是向量数据，数据流维护的核心原则如下。

- 一致性：数据的向量嵌入、元数据和索引应始终保持同步。每次增删改操作后，确保数据库和检索系统的数据状态一致。
- 实时性：对于动态场景（如问答系统、推荐系统），需要实时新增和更新数据以减少延迟。可以使用异步任务或批量处理来提升性能。
- 数据审计与可追溯性：记录每次增删改操作的日志，确保数据变更可追溯，便于故障排查。
- 自动化：采用自动化脚本或服务检测过期数据并进行清理或更新，避免手动操作带来的效率低下问题。

定期任务调度是维护数据流的基础。通过工具（如 cron 或 Airflow 等），可以定期检查系统中的数据流状态，例如清理过期数据或重建索引。这种方法不仅确保了系统的长期稳定运行，还降低了人工维护的复杂度。

对于实时更新需求，可以结合消息队列技术，如 Kafka 或 RabbitMQ，监听数据的增删改事件。一旦检测到变更，系统将自动触发相关操作，实现知识库的实时更新。

为了进一步优化更新流程，可以采用增量索引更新技术（参见 3.6.3 小节介绍的 LangChain 的缓存嵌入实现），仅更新受影响的数据部分，而非重建整个索引。这种方式能够显著提升效率，节约系统资源。

性能优化可以从多个层面入手。例如，批处理新增或删除操作不仅能够减少对数据库的频繁访问，还能显著提升操作效率，降低系统负载。根据业务需求调整索引参数（如 nlist 和 nprobe），可以在检索速度与精度之间找到平衡点，从而提升用户体验。针对高频访问的数据，启用缓存机制将其存储在内存或高速缓存中，可以减少数据库查询压力，加快系统响应速度。这些措施有助于确保系统规模扩大时仍能高效且稳定地运行。

RAG 系统数据管理需要采用分层策略，将数据分为核心数据和动态数据两类。核心数据通常是稳定且长期有效的，不需要频繁修改；而动态数据则需要根据业务需求频繁更新。通过分层管理，在增删改操作时聚焦于动态数据，可以提升整体效率。

为了提高系统可靠性，可为数据更新引入版本控制机制。每次更新后保留历史版本，以便出现错误时快速回溯。定期进行多副本备份同样重要。通过定期备份知识库数据，可以有效防止因硬件故障或误操作导致的数据丢失，确保系统的安全性和可用性。

4.8.2　Milvus 中向量的增删改操作

当 RAG 系统中的原始数据源发生变化时，需要确保嵌入、元数据和检索索引同步更新。Insert（新增，表示插入）数据操作可用于扩展系统知识库、修正错误、改进已有数据或根据新需求调整内容，并且可以清理过期、不相关或错误的数据。

1. 插入向量实体

以下代码示例展示了如何将新的嵌入向量数据插入一个已存在的向量数据库集合中。

```python
from pymilvus import MilvusClient
import numpy as np
# 连接已有 Milvus（使用本地 SQLite 模式）
db_path = "./test_vector.db"
client = MilvusClient(db_path)
# 集合名称（之前已创建的集合）
collection_name = "my_collection"
data_insert = [
    {"id": 100001, "vector": np.random.random(128).astype("float32").tolist()},
    {"id": 100002, "vector": np.random.random(128).astype("float32").tolist()}
]
res = client.insert(collection_name=collection_name, data=data_insert)
```

2. Upsert 向量实体

在 Milvus 中，可以通过 Upsert（插入或更新，表示"如果不存在就插入，存在则更新"）操作来结合更新和插入数据的功能，如图 4-22 所示。

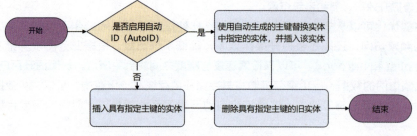

图4-22 Milvus中Upsert的操作流程

Milvus通过检查主键是否存在来判断是执行更新还是插入操作。使用该操作时，必须确保Upsert请求中包含的向量实体（在Milvus中，向量条目被称为一个Entity）包含主键，否则会导致报错。Milvus在收到Upsert请求后，将执行以下流程。

（1）检查集合的主字段是否启用了AutoId。
- 如果已启用，Milvus会将实体中的主键替换为自动生成的主键，并插入数据。
- 如果未启用，Milvus将使用实体携带的主键来插入数据。

（2）根据Upsert请求中包含的实体的主键值执行删除操作。

```
data_upsert = [
    {"id": 100001, "vector": np.random.random(128).astype("float32").tolist()},  # 更新已有 ID
    {"id": 100010, "vector": np.random.random(128).astype("float32").tolist()}   # 插入新 ID
]
res = client.upsert(collection_name=collection_name, data=data_upsert)
```

3. 删除向量实体

如果需要删除数据，可以通过主键或过滤条件来指定不再需要的实体。

```
# 通过主键删除实体
res = client.delete(
    collection_name=collection_name,
    ids=[100002, 100010]
)
# 通过过滤条件删除实体
res = client.delete(
    collection_name=collection_name,
    filter="difficulty == 'high'"
)
```

关于完整程序，请访问咖哥的 GitHub 仓库。

4.8.3 向量数据库的集合操作

在向量数据库中，集合是数据存储和管理的基本单元，类似于传统数据库中的表。

集合操作包括创建、删除、查看、清理和索引管理等，贯穿了向量数据生命周期的各个阶段。

1. 查看集合信息

创建集合后，可以通过以下代码来查看集合的信息。

```
# 列出当前所有集合
collections = client.list_collections()
print(" 当前集合列表： ", collections)
# 查看集合信息（包括字段结构、数据量等）
info = client.describe_collection(collection_name)
print("\n 集合基本信息： ")
print(" 集合名称： ", info["collection_name"])
print(" 描述： ", info["description"])
print(" 字段信息： ")
for field in info["fields"]:
    print(f"  – {field['name']}  ({field['type']})")
```

```
集合基本信息：
集合名称： my_collection
描述：
字段信息：
 – id (5)
 – vector (101)
```

2. 加载集合到内存

在进行向量的检索之前，需要先把集合加载到内存中。

```
client.load_collection(collection_name)
print(f" 集合 '{collection_name}' 已加载到内存中 ")
```

3. 释放内存资源

当不再使用集合时，可以释放其占用的内存以节省资源。

```
client.release_collection(collection_name)
print(f" 集合 '{collection_name}' 已从内存中释放 ")
```

4. 删除集合

删除集合会永久移除集合及其所有数据，请谨慎进行此操作。

```
client.drop_collection(collection_name)
print(f" 集合 '{collection_name}' 已被永久删除 ")
```

关于完整程序，请访问咖哥的 GitHub 仓库。

4.9 小结

　　向量存储专门针对高维向量的无缝存储和检索进行了优化。与传统的基于标量的数据库不同，向量存储擅长高效管理复杂的向量嵌入，通过提供简化的向量存储和访问机制，确保了快速响应查询并增强数据处理能力。

　　本章首先探讨了 LlamaIndex 的默认向量存储机制，介绍了 RAG 系统中"向量索引"的构建过程。接着，我们概述了各种不同类型的向量数据库，并比较了市面上主流的向量数据库。以开源向量数据库 Milvus 为例，我们深入介绍了其架构以及索引和搜索设置的细节。

　　值得注意的是，向量存储的形式不仅限于密集向量，还包括稀疏向量和二进制向量等。这些不同形式的向量为混合检索提供了基础。此外，通过对图像进行嵌入处理，还可以实现多模态检索功能。最后，我们给出了在 Milvus 中通过 BGE 模型实现混合检索和多模态检索的示例，但混合检索和多模态检索的实现方案与形式远不止一种。

　　在接下来的内容中，我们将进入检索技巧部分的介绍，涵盖 RAG 系统中的检索前、检索优化和检索后过程中的技术及实现方法。

第 5 章
检索前处理

学习到本章,你已经掌握了如何加载数据、对文本进行分块处理、生成嵌入向量,并将这些向量存储在向量数据库中,从而成功地构建一个高效的知识库。接下来我们将探讨检索前处理技术,揭示如何在执行检索之前构建合适的查询,以及如何优化这些查询,以提升整个系统的执行效率和准确性。

小冰:咖哥,为什么要做检索前的处理?

咖哥:让我通过一个类比来解释。我非常推崇《高效能人士的七个习惯》这本书,该书的一个核心原则是:人类的反应并非单纯受刺激驱动,而是在"刺激"与"反应"之间存在一个自主选择的空间。这个概念类似于维克多·弗兰克尔在《活出生命的意义》中所提出的,并由史蒂芬·柯维等人强调和推广的高级智能的选择的自由(Freedom to Choose)。我把它称为"反应前的预处理过程",如图5-1所示。

图5-1 反应前的预处理过程

RAG 系统在接收到用户的初始查询请求后,可以通过预设的规则(相对固定)或者利用大模型(相对灵活)引入一个"反应前的预处理过程"(见图 5-2)。此过程允许在进行检索和生成内容之前,先对查询进行优化和筛选。这一机制为系统提供了一个"检索前思考空间",使其能够更智慧地过滤信息、优化查询,或者决定下一步的操作。这样不仅提升了系统的灵活性和检索效率,还能提高输出的质量和准确性。

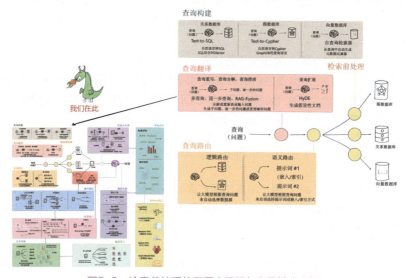

图5-2 检索前处理位于用户提问与向量检索之间

小冰：咖哥，我注意到检索前处理包含多个方面，例如，查询构建、查询翻译和查询路由等。

咖哥：确实，检索前处理涵盖了以下 3 种技术。

- 查询构建（Query Construction）涉及将用户提出的自然语言问题转换为适合检索系统的数据查询形式的过程。这包括从关系型数据库中读取数据，以及自动将自然语言问题转换成 SQL 查询，也就是所谓的 Text-to-SQL（也经常写作 Text2SQL）。此外，还有将自然语言问题转换成图数据库查询语言以查询复杂实体关系的场景，即 Text-to-Cypher。对于向量数据库，虽然可以直接对自然语言进行嵌入查询，但这里也介绍了一种从查询中构建元数据过滤器的方法，类似于 Text-to-SQL 的简化版。
- 查询翻译（Query Translation），又称查询重写或查询优化，在这个阶段，系统会重构用户输入的问题，以提升检索效果。具体方法包括替换、分解、抽象或扩展原始问题，将其转换为多个子查询，甚至转换为假设问题等。
- 查询路由（Routing）决定了系统选择哪种数据库或检索路径来执行查询。主要分为逻辑路由（Logical Routing）和语义路由（Semantic Routing）两种。

以上 3 种技术的核心目标均在于准确地将用户的问题转换为更适合系统检索的形式，并选择最佳的检索路径，从而使后续的检索和生成过程更加精准、全面、高效和流畅。

5.1 查询构建——以自然语言提问

现代的企业知识库是一个庞大且复杂的系统。企业和个人的终极目标是通过更加便捷的方式访问和检索信息。这些信息可能以非结构化的向量形式存储，也可能以结构化的向量形式存储于传统数据库，甚至图数据库中。

无论是 SQL 还是 Cypher，都有其特定的语法和查询逻辑，直接编写这些查询通常需要对数据库结构及语法有一定的了解。查询构建（即 Text-to-Query 技术）通过让用户以自然语言提问，并由系统自动生成相应的数据库查询语句或向量查询，大幅降低了这一过程的技术门槛。

在本节中，我们将介绍 3 种查询构建技术。

- Text-to-SQL：负责将自然语言提问转化为适用于关系型数据库（如 MySQL、PostgreSQL、SQL Server 等）的 SQL 查询。例如，将"找到销量最高的产品"这样的问题转换为以下 SQL 查询。

In
```
SELECT product_name FROM sales ORDER BY total_sold DESC LIMIT 1
```

- Text-to-Cypher：用于将自然语言提问转换为适用于图数据库（如 Neo4j）的 Cypher 查询语言。例如，将"查找员工的管理层关系"这样的问题转换为以下 Cypher 查询。

In
```
MATCH (e:Employee)-[:MANAGES]->(m:Manager) RETURN e, m
```

- Self-query Retriever：LangChain 提供的一款预检索工具，在检索步骤之前，它能自动基于用户的查询生成元数据过滤条件。这样，在根据用户的提问生成嵌入向量并进行检索的同时，还能通过指定条件进一步筛选结果。这是一种高级的查询构建和检索技巧。

例如，对于查询"找出浏览量大于十万的视频"，可以生成以下过滤条件。

```
"filter": "gt("view_count", "100000")"
```

5.1.1　Text-to-SQL——从自然语言到SQL的转换

在大多数关于 RAG 系统的讨论中，焦点通常集中在检索非结构化数据（如文本、图片等）。然而，企业通常拥有多种类型的数据资产：一方面为非结构化文档；另一方面则包括各种关系型数据库（如 MySQL、PostgreSQL、SQL Server 等）、数据仓库等。

因此，在对非结构化数据进行向量检索的同时，RAG 系统也需要提供针对结构化数据的解决方案。通过将 Text-to-SQL 纳入 RAG 流程，用户可以使用自然语言表达需求，而系统将自动执行查询并将结果与非结构化知识整合以生成答案。这使得我们可以在结构化数据源中执行检索和计算逻辑，从而将结构化数据集成进 RAG 系统的整体流程。这有助于构建一个集成了非结构化与结构化数据的"一站式"问答与推理平台——这也是未来智能信息系统的发展方向之一。

实际上，Text-to-SQL 并非随着 RAG 体系的出现而产生的新概念。早在深度学习兴起之前，就已经有关于对话式数据库接口、基于模板的 NL2SQL（Natural Language to SQL）系统的研究和应用。不过，随着近年来大模型和 RAG 的普及与热度上升，Text-to-SQL 的功能在统一的 RAG 框架中得到了新的重视，并借助新技术实现了性能的显著提升。

Text-to-SQL 是一个专门领域，有诸如 WikiSQL 这样的评价数据集，其中包含大量单表查询示例。由于其相对简单，常被用于初步实验。相比之下，Spider 数据集由耶鲁大学团队发布，涵盖了多表、多库、多关系的复杂查询，是目前最具挑战性的开源数据集之一，更真实地反映了数据库环境下的难度和多样性。当前，研究人员普遍采用 Spider 作为 Text-to-SQL 的主要评价基准。

1. 传统的Text-to-SQL实现

传统 Text-to-SQL 系统采用基于规则或模板匹配的方法来处理相对固定或受限领域的查询。这类系统通常包含以下几个关键步骤。

（1）自然语言理解（Natural Language Understanding，NLU）：对用户的自然语言提问进行分词、命名实体识别、依存关系解析等操作，以提取用户意图，例如，"查询销售额""返回产品名称""按某种指标排序"等。

（2）数据库模式匹配（Schema Mapping）：将数据库表名、字段名与自然语言中提到的概念进行映射。例如，"产品"对应于 product_name 字段，"销售额"则可能对应于 sales 或 total_sold 字段。

（3）SQL 结构生成：根据用户意图和数据库模式来生成 SELECT、FROM、WHERE、GROUP BY、ORDER BY、LIMIT 等相关子句。如果涉及多表查询，则需要生成 JOIN 条件或子查询。

（4）SQL 语句验证与执行：系统可以选择在生成后进行简单的语法或逻辑检查，或者直接将 SQL 提交给数据库引擎运行，并返回查询结果。

传统的 Text-to-SQL 方法的实现较为依赖手动配置，尤其是在自然语言与数据库模式的匹配过程中。例如，对于问题"在销售记录中，销量最高的产品是什么？"，系统需要判断"销量"对应的是 sales_table.total_sold 字段还是 sales_table.sales_amount 字段，以及是否需要从 orders_table 查询数据。这种匹配主要依赖命名实体识别（Named Entity Recognition，NER），然后通过计算词向量或词典中的余弦相似度来确定最佳对应关系。这种方法缺乏深层次的上下文理解能力，容易出现错误，难以适应复杂的数据库结构或多变的用户查询。

2. 深度学习时代的 Text-to-SQL

随着深度学习技术的发展，基于 Transformer 的神经网络方法逐渐成为 Text-to-SQL 任务的主流解决方案。早期基于神经网络的系统通常采用 Seq2Seq 或 Encoder-Decoder 架构，将自然语言的输入编码为向量表示后直接解码为 SQL token 序列。

后来，研究更多地集中在通过嵌入来表示自然语言描述和字段名，并结合注意力机制以优化这一过程。这种方法在一定程度上改善了自然语言与数据库模式之间的映射效果。然而，这种方法仍然涉及大量的手工特征工程工作，在处理复杂查询或跨领域应用场景时依然有局限性。

为进一步提升模型的性能，研究人员利用特定领域的 Text-to-SQL 数据集（如 Spider 和 WikiSQL 等）对模型进行微调，从而使模型能够更好地适应不同数据库的结构特点及查询模式。经过微调的模型在理解领域特定术语和表字段间的关系上表现得更为精准，进而能够生成更加贴合实际需求的 SQL 语句。这使得模型在处理复杂的多表查询或嵌套查询问题时显得尤为有效。

3. 基于大模型的 Text-to-SQL 实现

ChatGPT 和 GPT-4 等大模型的出现彻底重塑了 Text-to-SQL 的实现方式。这些模型通过大规模预训练，学会了自然语言与 SQL 之间的复杂映射关系，即使在未经专门微调的情况下，也能生成高质量的 SQL 语句。

相比传统的"分步式"方法，该方法需要手动实现自然语言理解、模式映射、SQL 结构生成等步骤，大模型时代的少样本学习（Few-shots Learning）和上下文学习（In-Context Learning）为 Text-to-SQL 提供了新的可能性。只需在提示词中提供数据库模式、说明信息以及相应的 SQL 查询示例，大模型便能够迅速适应新的数据库结构和查询类型。

假设我们有两张表，表格结构分别如表 5-1 和表 5-2 所示。

表 5-1 scenic_spots（景区信息表）

字段名	数据类型	描述	示例值
scenic_id	INT	主键，景区唯一标识	1
scenic_name	VARCHAR	景区名称	晋祠
city	VARCHAR	所在城市	太原市
level	VARCHAR	景区等级	AAAAA 级
monthly_visitors	INT	当月游客量	50000

表 5-2 city_info（城市信息表）

字段名	数据类型	描述	示例值
city_id	INT	主键，城市唯一标识	1
city_name	VARCHAR	城市名称	太原市
annual_tourism_income	INT	年度文旅收入（单位：元）	200000000
famous_dish	VARCHAR	当地名菜 / 特色小吃	刀削面

先通过以下代码创建这两张数据库表。

```
# 连接 SQLite 数据库
import sqlite3
conn = sqlite3.connect('data/tourism.db')
cursor = conn.cursor()
# 创建景区信息表
cursor.execute('''
CREATE TABLE IF NOT EXISTS scenic_spots (
    scenic_id INTEGER PRIMARY KEY,
    scenic_name VARCHAR(100) NOT NULL,
    city VARCHAR(50) NOT NULL,
    level VARCHAR(20),
    monthly_visitors INTEGER
)''')
# 创建城市信息表
cursor.execute('''
CREATE TABLE IF NOT EXISTS city_info (
    city_id INTEGER PRIMARY KEY,
    city_name VARCHAR(50) NOT NULL,
    annual_tourism_income INTEGER,
    famous_dish VARCHAR(100)
)''')
```

In

```
# 插入示例数据到景区信息表
sample_scenic_spots = [
    (1, '晋祠', '太原市', 'AAAAA', 50000),
    (2, '五台山', '忻州市', 'AAAAA', 80000),
    (3, '云冈石窟', '大同市', 'AAAAA', 70000),
    (4, '平遥古城', '晋中市', 'AAAAA', 90000),
    (5, '乔家大院', '晋中市', 'AAAAA', 45000)
]
cursor.executemany('INSERT OR REPLACE INTO scenic_spots VALUES (?, ?, ?, ?, ?)', sample_scenic_spots)
# 插入示例数据到城市信息表
sample_city_info = [
    (1, '太原市', 200000000, '刀削面'),
    (2, '大同市', 180000000, '大同醋'),
    (3, '晋中市', 150000000, '臊子面'),
    (4, '忻州市', 120000000, '莜面栲栳栳'),
    (5, '运城市', 130000000, '运城煮饼')
]
cursor.executemany('INSERT OR REPLACE INTO city_info VALUES (?, ?, ?, ?)', sample_city_info)
# 提交更改并关闭连接
conn.commit()
conn.close()
print("数据库表创建完成，并已插入示例数据。")
```

有了数据库表，就可以据此构建 Text-t-SQL 程序。

In

```
# 连接 SQLite 数据库
import sqlite3
conn = sqlite3.connect('data/tourism.db')
cursor = conn.cursor()
# 准备 Schema 描述
schema_description = """
你正在访问一个包含两张表的数据库：
1. scenic_spots（景区信息表）
   - scenic_id (INT): 主键，景区唯一标识
   - scenic_name (VARCHAR): 景区名称
   - city (VARCHAR): 所在城市
   - level (VARCHAR): 景区等级
   - monthly_visitors (INT): 当月游客量
2. city_info（城市信息表）
   - city_id (INT): 主键，城市唯一标识
   - city_name (VARCHAR): 城市名称
   - annual_tourism_income (INT): 年度文旅收入（单位：元）
   - famous_dish (VARCHAR): 当地名菜/特色小吃
"""
# 初始化 OpenAI 客户端
```

```python
from openai import OpenAI
import os
client = OpenAI(
    base_url="https://api.deepseek.com",
    api_key=os.getenv("DEEPSEEK_API_KEY")
)
# 设置查询
user_query = " 查询太原市的 AAAAA 级景区及其当月游客量 "
# 准备生成 SQL 的提示词
prompt = f"""
以下是数据库的结构描述：
{schema_description}
用户的自然语言问题如下：
"{user_query}"
请注意：
1. scenic_spots 表中的 city 字段存储的是城市名称，对应 city_info 表中的 city_name
2. 两张表之间的关联应该使用 city_name 和 city 进行匹配
3. 请只返回 SQL 查询语句，不要包含任何解释、注释或格式标记（如 ```sql）
"""
# 调用大模型生成 SQL 语句
response = client.chat.completions.create(
    model="deepseek-chat",
    messages=[
        {"role": "system", "content": " 请只返回 SQL 语句，不要包含任何 Markdown 格式或其他说明。"},
        {"role": "user", "content": prompt}
    ],
    temperature=0
)
# 清理 SQL 语句，移除可能的 Markdown 标记
sql = response.choices[0].message.content.strip()
sql = sql.replace('```sql', '').replace('```', '').strip()
print(f"\n 生成的 SQL 查询语句：\n{sql}")
```

生成的 SQL 查询语句：
SELECT scenic_name, monthly_visitors
FROM scenic_spots
WHERE city = ' 太原市 ' AND level = 'AAAAA';

接下来，执行由大模型生成的 SQL 语句，并获取结果。

```python
# 执行 SQL 语句并获取结果
cursor.execute(sql)
results = cursor.fetchall()
print(f" 查询结果：{results}")
conn.close()
```

> Out 查询结果：[(' 晋祠 ', 50000)]

然后，我们将这些数据再度交给大模型，以自然语言的形式输出。

> In
```python
# 生成自然语言描述
if results:
    # 获取列名
    column_names = [description[0] for description in cursor.description]
    # 将结果转换为字典列表
    results_with_columns = [dict(zip(column_names, row)) for row in results]
    nl_prompt = f"""
查询结果如下：
{results_with_columns}
请将这些数据转换为自然语言描述，使其易于理解。
原始问题是：{user_query}
要求：
1. 使用通俗易懂的语言
2. 包含所有查询到的数据信息
3. 如果有数字，请使用中文数字表述
"""
    response_nl = client.chat.completions.create(
        model="deepseek-chat",
        messages=[
            {"role": "system", "content": " 你负责将查询结果转换为易懂的自然语言描述。"},
            {"role": "user", "content": nl_prompt}
        ],
        temperature=0.7
    )
    description = response_nl.choices[0].message.content.strip()
    print(f" 自然语言描述：\n{description}")
else:
    print(" 未找到相关数据。")
# 关闭数据库连接
conn.close()
```

> Out 根据查询结果，太原市的 AAAAA 级景区中，晋祠的当月游客量达到了五万人次。

由此可知，在一个简单的问答系统中，用户无须深入了解数据库结构或 SQL 语法，即可快速获得想要的信息。

4. 结合Agent、SQL-Data-Function和Tool Calls的方案

小雪：咖哥，前面介绍的 Text2SQL 方案在简单场景下表现良好，然而，当处理复杂业务逻辑时，该方案往往无法生成有效的查询，或者其稳定性无法得到保证。你

觉得实践中有没有更稳定的技术路线？

咖哥：我和企业界的朋友[①]探讨过这个问题。确实，正如你所指出的，这是Text2SQL面临的一个挑战。经过多次迭代，我们逐渐形成了一种平衡效率与稳定性的中间方案，主要通过Agent的Tool Calls（工具调用）[②]能力，加上事先定义好的数据函数（Data-Function）模板（内部包含SQL语句），以及元数据提取来实现从自然语言到结构化数据库表操作的安全过渡。

小雪：如何理解元数据的提取？

咖哥：这里指的是抽取数据库的元数据，包括字段信息、表结构和视图描述，并人工补充必要的资源说明。处理后的元数据才能进行向量嵌入。

小雪：那么，数据函数又是什么？

咖哥：数据函数是一个函数模板体系，旨在建立通用型的数据函数以支持常见的查询场景。开发特定业务的数据函数类似于开发传统ORM框架（如MyBatis和Hibernate）的模板机制，通过将复杂SQL逻辑封装到模板来提高代码的复用性。

之后是智能调度流程，利用函数调用机制承担处理和转发职责，大模型协同理解用户意图，检索相关的元数据和适用的数据函数，执行单步或多步的SQL组装与查询。

以下代码示例展示了如何组合使用Agent、SQL-Data-Function和Tool Calls。代码通过模块化的工具定义添加工具描述，并定义实现函数以提供工具的具体功能。

接下来，在系统提示中注入数据库结构描述，包括表字段的业务含义及其关联关系。

```
import sqlite3
from typing import Dict, Any, List
import json
from openai import OpenAI
import os
def load_schema_metadata() -> str:
    """ 加载数据库元数据描述 """
    return '''
    ## 数据库结构元数据
    1. scenic_spots（景区信息表）
       - scenic_id：主键
       - scenic_name：景区名称（如 " 晋祠 "）
       - city：所在城市（与 city_info.city_name 关联）
       - level：景区等级（AAAA/AAAAA）
       - monthly_visitors：当月游客量
    2. city_info（城市信息表）
       - city_name：主键
```

---

① 这个启发来源于咖哥的朋友卢向东于2024年6月在掘金大会上的分享。他的公众号"土猛的员外"分享了许多关于RAG落地实践的内容。

② 参见人民邮电出版社出版的《大模型应用开发 动手做AI Agent》。

```
- annual_tourism_income：年度文旅收入（单位：元）
- famous_dish：特色美食
"""
```

接着，先通过 execute_sql 函数实现整个程序的基础查询层。该函数统一处理 SQL 执行、参数化查询、错误处理以及结果格式化，从而确保数据访问的安全性和规范性。随后，将常见的查询需求封装为 3 个核心函数：query_scenic_spots 函数支持景区的多条件组合查询（如按照所在城市、景区等级、当月游客量进行筛选）；query_city_info 函数实现城市信息的灵活查询（支持排序）；cross_table_query 函数封装了景区信息表与城市信息表的关联查询逻辑。这些函数就是基于业务逻辑预定义的 SQL-Data-Function。

```python
def execute_sql(db_path: str, sql: str, params: tuple = ()) -> Dict:
    """ 执行 SQL 查询的基础方法 """
    print("\n=== SQL 执行详情 ===")
    print(f"SQL 语句：{sql}")
    print(f" 参数：{params}")
    try:
        with sqlite3.connect(db_path) as conn:
            conn.row_factory = sqlite3.Row
            cursor = conn.cursor()
            cursor.execute(sql, params)
            results = [dict(row) for row in cursor.fetchall()]
            print(f" 执行结果：{results}")
            print("=== 执行成功 ===\n")
            return {"success": True, "data": results, "message": " 执行成功 "}
    except Exception as e:
        print(f" 执行失败：{str(e)}")
        print("=== 执行失败 ===\n")
        return {"success": False, "data": None, "message": f" 执行失败：{str(e)}"}

def query_scenic_spots(db_path: str, city: str = None, level: str = None, min_visitors: int = None) -> Dict:
    """ 预定义的景区查询函数 """
    conditions = []
    params = []
    if city:
        conditions.append("city = ?")
        params.append(city)
    if level:
        conditions.append("level = ?")
        params.append(level)
    if min_visitors:
        conditions.append("monthly_visitors >= ?")
        params.append(min_visitors)
    where_clause = " AND ".join(conditions) if conditions else "1=1"
    sql = f"SELECT scenic_name, city, level, monthly_visitors FROM scenic_spots WHERE {where_clause}"
```

```python
        return execute_sql(db_path, sql, tuple(params))
def query_city_info(db_path: str, city_name: str, order_by: str = None) -> Dict:
    """ 预定义的城市信息查询函数 """
    order_clause = ""
    if order_by:
        order_clause = f" ORDER BY {order_by} DESC"
    sql = f"SELECT * FROM city_info WHERE city_name LIKE ?{order_clause}"
    return execute_sql(db_path, sql, (f"%{city_name}%",))
def cross_table_query(db_path: str, target_city: str, min_income: int) -> Dict:
    """ 预定义的跨表联合查询函数 """
    sql = """
    SELECT s.scenic_name, s.level, c.annual_tourism_income
    FROM scenic_spots s
    JOIN city_info c ON s.city = c.city_name

    WHERE s.city = ? AND c.annual_tourism_income >= ?
    """
    return execute_sql(db_path, sql, (target_city, min_income))
```

上面这些函数在安全性方面采用了参数化查询来防止 SQL 注入，同时通过枚举类型严格限定参数取值（如将景区等级限定为 AAAA 或 AAAAA）。此外，通过 QueryResult 对象对返回结构进行统一格式化，确保其包含执行状态（success）、数据（data）和消息（message），并配合详细的执行日志输出。实现对执行异常的统一处理，保留原始错误信息，这种设计使得查询过程更加透明且易于调试。

随后，使用大模型的 Tool Calls 功能实现工具路由，每个工具对应一个预定义的 SQL-Data-Function 模板。工具调用的结果会自动加入对话上下文，便于后续追问处理。

其中，define_tools 函数定义了 3 个结构化的查询工具：query_scenic_spots 用于查询景区信息，支持按照所在城市、景区等级和当月游客量进行筛选；query_city_info 用于查询城市信息，支持按照年度文旅收入或特色美食进行排序；cross_table_query 用于跨表查询，能够关联景区与城市信息。

process_query 函数则实现了一个双轮对话查询流程。

第一轮：先向 GPT 模型发送用户问题以及数据库结构信息，由其选择合适的查询工具；然后根据 GPT 选择的工具执行相应的数据库查询。

第二轮：将查询结果发送给 GPT 模型，生成自然语言形式的回答。

```python
def define_tools() -> List[Dict]:
    """ 定义结构化数据访问的基本功能 """
    return [
        {
            "type": "function",
            "function": {
```

```
            "name": "query_scenic_spots",
            "description": " 根据条件查询景区信息 ",
            "parameters": {
                "type": "object",
                "properties": {
                    "city": {"type": "string", "description": " 所在城市名称 "},
                    "level": {"type": "string", "enum": ["AAAA", "AAAAA"]},
                    "min_visitors": {"type": "number", "description": " 最低游客量阈值 "}
                }
            }
        },
        {
            "type": "function",
            "function": {
                "name": "query_city_info",
                "description": " 查询城市文旅信息 ",
                "parameters": {
                    "type": "object",
                    "properties": {
                        "city_name": {"type": "string", "description": " 城市名称 "},
                        "order_by": {"type": "string", "enum": ["annual_tourism_income", "famous_dish"]}
                    }
                }
            }
        },
        {
            "type": "function",
            "function": {
                "name": "cross_table_query",
                "description": " 跨表联合查询景区与城市信息 ",
                "parameters": {
                    "type": "object",
                    "properties": {
                        "target_city": {"type": "string", "description": " 目标城市名称 "},
                        "min_income": {"type": "number", "description": " 最低年度文旅收入 "}
                    }
                }
            }
        }
    ]
def process_query(db_path: str, user_input: str) -> str:
    """ 处理用户查询的完整流程 """
    client = OpenAI(
        base_url="https://api.deepseek.com",
```

```python
    api_key=os.getenv("DEEPSEEK_API_KEY")
)
tools = define_tools()
schema_metadata = load_schema_metadata()
system_prompt = f"""
你能够根据用户问题选择合适的数据访问方式。
当前数据库结构如下：
{schema_metadata}
请优先使用预定义函数访问数据，注意：
- 城市名称须完整匹配（如'太原市'）
- 景区等级须使用标准格式（如'AAAA'）
- 数值参数须转换为整数类型
"""
messages = [
    {"role": "system", "content": system_prompt},
    {"role": "user", "content": user_input}
]
# 第一次调用：选择工具
response = client.chat.completions.create(
    model="deepseek-chat",
    messages=messages,
    tools=tools,
    tool_choice="auto"
)
tool_calls = response.choices[0].message.tool_calls
if not tool_calls:
    return response.choices[0].message.content
# 执行工具调用
messages.append(response.choices[0].message)
for tool_call in tool_calls:
    func_name = tool_call.function.name
    kwargs = json.loads(tool_call.function.arguments)
    if func_name == "query_scenic_spots":
        result = query_scenic_spots(db_path, **kwargs)
    elif func_name == "query_city_info":
        result = query_city_info(db_path, **kwargs)
    elif func_name == "cross_table_query":
        result = cross_table_query(db_path, **kwargs)
    messages.append({
        "role": "tool",
        "tool_call_id": tool_call.id,
        "name": func_name,
        "content": json.dumps(result, ensure_ascii=False)
    })
# 第二次调用：生成自然语言回答
```

In
```
final_response = client.chat.completions.create(
    model="deepseek-chat",
    messages=messages,
    temperature=0.3
)
return final_response.choices[0].message.content
```

至此一切就绪，我们可以开始进行自然语言查询。大模型会先将我们的自然语言转化成工具调用，随后执行 Data-Function 模板内部的 SQL 语句，并返回查询结果作为回答。

In
```
db_path = "data/tourism.db"
query = "请帮我找出太原市所有 AAAAA 级景区，并列出游客量超过四万的景点"
print("\n=== 用户查询 ===")
print(f"查询内容：{query}")
result = process_query(db_path, query)
print("\n=== 最终结果 ===")
print(result)
```

Out
```
=== 用户查询 ===
查询内容：请帮我找出太原市所有 AAAAA 级景区，并列出游客量超过 40000 人次的景点
=== SQL 执行详情 ===
SQL 语句：SELECT scenic_name, city, level, monthly_visitors FROM scenic_spots WHERE city = ? AND level = ? AND monthly_visitors >= ?
参数：(' 太原市 ', 'AAAAA', 40000)
执行结果：[{'scenic_name': ' 晋祠 ', 'city': ' 太原市 ', 'level': 'AAAAA', 'monthly_visitors': 50000}]
=== 执行成功 ===
=== 最终结果 ===
在太原市的 AAAAA 级景区中，游客量超过 40000 人次的景点有：
- 晋祠，当月游客量为 50000 人次。
```

上述程序的执行过程如下。

（1）大模型解析用户意图，选择调用 query_scenic_spots 工具。

（2）参数转换：city=" 太原市 "，level="AAAAA"，min_visitors=40000。

（3）执行预定义 SQL 查询：SELECT ... WHERE city =' 太原市 ' AND level = 'AAAAA' AND monthly_visitors >= 40000。

（4）将查询结果注入上下文。

（5）大模型根据原始问题和查询结果生成最终回答。

这个方案通过预定义数据函数和严格的参数控制，在保证灵活性的同时有效管理查询风险；结合元数据描述和工具调用机制，既保留了自然语言交互的便利性，又实现了结构化数据的精准访问。虽然在创建 SQL-Data-Function 阶段需要一定的初期投入，但该方法的执行效果更加稳定可靠。对于企业用户，系统的稳定性与可控性往往优先于开发的便捷性，因此这种折中方案得到了积极的实践反馈。

5.1.2 Text-to-Cypher——从自然语言到图数据库查询

图数据库是一种基于图结构进行数据存储的形式。随着企业数据从结构化向多模态、网络化及复杂关联转变，图数据库由于其强大的关系建模能力，非常适用于表示复杂的实体关系网络，成为处理这些复杂数据关系的首选工具之一（见图5-3）。

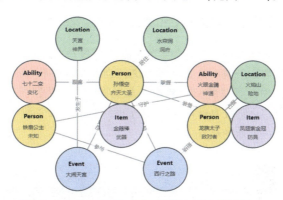

图5-3 图数据库适用于表示复杂的实体关系网络

图数据库的核心组成部分如下。

- 节点（Node）：代表数据中的实体，例如"员工""客户""产品"等。
- 关系（Edge）：描述节点间的连接方式，例如"管理""购买""依赖"等。
- 属性（Property）：为节点或关系提供详细的附加信息，例如"姓名""年龄""价格""时间"等。

在 RAG 系统中，通过连接图数据库可以实现对实体关系网络的高效查询和推理。例如，在社交网络的人际关系分析、企业组织架构的理解，以及物流网络的路径优化等场景中，图数据库的应用尤为有效。图数据库的引入使得系统不仅能够检索孤立的文本或数据，还能基于实体间的关系进行深入推理并生成响应。

小冰：咖哥，你这么说，我似懂非懂，能否举一个具体的例子来说明图数据库的重要性呢？

咖哥：当然可以。我用一个虚拟的例子来解释这一点。假设在某个项目中，你协助一家物流公司设计问答系统。当用户提问"花果山鲜果的供应链风险如何？"时，最初的 RAG 系统无法给出满意的答案。这是因为检索结果仅包含关于花果山鲜果的产品信息以及该公司关于供应链风险的文档说明，未能提供有价值的洞察。

未加入 Text-to-Cypher 环节的 RAG 系统提供的回答是："花果山鲜果通常在 4~5 月进入销售旺季，建议提前通知供应商调配货源，确保仓储准备就绪。"这样的回答实际上并没有解决用户的疑问。

然而，在加入 Text-to-Cypher 进行图数据库查询之后，RAG 系统依据图数据库内的关系，将产品与供应商有效地连接起来，又通过供应商的知识图谱把所在地相关天气情况连接起来，从而提供了一个更为准确的回答："花果山鲜果由供应商 A 蟠桃园（位于上海、天气晴朗）和供应商B五庄观（位于广东、天气暴雨）供应。当前，五庄观可能因暴雨面临供货风险，建议关注其库存，并考虑备用供应商。"这才是有商业洞察的回答。

通过应用社区发现（Community Detection）这类图分析算法，我们可以识别图结构中的"子群体"，即那些内部节点间联系紧密但与其他群体间连接松散的集群。结合图数据库和社区发现技术，RAG系统不仅能够进行简单的文本匹配，而且能够深刻理解数据间的关联，从而提供更加丰富的内容和更加智能的决策支持。

小冰：咖哥，我好像明白了，社区发现就像在帮助我们找到数据中的"朋友圈"！这样系统就能发现那些关键的关系，而不仅仅是孤立的信息。

咖哥：是的。图数据库的一个典型代表是Neo4j（见图5-4），而Cypher则是Neo4j等图数据库广泛使用的查询语言。Cypher在设计上类似于SQL，但专门用于处理图数据中的节点、关系和属性。

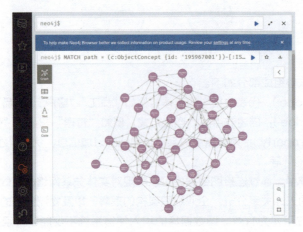

图5-4 使用Neo4j查询图数据库

Cypher的基本语法如下。

- 节点匹配：(n:Label)表示匹配一个标签为Label的节点。
- 关系匹配：(a)-[r:RELATIONSHIP]->(b)表示从节点a到节点b存在类型为RELATIONSHIP的关系。
- 属性筛选：使用WHERE子句对节点或关系的属性进行过滤。

例如，要查找某个员工的所有直接下属，可以使用以下Cypher查询。

```
MATCH (e:Employee)-[:MANAGES]->(sub:Employee)
WHERE e.name = "Alice"
RETURN sub.name;
```

这段查询的作用是在图中查找所有由名为Alice的员工直接管理的员工。
Text-to-Cypher的架构与Text-to-SQL类似，包含的主要步骤如下。

- 自然语言理解：解析用户问题，提取意图、实体和关系。

- Schema 匹配：将自然语言中的实体或关系映射到图数据库中的节点标签、关系类型和属性。
- Cypher 生成：根据解析结果动态生成 Cypher 查询。
- 查询验证与执行：检查生成的 Cypher 查询是否语法正确，并提交给图数据库执行。

关键区别在于，Cypher 查询通常需要考虑更复杂的多跳（multi-hop）关系。此外，图数据库的 Schema 通常是灵活的，这为查询生成带来了更大的不确定性。

由于篇幅限制，这里无法深入探讨图数据库、Neo4j 和 Cypher 语言的所有细节。接下来，通过一个简单的例子来启发你更好地理解从自然语言转换到 Cypher 查询的过程。

假设存在以下节点类型。

- Yokai（妖怪）：包含属性 name（妖怪名称）和 strength（妖怪战斗力）。
- BattleScene（战斗场景）：包含属性 location（场景位置）和 difficulty（场景难度）。

关系类型如下。

- [:PARTICIPATES_IN]：表示妖怪参与了某个战斗场景。
- [:LOCATED_IN]：表示战斗场景位于某个特定的位置。

图数据库的模式如下。

In

节点：
(1:Yokai {name: " 牛魔王 ", strength: 900})
(2:Yokai {name: " 白骨夫人 ", strength: 750})
(3:Yokai {name: " 金角大王 ", strength: 850})
(4:BattleScene {location: " 火焰山 ", difficulty: " 困难 "})
(5:BattleScene {location: " 白骨洞 ", difficulty: " 普通 "})
关系：
(1)–[:PARTICIPATES_IN]–>(4)
(2)–[:PARTICIPATES_IN]–>(4)
(3)–[:PARTICIPATES_IN]–>(5)
(4)–[:LOCATED_IN]–>(" 火焰山 ")
(5)–[:LOCATED_IN]–>(" 白骨洞 ")

下面设计一个提示词，帮助大模型理解图数据库的结构并生成 Cypher 查询。

In

你是一个 Text-to-Cypher 高手。下面是图数据库的模式 。
节点：
– Yokai: Properties: name (string), strength (integer)
– BattleScene: Properties: location (string), difficulty (string)
关系：
– PARTICIPATES_IN: From Yokai to BattleScene
– LOCATED_IN: From BattleScene to Location
用户问题：" 查找参与难度为 ' 困难 ' 场景的所有妖怪，并返回它们的战斗力。"
请生成 Cypher 查询。

根据上述提示词，大模型会生成以下 Cypher 查询。

```
MATCH (yokai:Yokai)–[:PARTICIPATES_IN]–>(scene:BattleScene {difficulty: " 困难 "})
RETURN yokai.name, yokai.strength;
```

表 5-3 展示了 Cypher 查询与 SQL 查询的对比。

表 5-3 Cypher 查询与 SQL 查询的对比

查询类型	数据模型	查询目标	语法风格	复杂关系建模能力
SQL 查询	表格（如表、行、列）	行和列	类似自然语言的声明式	依赖多表 JOIN
Cypher 查询	图结构（如节点、关系、属性）	节点和关系	声明式 + 图模式匹配	原生支持节点和关系，复杂查询更高效

Text-to-Cypher 的优势之一是其支持多跳查询与推理。当用户提出的问题涉及多个节点和关系时，例如"查找 Alice 所管理员工的部门预算"，Text-to-Cypher 能够生成跨越多个节点的查询——首先确定哪个部门与查询相关，然后进一步查看该部门的具体预算。

知识图谱与问答系统的结合是当前一个非常重要的应用方向。通过将知识图谱融入 RAG 系统中，可以实现更加智能的语义问答和深度推理，从而为企业智能化决策提供更强大的技术支持。

5.1.3 Self-query Retriever——自动从查询中生成元数据过滤条件

对于向量数据，可以直接对自然语言查询进行嵌入，并据此检索相关信息，而无须像处理 Text-to-SQL 或 Text-to-Cypher 那样构建具体的查询语句。这个过程包含了一些预检索优化技巧，其中之一是采用 Self-query Retriever 技术。该技术能够从自然语言查询中自动提取信息，生成元数据过滤条件，从而帮助向量存储通过关键字实现文档的初步筛选。

小冰：咖哥，你这样的解释说得不是很清楚。什么是 Self-query Retriever？从自然语言查询中自动生成元数据过滤条件是什么意思？还有，如何通过关键字进行过滤呢？

咖哥：我说得挺清楚了。不过，让我们通过一个具体的例子来更清楚地解释这个设计理念。

以下代码示例展示了如何使用 LangChain 框架构建一个智能视频检索系统。这里以山西文旅为例进行介绍。假设我们加载了关于景区、城市等介绍的视频（见图 5-5），爬取这些视频时自然会获得以下元数据字段，这些字段将成为元数据过滤的基础。

- title：文档标题。
- description：文档描述。

- view_count：文档点击量。
- publish_date：发布时间。
- length：文档长度（秒）。

图5-5　关于景区、城市等介绍的视频

利用 Self-query Retriever 技术，可以将自然语言查询中的关键检索点转换为结构化查询，并基于视频的元数据进行精确过滤。这种方法结合了向量检索和元数据过滤，形成了一种混合检索方式，支持基于多个维度的视频属性查询，如图 5-6 所示。这一流程完美体现了向量检索与结构化检索的结合，非常值得深入探讨。

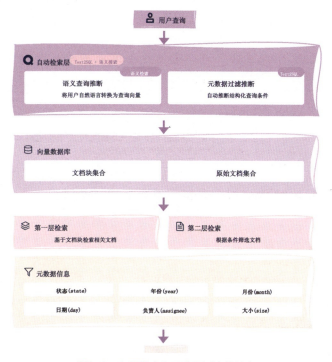

图5-6　向量检索和元数据过滤的结合

> **咖哥发言**
> 我猜测，LangChain 在其 RAG 文档中将 Self-query Retriever 归类为查询构建技术的原因，在于元数据和过滤语句的生成过程实际上构建出了结构化检索元素。当然，从本质上说，这种技术也属于混合检索（详见 6.5 节）。

首先，安装一些必要的库。pytube 和 youtube-transcript-api 用于连接 YouTube，Chroma 支持 Self-query Retriever 中的元数据过滤器作为向量数据库（咖哥也尝试使用了 Faiss 和 Milvus，发现它们都不支持 Self-query Retriever），而 lark 则是飞书的 Python API 交互包。

```
pip install pytube
pip install youtube-transcript-api
pip install langchain-chroma
pip install lark
```

完成这些依赖库的安装后，咖哥在尝试通过程序链接到视频网站时遇到了错误。在相关论坛版块，有人建议在 pytube 包的 innertube.py 文件的 InnerTube 类中将 client 的值从 ANDROIDMUSIC 改为 WEB（见图 5-7）。做了这个改动后，问题得到了解决。

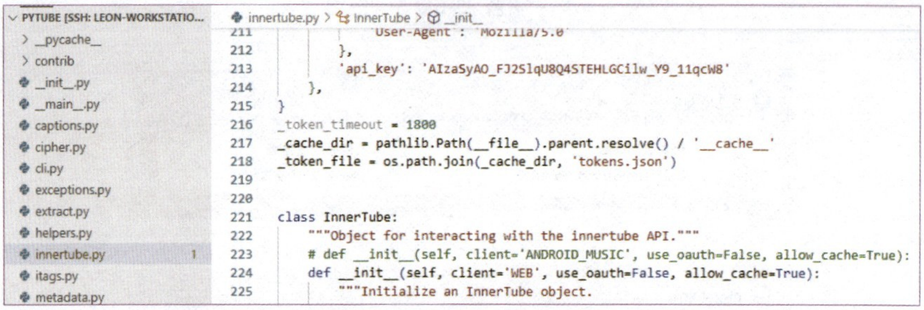

图5-7　修改innertube.py文件

使用 LangChain 的 YoutubeLoader 类加载文档的示例如下。

```
from langchain_community.document_loaders import YoutubeLoader
# 加载包含元数据的文档
docs = YoutubeLoader.from_youtube_url(
    "https://www.youtube.com/watch?v=zDvnAY0zH7U",
    add_video_info=True).load()
# 查看加载的第一个文档的元数据
print(docs[0].metadata)
```

```
Out:
{'source': 'zDvnAY0zH7U',
 'title': '……山西大山中……的唐代木构建筑……一生必去的一个地方 ',
 'description': ' 唐代是中国封建社会的鼎盛时期，唐代石刻建筑在全国有很多……在山西五台山保留了一座气势恢宏的唐代木构建筑，是中国现存规模最大，保存最完全的唐代木构建筑.'
 'view_count': 81598,
 'publish_date': '2024-04-08 00:00:00',
 'length': 1394,
 'author': ' 行迹旅途中 '}
```

这些元数据就是我们进行查询过滤的"字段"。计算点击次数、比较发布日期等操作正是传统数据库字段的强项，而不是向量语义检索的强项。

下面给出完整的 Self-query Retriever 代码示例。

```python
# 导入所需的库
from langchain_core.prompts import ChatPromptTemplate
from langchain_deepseek import ChatDeepSeek
from langchain_community.document_loaders import YoutubeLoader
from langchain.chains.query_constructor.base import AttributeInfo
from langchain.retrievers.self_query.base import SelfQueryRetriever
from langchain_chroma import Chroma
from langchain_huggingface import HuggingFaceEmbeddings
from pydantic import BaseModel, Field
# 定义视频元数据模型
class VideoMetadata(BaseModel):
    """ 视频元数据模型，定义了需要提取的视频属性 """
    source: str = Field(description=" 视频 ID")
    title: str = Field(description=" 视频标题 ")
    description: str = Field(description=" 视频描述 ")
    view_count: int = Field(description=" 观看次数 ")
    publish_date: str = Field(description=" 发布日期 ")
    length: int = Field(description=" 视频长度 ( 秒 )")
    author: str = Field(description=" 作者 ")
# 加载视频数据
video_urls = [
    "https://www.youtube.com/watch?v=zDvnAY0zH7U", # 山西佛光寺
    "https://www.youtube.com/watch?v=iAinNeOp6Hk", # 中国最大宅院
    "https://www.youtube.com/watch?v=gCVy6NQtk2U", # 宋代地下宫殿
]
# 加载视频元数据
videos = []
for url in video_urls:
    try:
        loader = YoutubeLoader.from_youtube_url(url, add_video_info=True)
        docs = loader.load()
        doc = docs[0]
```

```python
        videos.append(doc)
        print(f" 已加载：{doc.metadata['title']}")
    except Exception as e:
        print(f" 加载失败 {url}: {str(e)}")
# 创建向量存储
embed_model = HuggingFaceEmbeddings(model_name="BAAI/bge-small-zh")
vectorstore = Chroma.from_documents(videos, embed_model)
# 配置检索器的元数据字段
metadata_field_info = [
    AttributeInfo(
        name="title",
        description=" 视频标题（字符串）",
        type="string",
    ),
    AttributeInfo(
        name="author",
        description=" 视频作者（字符串）",
        type="string",
    ),
    AttributeInfo(
        name="view_count",
        description=" 视频观看次数（整数）",
        type="integer",
    ),
    AttributeInfo(
        name="publish_date",
        description=" 视频发布日期，格式为 YYYY-MM-DD 的字符串 ",
        type="string",
    ),
    AttributeInfo(
        name="length",
        description=" 视频长度，以秒为单位的整数 ",
        type="integer",
    ),
]
# 创建自查询检索器 SelfQueryRetriever
llm = ChatDeepSeek(model="deepseek-chat", temperature=0) # 确定性输出
retriever = SelfQueryRetriever.from_llm(
    llm=llm,
    vectorstore=vectorstore,
    document_contents=" 包含视频标题、作者、观看次数、发布日期等信息的视频元数据 ",
    metadata_field_info=metadata_field_info,
    enable_limit=True,
    verbose=True
)
# 执行示例查询
```

In

```
queries = [
    " 找出两个观看次数超过 100000 的视频 ",
    " 显示最新发布的视频 "
]
# 执行查询并输出结果
for query in queries:
    print(f"\n 查询：{query}")
    try:
        results = retriever.invoke(query)
        if not results:
            print(" 未找到匹配的视频 ")
            continue
        for doc in results:
            print(f" 标题：{doc.metadata['title']}")
            print(f" 观看次数：{doc.metadata['view_count']}")
            print(f" 发布日期：{doc.metadata['publish_date']}")
    except Exception as e:
        print(f" 查询出错：{str(e)}")
        continue
```

Out

已加载：'……山西大山中……的唐代木构建筑……一生必去的一个地方'
已加载：'……私人豪宅，主人靠卖豆腐起家……比故宫的面积大 2 倍'
已加载：'……实拍宋代的地下宫殿……内部有使用了 2000 年的冰箱'
查询：找出观看次数超过 100000 的视频
标题：'……实拍宋代的地下宫殿……内部有使用了 2000 年的冰箱'
观看次数：263138
发布日期：2024-01-27 00:00:00
标题：'……私人豪宅，主人靠卖豆腐起家……比故宫的面积大 2 倍'
观看次数：907279
发布日期：2023-11-11 00:00:00
查询：显示最新发布的视频
标题：'……实拍宋代的地下宫殿……内部有使用了 2000 年的冰箱'
观看次数：263138
发布日期：2024-01-27 00:00:00

Self-query Retriever 通过元数据配置实现了从自然语言到结构化查询的转换，将类似"找出观看次数超过 100000 的视频"的请求转换为结构化的查询条件。

其内部生成的解析文本如下，其中的字段名（view_count）、条件（gt）和值（100000），正是大模型从用户的问题中自动提取的。

In

````
```json { "query": " 找出两个观看次数超过 100000 的视频 ",
    "filter": "gt(\"view_count\", \"100000\")", "limit":2 }
```
````

从输出结果来看，Self-query Retriever 不仅能够准确识别符合条件的视频，还能够筛选出最新发布的视频。然而，Self-query Retriever 的表现并不稳定，对于某些查询（如"找出 2024 年 1 月发布的视频"），咖哥在测试时发现其回答并不准确。

当遇到错误时，用户需要深入 LangChain 代码内部进行调试。这也是 LangChain 受到批评的一个方面：它提供了一款有用的工具，但该工具并非完全可靠。因此，这些框架中的工具可能更多的是为我们提供思路上的启发；在生产环境中，我们需要根据这些思路自行实现更加稳健的解决方案。

5.2　查询翻译——更好地阐释用户问题

前面介绍的几种查询构建方法，是通过大模型的能力生成与向量检索不同的结构化查询语句，以便访问结构化的数据源。而接下来要探讨的查询翻译，则主要聚焦于针对用户输入，通过提示工程进行语义上的重构处理。

具体来说，当查询质量不高，可能包含噪声或不明确词语，或者未能覆盖所需检索信息的所有方面时，需要采用一系列优化技巧，如重写、分解、澄清和扩展等，以改进查询，使其更加完善，从而实现更好的检索效果。

5.2.1　查询重写——将原始问题重构为合适的形式

查询重写（Query Rewriting）是指将原始问题重构为合适的形式，以提高系统检索结果的准确性。

1. 通过提示指导大模型重写查询

最直接的方法是使用自制的提示模板借助大模型来重写用户的查询。以下是一个简单的查询重写示例。

```
from openai import OpenAI
import os
client = OpenAI(
    base_url="https://api.deepseek.com",
    api_key=os.getenv("DEEPSEEK_API_KEY"),
)
def rewrite_query(question: str) -> str:
    """ 使用大模型重写查询 """
    prompt = """ 作为一个游戏客服人员，你需要帮助用户重写他们的问题。
        规则：
        1. 移除无关信息（如个人情况、闲聊内容）
        2. 使用精确的游戏术语表达
        3. 保持问题的核心意图
        4. 将模糊的问题转换为具体的查询
```

In

```
                    原始问题：{question}
                    请直接给出重写后的查询（不要加任何前缀或说明）。"""
    # 使用 DeepSeek 模型重写查询
    response = client.chat.completions.create(
        model="deepseek-chat",
        messages=[
            {"role": "user", "content": prompt.format(question=question)}
        ],
    )
    return response.choices[0].message.content.strip()
query = " 那个，我刚开始玩这个游戏，感觉很难，在普陀山那一关，嗯，怎么也过不去。先学什么技能比较好？新手求指导！ "
print(f"\n 原始查询：{query}")
print(f" 重写查询：{rewrite_query(query)}")
```

Out

原始查询：那个，我刚开始玩这个游戏，感觉很难，在普陀山那一关，嗯，怎么也过不去。先学什么技能比较好？新手求指导！
重写查询：在普陀山关卡，新手应该优先学习哪些技能？

经过大模型重写的新查询变得更加清晰明了，不仅节省了 token 数量，还能更有效地检索出玩家需要的结果。

2. 通过RePhraseQueryRetriever优化查询

LangChain 提供了开箱即用的工具 RePhraseQueryRetriever 来实现查询重写，它利用大模型和内部设定的提示使查询变得更加简明清晰。

以下代码示例展示了如何使用 RePhraseQueryRetriever 进行查询优化。

In

```
import logging
from langchain_chroma import Chroma
from langchain_community.document_loaders import TextLoader
from langchain_deepseek import ChatDeepSeek
from langchain_huggingface import HuggingFaceEmbeddings
from langchain_text_splitters import RecursiveCharacterTextSplitter
from langchain.retrievers import RePhraseQueryRetriever
# 设置日志记录
logging.basicConfig()
logging.getLogger("langchain.retrievers.re_phraser").setLevel(logging.INFO)
loader = TextLoader("data/ 灭神纪 / 设定 .txt", encoding='utf-8')
data = loader.load()
text_splitter = RecursiveCharacterTextSplitter(chunk_size=500, chunk_overlap=0)
all_splits = text_splitter.split_documents(data)
embed_model = HuggingFaceEmbeddings(model_name="BAAI/bge-small-zh")
vectorstore = Chroma.from_documents(documents=all_splits, embedding= embed_model)
# 设置 RePhraseQueryRetriever，用大模型重构查询
```

In
```
llm = ChatDeepSeek(model="deepseek-chat", temperature=0)
retriever_from_llm = RePhraseQueryRetriever.from_llm(
    retriever=vectorstore.as_retriever(),
    llm=llm
)
query = "那个，我刚开始玩这个游戏，感觉很难，在普陀山那一关，嗯，怎么也过不去。先学什么技能比较好？新手求指导！"
# 调用 RePhraseQueryRetriever 进行查询重写
docs = retriever_from_llm.invoke(query)
```

Out

INFO:langchain.retrievers.re_phraser:Re-phrased question: Vectorstore query:
" 普陀山关卡 新手技能推荐 游戏攻略 "
Explanation:
- Removed conversational fillers (" 那个 ", " 嗯 ") and emotional expressions (" 感觉很难 ", " 怎么也过不去 ", " 新手求指导 ").
- Kept key game-specific terms:
  - Location: " 普陀山 " (关卡 /level implied)
  - Core need: " 技能推荐 " (skill recommendations)
  - Context: " 新手 " (beginner) and " 游戏攻略 " (game guide)
- Structured for optimal retrieval of strategy guides or skill trees relevant to the early-game hurdle.

从日志信息可以看出，重写后的查询更加简明清晰，也移除了不必要的内容，有助于提升检索效率和准确性。当然，这个新的 Query 是英语的，这是因为 LangChain 的 RePhraseQueryRetriever 类内部的默认提示词为英语。

我们可以通过自定义提示词并将其传入 RePhraseQueryRetriever 的 from_llm 方法来确保获取的是中文重写结果。但具体的代码实现，咖哥留给你作为作业，因为阅读 LangChain 文档（langchain\retrievers\re_phraser.py）以及类的设计细节是技术人员的必备技能。

5.2.2　查询分解——将查询拆分成多个子问题

查询重写旨在使查询更加标准化，而查询分解（Query Decomposition，见图 5-8）则进一步将一个查询拆分成多个子问题，以从不同角度探索查询的不同方面，使得检索出的内容更加丰富。

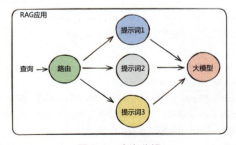

图5-8　查询分解

通过提示词指导大模型分解查询并非难事，这里不再给出提示词示例。而通过 LangChain 提供的 MultiQueryRetriever 工具，也可以利用大模型从不同角度生成多种查询。

对于生成的每个查询，检索器都会在向量数据库中获取相应的文档集。然后，将所有查询结果中的文档去重后合并为一个更丰富的结果集，从而提供更多的相关内容。

In
```
import logging
from langchain_chroma import Chroma
from langchain_community.document_loaders import TextLoader
from langchain_deepseek import ChatDeepSeek
from langchain_huggingface import HuggingFaceEmbeddings
from langchain_text_splitters import RecursiveCharacterTextSplitter
from langchain.retrievers.multi_query import MultiQueryRetriever
# 设置日志记录
logging.basicConfig()
logging.getLogger("langchain.retrievers.multi_query").setLevel(logging.INFO)
loader = TextLoader("data/ 灭神纪 / 设定 .txt", encoding='utf-8')
data = loader.load()
text_splitter = RecursiveCharacterTextSplitter(chunk_size=500, chunk_overlap=0)
splits = text_splitter.split_documents(data)
embed_model = HuggingFaceEmbeddings(model_name="BAAI/bge-small-zh")
vectorstore = Chroma.from_documents(documents=splits, embedding= embed_model)
# 通过 MultiQueryRetriever 生成多角度查询
llm = ChatDeepSeek(model="deepseek-chat", temperature=0)
retriever_from_llm = MultiQueryRetriever.from_llm(
    retriever=vectorstore.as_retriever(),
    llm=llm
)
question = " 那个，我刚开始玩这个游戏，感觉很难，请问这个游戏难度级别如何，有几关，在普陀山那一关，嗯，怎么也过不去。先学什么技能比较好？新手求指导！ "
docs = retriever_from_llm.invoke(question)
```

Out
INFO:langchain.retrievers.multi_query:Generated queries: ['1. 这款游戏的难度级别是怎样的？有多少关卡？在普陀山那一关有什么窍门可以分享吗？ ', '2. 对于新手，应该优先学习哪些技能才能更好地应对游戏中的挑战？ ', '3. 我在玩这款游戏时感觉很困难，有没有一些建议或技巧可以帮助我顺利通过普陀山那一关？ ']

上述过程自动生成了多种形式的查询，并返回了所有查询的合并结果（文档数量可能比单一查询的更多）。

如果想要更复杂的查询表达方式，也可以自定义提示模板。例如，生成 5 种不同的查询版本，并让查询带有特定语气。

In

```
#加载游戏相关文档并构建向量数据库
...
# 自定义输出解析器
class LineListOutputParser(BaseOutputParser[List[str]]):
    def parse(self, text: str) -> List[str]:
        lines = text.strip().split("\n")
        return list(filter(None, lines))  # 过滤空行
output_parser = LineListOutputParser()
# 自定义查询提示模板
QUERY_PROMPT = PromptTemplate(
    input_variables=["question"],
    template=""" 你是一个资深的游戏客服。请从 5 个不同的角度重写用户的查询，
            以帮助用户获得更详细的游戏指导。
            请确保每个查询都关注不同的方面，如技能选择、战斗策略、装备搭配等。
            用户原始问题：{question}
            请给出 5 个不同的查询，每个占一行。""",
)
# 设定大模型处理管道
llm = ChatDeepSeek(model="deepseek-chat", temperature=0)
llm_chain = QUERY_PROMPT | llm | output_parser
# 使用自定义提示模板的 MultiQueryRetriever
retriever = MultiQueryRetriever(
    retriever=vectorstore.as_retriever(),
    llm_chain=llm_chain,
    parser_key="lines"
)
# 进行多角度查询
custom_docs = retriever.invoke(" 在普陀山关卡，新手应该优先学习哪些技能？ ")
```

Out

INFO:langchain.retrievers.multi_query:Generated queries: ['1. 在普陀山关卡，新手应该优先学习哪些技能以增强生存能力？ ', '2. 在普陀山关卡，新手应该优先学习哪些技能以提升输出伤害？ ', '3. 在普陀山关卡，新手应该优先学习哪些技能以增强团队支援能力？ ', '4. 在普陀山关卡，新手应该优先学习哪些技能以提升控制能力？ ', '5. 在普陀山关卡，新手应该优先学习哪些技能以应对特定的敌人或战斗场景？ ']

MultiQueryRetriever 适合需要获取多角度查询的场景，例如复杂问题、多义性查询等，能够提高检索结果的丰富性和多样性。

5.2.3 查询澄清——逐步细化和明确用户的问题

在论文《澄清树：使用检索增强的大模型回答模糊问题》中，研究人员提出了名为 Tree of Clarifications（ToC）的框架。该框架通过递归构建一个问题澄清树，逐步细化和明确用户的问题。如图 5-9 所示，对于模糊的问题如"在奥运会历史上哪个国家获得的奖牌最多？"，系统会生成一系列澄清问题，例如"在哪一届奥运会上？"或"在什么运动项目上？"，以获取更多上下文信息。

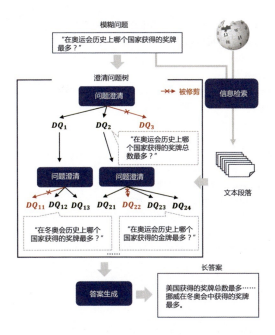

图5-9 问题澄清树示例

以下是一个问题澄清树的代码示例。该示例利用树形结构来探索问题的多种可能解释,并结合外部知识检索以提高回答的准确性,同时通过少样本提示生成综合性的回答。

```python
import pandas as pd
import networkx as nx
import matplotlib.pyplot as plt
from typing import List, Dict, Set, Optional
from dataclasses import dataclass
# 定义澄清节点的数据结构
@dataclass
class ClarificationNode:
    """ 澄清节点的数据结构 """
    id: str
    text: str
    aspect: str
    depth: int
    parent_id: Optional[str] = None
    answers: Optional[List[str]] = None
# 构建知识库数据
def create_knowledge_base() -> Dict:
    """ 创建知识库 """
    return {
        "abilities": {
            "combat": {
                "physical": [" 金刚不坏 ", " 力大无穷 ", " 筋骨如铁 "],
```

```python
            "magical": [" 七十二变 ", " 筋斗云 ", " 定身术 "],
            "weapon": [" 棒法精通 ", " 兵器大师 ", " 法器操控 "]
        },
        "perception": {
            "detection": [" 火眼金睛 ", " 妖气探查 ", " 气息感知 "],
            "insight": [" 心性洞察 ", " 破妖辨识 ", " 灵识感应 "]
        }
    },
    "relationships": {
        "allies": {
            "disciples": [" 红孩儿 ", " 明月 ", " 六耳 "],
            "friends": [" 杨戬 ", " 哪吒 ", " 龙王三太子 "]
        },
        "enemies": {
            "heavenly": [" 天兵天将 ", " 二郎神部众 "]
        }
    }
}

# 管理问题模板
def create_question_templates(character_name: str) -> Dict[str, Dict[str, str]]:
    """ 创建问题模板 """
    return {
        "abilities": {
            "root": f" 您想了解 {character_name} 的哪类能力？ ",
            "combat": f" 在战斗能力方面，您对 {character_name} 的哪种能力更感兴趣？ ",
            "perception": f" 关于 {character_name} 的感知能力，您想了解哪些具体内容？ "
        },
        "relationships": {
            "root": f" 您想了解 {character_name} 与谁的关系？ ",
            "allies": f" 在 {character_name} 的盟友中，您想知道哪类关系？ ",
            "enemies": f" 关于 {character_name} 的对手，您对哪方势力感兴趣？ "
        }
    }

# 进行问题分析
def identify_main_aspects(question: str) -> Set[str]:
    """ 识别问题的主要方面 """
    aspects = set()
    keywords = {
        "abilities": [" 能力 ", " 本领 ", " 技能 ", " 法术 ", " 神通 "],
        "relationships": [" 关系 ", " 朋友 ", " 敌人 ", " 师徒 ", " 结交 "]
    }
    for aspect, words in keywords.items():
        if any(word in question for word in words):
            aspects.add(aspect)
    if not aspects:
        aspects.add("abilities")
```

```python
        return aspects
def identify_character(question: str, characters: List[str]) -> Optional[str]:
    """ 识别问题中提到的角色 """
    for character in characters:
        if character in question:
            return character
    return None
# 构建问题澄清树
def build_clarification_tree(
    question: str,
    character: str,
    knowledge_base: Dict,
    templates: Dict[str, Dict[str, str]]
) -> nx.DiGraph:
    G = nx.DiGraph()
    # 添加根节点
    root_id = "root"
    G.add_node(root_id, text=question, depth=0)
    # 分析问题主题
    main_aspects = identify_main_aspects(question)
    # 构建树的各层
    for aspect in main_aspects:
        if aspect not in knowledge_base:
            continue
        # 第一层：主要方面
        node_id = f"{aspect}_root"
        G.add_node(node_id,
            text=templates[aspect]["root"],
            depth=1)
        G.add_edge(root_id, node_id)
        # 第二层：子方面
        for sub_aspect, sub_data in knowledge_base[aspect].items():
            sub_node_id = f"{aspect}_{sub_aspect}"
            template_text = templates[aspect].get(
                sub_aspect,
                f" 关于 {sub_aspect}，您想了解什么？ "
            )
            G.add_node(sub_node_id, text=template_text, depth=2)
            G.add_edge(node_id, sub_node_id)
            # 第三层：具体内容
            for detail_type, details in sub_data.items():
                detail_node_id = f"{aspect}_{sub_aspect}_{detail_type}"
                detail_text = f" 您想了解 {detail_type} 相关的：{', '.join(details)}？ "
                G.add_node(detail_node_id,
                    text=detail_text,
                    depth=3,
```

```
                    answers=details)
                G.add_edge(sub_node_id, detail_node_id)
    return G
# 问题澄清树的可视化
def visualize_tree(G: nx.DiGraph, figsize=(15, 10)):
    """ 可视化问题澄清树 """
    plt.figure(figsize=figsize)

    pos = nx.spring_layout(G, k=2, iterations=50)
    depths = nx.get_node_attributes(G, 'depth')
    colors = ['lightblue', 'lightgreen', 'lightyellow', 'lightpink']
    for depth in range(max(depths.values()) + 1):
        nodes_at_depth = [node for node, d in depths.items() if d == depth]
        nx.draw_networkx_nodes(G, pos,
                               nodelist=nodes_at_depth,
                               node_color=colors[depth],
                               node_size=2000)
    nx.draw_networkx_edges(G, pos, edge_color='gray', arrows=True)
    labels = nx.get_node_attributes(G, 'text')
    nx.draw_networkx_labels(G, pos, labels, font_size=8, font_weight='bold')
    plt.title(" 问题澄清树 ")
    plt.axis('off')
    plt.tight_layout()
    plt.show()
# 使用问题澄清树
kb = create_knowledge_base()
templates = create_question_templates(" 孙悟空 ")
tree = build_clarification_tree(question, " 孙悟空 ", kb, templates)
visualize_tree(tree)
```

生成的问题澄清树如图 5-10 所示。

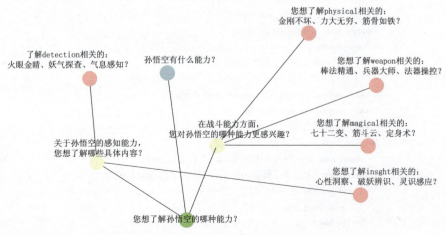

图5-10　生成的问题澄清树

5.2.4 查询扩展——利用HyDE生成假设文档

假设文档嵌入（Hypothetical Document Embeddings，HyDE）技术源自卡内基梅隆大学语言技术研究所的一篇论文"Precise Zero-Shot Dense Retrieval without Relevance Labels"。

该方法的核心在于针对给定的查询，首先创建一个假设的回答文档，随后对该文档进行嵌入处理，并利用此嵌入作为最终查询的表示形式（见图5-11）。

这一创新方法的亮点在于它不直接学习相关性，而是通过生成假设文档的方式来构建更

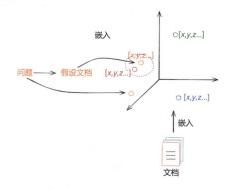

图5-11　用HyDE生成假设文档

加符合查询意图的嵌入表示。这意味着在进行检索之前，系统先进行一次假设性质的内容生成。这种新范式利用生成的假设文档与实际答案文档之间的相似度比较来进行检索。这种做法极具创意，为信息检索领域提供了新颖的视角。

实现HyDE的过程相当简单，只需要基础的嵌入模型和一个用于生成假设文档的大模型。

```python
from langchain.prompts import ChatPromptTemplate
from langchain_core.output_parsers import StrOutputParser
from langchain_deepseek import ChatDeepSeek
from langchain_huggingface import HuggingFaceEmbeddings
from langchain_community.document_loaders import TextLoader
from langchain_text_splitters import RecursiveCharacterTextSplitter
from langchain_chroma import Chroma
loader = TextLoader("data/ 灭神纪 / 情节片段 .txt", encoding='utf-8')
data = loader.load()
text_splitter = RecursiveCharacterTextSplitter(chunk_size=500, chunk_overlap=0)
splits = text_splitter.split_documents(data)

embed_model = HuggingFaceEmbeddings(model_name="BAAI/bge-small-zh")
vectordb = Chroma.from_documents(documents=splits, embedding= embed_model)
# HyDE 文档生成模板
template = """ 请撰写一段与以下问题相关的游戏内容：
问题：{question}
内容："""
prompt_hyde = ChatPromptTemplate.from_template(template)
llm = ChatDeepSeek(model="deepseek-chat")
# 创建生成假设文档的链
generate_docs_for_retrieval = (prompt_hyde | llm | StrOutputParser())
```

In

```
question = " "灭神纪·猢狲"中的主角有哪些主要技能？"
# 生成假设文档
generated_doc = generate_docs_for_retrieval.invoke({"question": question})
print("\n=== 生成的假设文档 ===")
print(generated_doc)
retriever = vectordb.as_retriever()
retrieval_chain = generate_docs_for_retrieval | retriever
retrieved_docs = retrieval_chain.invoke({"question": question})
print("\n=== 检索到的相关文档 ===")
for i, doc in enumerate(retrieved_docs, 1):
    print(f"\n 文档 {i}:")
    print(doc.page_content)
# 最终回答生成模板
answer_template = """ 根据以下内容回答问题：
{context}
问题：{question}
回答："""
answer_prompt = ChatPromptTemplate.from_template(answer_template)
# 创建最终的问答链
final_rag_chain = (answer_prompt | llm | StrOutputParser())
final_answer = final_rag_chain.invoke({"context": retrieved_docs, "question": question})
print("\n=== 最终答案 ===")
print(final_answer)
```

Out

=== 生成的假设文档 ===
在游戏"灭神纪·猢狲"中，主角拥有多种核心技能，其中包括使用金箍棒进行近战攻击的"金箍棒技能"、释放强大的火焰攻击的"火焰技能"、召唤雷电实施范围打击的"雷电技能"，以及运用风之力量进行远程打击的"风之技能"等。

=== 检索到的相关文档 ===
混沌裂空，乌云翻滚。猢狲立于苍穹之巅，眼如炬火，金箍棒随意一挥，万籁俱寂。敌军百万，瞬间定格在风中。他轻喝一声："变化！"顷刻化身万千，虚实难辨，宛如天神下凡。七十二变如梦如幻，真假莫测，敌将愕然："这……这猴子怎能有如此法力！"却见猢狲早已腾云而起，踏筋斗云直冲天罡，留下一声狂笑震彻山河……

=== 最终答案 ===
"灭神纪·猢狲"中主角的主要技能包括七十二变、筋斗云、金箍棒等。

  HyDE 方法的优势在于上下文感知能力，它通过生成假设文档来捕捉查询的上下文和潜在意图。这种方法允许通过自定义提示模板来满足不同领域的需求，同时也可以通过生成多个假设文档扩大检索的覆盖范围，提高结果的相关性。

  然而，值得注意的是，生成假设文档需要消耗额外的计算资源和时间，并且 HyDE 的效果高度依赖于所使用的大模型的质量。因此，在实际应用中判断是否采用 HyDE 技术时，必须仔细权衡其带来的效果增益与所需承担的成本。

5.3 查询路由——找到正确的数据源

咖哥：小冰，你说说 RAG 系统为什么需要查询路由？

小冰：我想这可能与混合向量存储有关。在复杂的 RAG 系统中，向量数据库中的向量存储可以有多种形式，也可能使用多个向量数据库，甚至是不同类型的数据库存储不同格式的数据。当我们的复杂查询被分解成子问题之后，需要有效地将查询路由（图 5-12 展示了查询路由器的各种形式）到正确的数据源。

小雪：没错。而且不仅仅是因为数据源，对不同类型的问题的处理方法也可能不同。例如，用户询问游戏的内容或者投诉客服，后续的处理方式可能会有很大差别。

咖哥：对，这就是"把请求路由到最合适的地方"的过程，其实也就是意图识别。随着系统规模的不断扩大，借助路由机制对用户输入进行分发，可以使得不同的数据源或处理流程都能通过查询路由实现有序衔接。

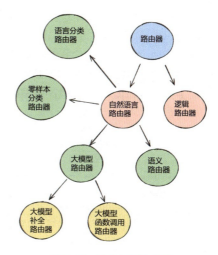

图5-12　各种查询路由器

5.3.1 逻辑路由——决定查询的路径

逻辑路由（Logical Routing，见图 5-13）负责决定查询应该被发送到何处。系统从用户输入的问题开始，通过大模型对问题进行解析和语义理解，并根据问题的特点进行分类，生成结构化的输出以指导检索器的选择。

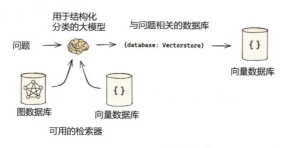

图5-13　逻辑路由

例如，首先对问题进行分类，确定其是与图数据库相关还是与向量数据库相关。在检索阶段，系统可以选择不同的数据库，例如图数据库或向量数据库。

当问题涉及复杂的实体关系或结构化数据时，例如，查询组织架构或实体间的关联，系统会选择图数据库来运行查询并返回结果；而当问题需要基于语义相似性进行检索时，例如，寻找与某文档语义相近的内容，系统则会选择向量数据库，将查询和数据转化为向量，并利用向量间的相似度找到相关内容。

又如，如果我们构建了 3 个不同场景的向量数据库，分别是 python_docs、js_docs 或 golang_docs，要将当前用户的问题路由到 python_docs、js_docs 或 golang_docs 中的一个，我们可以先对问题进行分类，判断其属于哪种编程语言的范畴；然后根据分类结果执行相应的下游处理（选择 Python、JavaScript 或 Go 的处理逻辑）。

以下是 LangChain 提供的逻辑路由代码示例。

```python
from typing import Literal
from langchain_core.prompts import ChatPromptTemplate
from langchain_core.pydantic_v1 import BaseModel, Field
from langchain_deepseek import ChatDeepSeek
# 数据模型
class RouteQuery(BaseModel):
    """将用户查询路由到最相关的数据源"""
    datasource: Literal["python_docs", "js_docs", "golang_docs"] = Field(
        ...,
        description=" 根据用户问题，选择最适合回答问题的数据源 ",
    )
# 带函数调用的大模型
llm = ChatDeepSeek(model="deepseek-chat", temperature=0)
structured_llm = llm.with_structured_output(RouteQuery)
system = """ 你是将用户问题路由到合适数据源的专家。
根据问题所涉及的编程语言，将其路由到相关的数据源。"""
prompt = ChatPromptTemplate.from_messages(
    [
        ("system", system),
        ("human", "{question}"),
    ]
)
# 定义路由器
router = prompt | structured_llm
```

查询路由后通过 Fucntion/Tool Calls 功能访问不同数据源的完整示例请访问咖哥的 GitHub 仓库。

5.3.2 语义路由——选择相关的提示词

逻辑路由指的是根据用户的问题选择合适的数据源或者检索方式，而语义路由（Semantic Routing，见图 5-14）则是根据用户问题的"语义"，调用有针对性的提示模板。

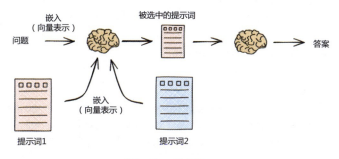

图5-14 语义路由

以下是一个简单的语义路由代码示例。

```
from langchain.utils.math import cosine_similarity
from langchain_core.output_parsers import StrOutputParser
from langchain_core.prompts import PromptTemplate
from langchain_core.runnables import RunnableLambda, RunnablePassthrough
from langchain_deepseek import ChatDeepSeek
from langchain_huggingface import HuggingFaceEmbeddings
# 定义两个提示模板
combat_template = """ 你是一位精通游戏战斗技巧的专家。
你擅长以简洁易懂的方式回答关于游戏战斗的问题。
当你不知道问题的答案时，你会坦诚相告。
以下是一个问题：
{query}"""
story_template = """ 你是一位熟悉游戏故事情节的专家。
你擅长将复杂的情节分解并详细解释。
当你不知道问题的答案时，你会坦诚相告。
以下是一个问题：
{query}"""
embed_model = HuggingFaceEmbeddings(model_name="BAAI/bge-small-zh")
prompt_templates = [combat_template, story_template]
prompt_embeddings = embed_model.embed_documents(prompt_templates)
# 定义路由函数
def prompt_router(input):
    query_embedding = embed_model.embed_query(input["query"])
    similarity = cosine_similarity([query_embedding], prompt_embeddings)[0]
    most_similar = prompt_templates[similarity.argmax()]
    # 选择最相似的提示模板
    print(" 使用战斗技巧模板： " if most_similar == combat_template else " 使用故事情节模板： ")
    return PromptTemplate.from_template(most_similar)
chain = (
    {"query": RunnablePassthrough()}
    | RunnableLambda(prompt_router)
    | ChatDeepSeek(model="deepseek-chat")
```

In
```
    | StrOutputParser()
)
print(chain.invoke(" 猢狲是如何打败敌人的？ "))
```

Out

使用战斗技巧模板：
猢狲在战斗中主要侧重于使用瞬间移动和强大的拳脚技巧来打败敌人。他还可以释放气场来增强自己的战斗力。通过不断训练和不懈努力，猢狲能够迅速地适应不同对手的战斗风格，找到对付他们的有效方法。最终，他的冷静和强大的战斗意志也是他能够打败敌人的重要因素。

5.4 小结

尽管预检索阶段的各种技术并不是 RAG 系统中不可或缺的环节，但它们为我们优化 RAG 系统的性能和设计更复杂的系统提供了极大的启发。

在 RAG 系统中融合结构化数据是一个关键挑战。实际业务应用中，单纯依赖非结构化数据的场景有限，用户往往需要对接现有的关系型数据库，或者查询 Excel 或 CSV 文件。因此，在 RAG 系统中引入结构化数据时，我们的核心思路是保持其原有的结构清晰度不受破坏。

直接对结构化数据进行嵌入后检索往往效果不佳，常会出现数据丢失或难以处理时序数据的问题。Text-to-Query 技术能够通过大模型或规则引擎理解问题中的实体、意图和条件，并将其映射到数据库的表结构、字段、关系和查询逻辑中，在 RAG 系统的流程中实现对结构化数据的有效查询。正如咖哥所强调的那样，希望每个人都能理解其内涵。这也是 Text-to-SQL 需求如此之大的原因所在——毕竟，涉及数据库内部的操作，终究需要 SQL 来解决，而向量检索则无法满足这一需求。

然而，Text-to-SQL 和 Text-to-Cypher 等技术在简单场景下表现良好，但在复杂逻辑中稳定性不足。因此，一种折中方案是先提取数据库元数据，包括字段信息、表结构和视图描述，并人工补充必要的说明后进行嵌入；然后建立通用和特定的数据函数预定义复杂查询逻辑；最后结合 Agent 的 Tool Calls 功能，在大模型理解用户意图后，基于元数据和数据函数动态组装 SQL 并执行查询。

特别值得注意的是 Self-query Retriever 自动从查询中生成元数据过滤条件的方法。首先通过定义元数据告知检索器每个字段的类型和含义，使其能够准确理解查询意图，然后自动生成一系列基于元数据的条件过滤语句，在检索之前进行结构化过滤。这就建立了一种双重过滤机制：一方面，利用向量存储执行内容的语义搜索；另一方面，依据提取出的元数据条件（如"观看次数超过 100000"）进行精确过滤。这种设计使查询既能捕获语义相关性，又能执行精确的条件筛选。自动生成这些元数据过滤器是 Self-query Retriever 在查询构建过程中所做的额外工作，它将基于关键字段的检索与语义检索结合在一起，体现了混合检索的特点。

通过预检索阶段的处理，系统可以更精确地构建查询语句、分解问题、清理噪声，从而生成更好的查询，使查询覆盖面更广泛或者内容更精准。

最后，查询路由是复杂系统中混合查询的基础。如果系统中的数据来源有多种，则应该先通过路由或者意图识别筛选目标数据源，然后定位合适的路径，例如，是否使用 Text-to-SQL 和 Text-to-Cypher 查询相关的结构化数据库，以提升后续检索与生成的准确性与效率。这些技术为跨结构化与非结构化数据源或多样化、多层级向量数据库数据源的智能化混合查询场景奠定了基础，展现了更复杂的系统设计。

第 6 章
索引优化

咖哥：前面提到的各种技术为检索的实现奠定了基础。在本章中，我们关注的核心问题是如何让检索更加准确，但检索不准确的原因有很多。

小雪：咖哥，你说到点子上了。确实，在实际项目中，虽然我们希望提高检索的准确性，但往往感到无从下手（见图6-1）。

咖哥：RAG流程包含多个环节，可能出问题的环节非常多。同样地，在图0-19展示的十大环节中，任何一环的优化都有可能提高整个RAG系统的准确性。

在本章中，我们将从优化文本块索引的角度，提供一系列具体的策略以提高检索质量，如图6-2所示。

图6-1 小雪与咖哥讨论如何提升RAG系统的检索质量

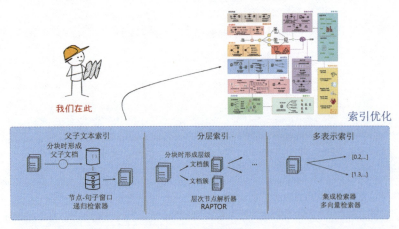

图6-2 索引优化

6.1 从小到大：节点-句子滑动窗口和父子文本块

通常，文本块越小，检索结果越精细。如果文本块过大，在嵌入后用于检索和内容合成时可能会因为包含过多无关信息而掩盖语义细节，从而影响检索效果。因此，有时我们会选择将句子作为文本块的基本单元。然而，如果仅将单个句子作为检索结果传递给大模型，可能会因为缺乏充足的上下文而导致生成的答案不完整或不准确。

接下来介绍的从小到大（Small-to-Big）策略将解决这一问题。这种策略的核心在于<u>将检索与生成过程分离</u>[①]（Decoupling Chunks Used for Retrieval/Chunks Used for Synthesis，其中，Synthesis 指的是文本生成，有时也称为合成，即整合各个文本块中的信息以形成最终答案）。具体来说，就是先使用较小的文本块进行检索（以提高检索精度），然后在生成阶段引用更大、更完整的文本块，从而为模型提供更多上下文信息。

LlamaIndex 和 LangChain 都提供了实现"从小到大"检索策略的方法。

- LlamaIndex 的节点-句子滑动窗口检索（Node-Sentence Sliding Window Retrieval）：在检索阶段仅使用单个句子，并返回包含该句子的窗口文本，为模型提供上下文信息。
- LangChain 的父子文本块检索（Child-Parent Recursive Retrieval）：首先在检索阶段使用较小的子文本块，一旦找到相关的子块，再引用其对应的父文本块进行合成。

简而言之，"从小到大"检索通过精细切块来提高检索的精确度，同时在生成过程中保留足够的上下文信息。

6.1.1 节点-句子滑动窗口检索

先来看 LlamaIndex 的节点-句子滑动窗口检索策略（2.6.1 小节介绍过）。在图 6-3 中，红框所示为检索到的"小文本块"；而紫块加上红块则表示的是传递给大模型的"大上下文"。

图6-3 节点-句子滑动窗口检索

每个节点被解析为一个单独的句子，并且该节点的元数据中包含了其前后一定数量的句子，形成一个所谓的"窗口"。在检索过程中，通过使用元数据替换的方式，将整个句子替换为这个窗口中的上下文，从而利用扩展后的上下文进行大模型处理。

接下来，我们将通过 LlamaIndex 的 SentenceWindowNodeParser 和 MetadataReplacementNodePostProcessor 来实现"从小到大"策略。其中，SentenceWindowNodeParser 负责将文档解析成以单个句子为单位的节点；而 MetadataReplacementNodePostProcessor 则用于在检索到单个句子后，将其替换为包含周围句子的窗口。

在程序中，会构建两种索引：一种是采用"从小到大"策略的索引，另一种是普通索

[①] 不只这种策略体现了检索和生成过程分离，后面介绍的各种检索策略也是如此。

引，用于对比检索效果。

```python
from llama_index.core import VectorStoreIndex, Settings, Document
from llama_index.core.node_parser import SentenceWindowNodeParser, SentenceSplitter
from llama_index.llms.deepseek import DeepSeek
from llama_index.embeddings.huggingface import HuggingFaceEmbedding
from llama_index.core.postprocessor import MetadataReplacementPostProcessor
# 配置全局设置
Settings.llm = DeepSeek(model="deepseek-chat", temperature=0.1)
Settings.embed_model = HuggingFaceEmbedding(model_name="BAAI/bge-small-zh")
Settings.text_splitter = SentenceSplitter(separator="\n", chunk_size=50, chunk_overlap=0)
# 准备知识文本并创建 Document 对象
game_knowledge = """
"灭神纪·猢狲"是一款动作角色扮演游戏。游戏背景设定在架空的神话世界中。
玩家将扮演齐天大圣孙悟空，在充满东方神话元素的世界中展开冒险。
游戏的战斗系统极具特色，采用了独特的"变身系统"。悟空可以在战斗中变换不同形态。
每种形态都有其独特的战斗风格和技能组合。金刚形态侧重力量型打击，带来压倒性的破坏力。
魔佛形态则专注法术攻击，能释放强大的法术伤害。
游戏世界中充满了标志性的神话角色，除了主角悟空以外，还有来自佛教、道教等各派系的神魔。
这些角色既可能是悟空的盟友，也可能是需要击败的强大对手。
装备系统包含了丰富的武器，除了著名的如意金箍棒以外，悟空还可以使用其他神器法宝。
不同武器有其特色效果，玩家需要根据战斗场景灵活选择。
游戏的画面表现极具东方美学特色，场景融合了水墨画风格，将山川、建筑等元素完美呈现。
战斗特效既有中国传统文化元素，又具备现代游戏的视觉震撼力。
难度设计上，BOSS 战充满挑战性，需要玩家精准把握战斗节奏和技能运用。
同时游戏也提供了多种难度，照顾不同技术水平的玩家。"""
# 创建 Document 对象
documents = [Document(text=game_knowledge)]
# 创建带上下文窗口的句子解析器（即窗口解析器，每个目标句子两侧各保留 2 个句子作为上下文）
node_parser = SentenceWindowNodeParser.from_defaults(
    window_size=4,
    window_metadata_key="window",
    original_text_metadata_key="original_text"
)
# 使用窗口解析器处理文档
nodes = node_parser.get_nodes_from_documents(documents)
# 使用基础解析器处理文档（用于对比）
base_nodes = Settings.text_splitter.get_nodes_from_documents(documents)
# 构建两种索引用于对比
sentence_index = VectorStoreIndex(nodes)
base_index = VectorStoreIndex(base_nodes)
# 创建带上下文窗口的查询引擎
window_query_engine = sentence_index.as_query_engine(
    similarity_top_k=2,
    node_postprocessors=[
        MetadataReplacementPostProcessor(target_metadata_key="window")
    ]
```

```
)
# 创建基础查询引擎
base_query_engine = base_index.as_query_engine(
    similarity_top_k=2
)
# 测试问答
test_questions = [
    "游戏中悟空有哪些形态变化？",
    # "游戏的画面风格是怎样的？",
    # "游戏的难度设计如何？"
]
print("=== 使用窗口解析器的检索结果 ===")
for question in test_questions:
    print(f"\n 问题：{question}")
    window_response = window_query_engine.query(question)
    print(f" 回答：{window_response}")

    # 展示检索到的原始句子和窗口内容
    print("\n 检索详情：")
    for node in window_response.source_nodes:
        print(f" 原始句子：{node.node.metadata['original_text']}")
        print(f" 上下文窗口：{node.node.metadata['window']}")
        print("---")
print("\n=== 使用基础解析器的检索结果（对比）===")
for question in test_questions:
    print(f"\n 问题：{question}")
    base_response = base_query_engine.query(question)
    print(f" 回答：{base_response}")
```

=== 使用窗口解析器的检索结果 ===
问题：游戏中悟空有哪些形态变化?
回答：悟空在游戏中在金刚形态和魔佛形态两种形态间变化。
检索详情：
原始句子：悟空可以在战斗中变换不同形态，
上下文窗口：玩家将扮演齐天大圣孙悟空，在充满东方神话元素的世界中展开冒险。游戏的战斗系统极具特色，采用了独特的"变身系统"。悟空可以在战斗中变换不同形态，每种形态都有其独特的战斗风格和技能组合。金刚形态侧重力量型打击，带来压倒性的破坏力；魔佛形态则专注法术攻击，

原始句子：这些角色既可能是悟空的盟友，
上下文窗口：能释放强大的法术伤害。游戏世界中充满了标志性的神话角色。除了主角孙悟空以外，还有来自佛教、道教等各派系的神魔。这些角色既可能是悟空的盟友，也可能是需要击败的强大对手。装备系统包含了丰富的武器。除了著名的如意金箍棒以外，悟空还可以使用其他神话法宝。

=== 使用基础解析器的检索结果（对比）===
问题：游戏中悟空有哪些形态变化?
回答：悟空在游戏中有多种形态变化。

不难看出，SentenceWindowNodeParser 与 MetadataReplacementNodePostProcessor 的组合在这里明显胜出。

6.1.2　父子文本块检索

接下来要介绍的是 LangChain 提供的父子文本块检索策略（2.6.2 小节介绍过）。如图 6-4 所示，原始文档经过预处理后形成的子文本块（称为子文档）会被存入向量存储库以供语义检索之用。当有查询输入时，则从向量存储库中检索出相关内容。同时，完整的原始文档（称为父文档）也会被保存在文档存储库中。

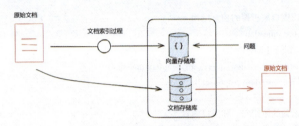

图6-4　父子文本块检索策略

基于此机制，向量存储负责执行相似度匹配和语义检索的任务，而文档存储则保存完整的上下文信息。当进行检索操作时，首先通过向量存储找到相关的片段，然后利用文档存储获取这些片段所属的完整内容。这种方式也实现了"小块检索，大块返回"，确保系统在提高检索精确性的同时，也能提供足够的上下文信息支持。

这里所说的"父文档"可以是未经分割的完整原始文档，也可以是由较大文本块组成的父文本块。整个处理流程可以回顾图 2-12 ~ 图 2-14。

以下代码示例展示了如何使用 LangChain 提供的父子文本块检索策略。

此处将父文本块设置为比子文本块更大的文本块。我们使用两级分割器：父文本块分割器用于创建较大的文本块，以保持上下文的完整性；子文本块分割器用于创建较小的文本块，以提高检索精度。

在存储时，采用双层存储策略。通过向量存储（如 Chroma）存储较小的子文本块，用于进行相似度检索，实现精确匹配；而通过文档存储（如 InMemoryStore）存储较大的父文本块，以提供完整的上下文信息。

```
from langchain_deepseek import ChatDeepSeek
from langchain_huggingface import HuggingFaceEmbeddings
# 初始化语言模型和向量嵌入模型
llm = ChatDeepSeek(model="deepseek-chat", temperature=0.1)
embed_model = HuggingFaceEmbeddings(model_name="BAAI/bge-small-zh")
# 准备游戏知识文本，创建 Document 对象
from langchain.schema import Document
game_knowledge = """
"灭神纪·猢狲"是一款动作角色扮演游戏……
"""
```

```python
# 创建 Document 对象
documents = [Document(page_content=game_knowledge)]
from langchain_text_splitters import RecursiveCharacterTextSplitter
# 父文本块分割器（较大的文本块）
parent_splitter = RecursiveCharacterTextSplitter(
    chunk_size=1000,
    chunk_overlap=200,
    separators=["\n\n", "\n", "。 ", "！ ", "？ ", "； ", "，", " ", ""]
)
# 子文本块分割器（较小的文本块）
child_splitter = RecursiveCharacterTextSplitter(
    chunk_size=200,
    chunk_overlap=50,
    separators=["\n\n", "\n", "。 ", "！ ", "？ ", "； ", "，", " ", ""]
)
# 创建父子文本块
parent_docs = parent_splitter.split_documents(documents)
child_docs = child_splitter.split_documents(documents)
# 创建存储和检索器，建立两层存储系统
from langchain.retrievers import ParentDocumentRetriever
from langchain.storage import InMemoryStore
from langchain_community.vectorstores import Chroma
vectorstore = Chroma(
    collection_name="game_knowledge",
    embedding_function=embed_model
)
store = InMemoryStore()
retriever = ParentDocumentRetriever(
    vectorstore=vectorstore,
    docstore=store,
    child_splitter=child_splitter,
    parent_splitter=parent_splitter,
)
# 添加文本块
retriever.add_documents(documents)
# 自定义提示模板
from langchain.prompts import PromptTemplate
from langchain.chains import RetrievalQA
prompt_template = """基于以下上下文信息回答问题。如果无法找到答案，请说"我找不到相关信息"。
上下文：
{context}
问题：{question}
回答："""
PROMPT = PromptTemplate(
    template=prompt_template,
    input_variables=["context", "question"]
```

```python
# 创建问答链
qa_chain = RetrievalQA.from_chain_type(
    llm=llm,
    chain_type="stuff", # 问答链类型
    retriever=retriever,# 检索器
    return_source_documents=True, # 是否返回源文档
    chain_type_kwargs={"prompt": PROMPT}
)
# 通过实际问答测试系统
test_questions = [
    "游戏中悟空有哪些形态变化？ ",
    "游戏的画面风格是怎样的？ ",
]
for question in test_questions:
    print(f"\n 问题：{question}")
    result = qa_chain({"query": question})
    print(f"\n 回答：{result['result']}")
    print("\n 使用的源文档： ")
    for i, doc in enumerate(result["source_documents"], 1):
        print(f"\n 相关文档 {i}:")
        print(f" 长度：{len(doc.page_content)} 字符 ")
        print(f" 内容片段：{doc.page_content[:150]}...")
        print("---")
```

小冰：咖哥，这里分别通过 LangChain 和 LlamaIndex 提供的工具实现了"从小到大"策略，我可不可以自行设计类似的索引结构呢？

咖哥：当然可以。小冰，这里你要学的主要是思路。在实际项目中，一般不再依赖框架，而是自己掌控每一个环节。

6.2 粗中有细：利用 IndexNode 和 RecursiveRetriever 构建从摘要到细节的索引

接下来，我们将探讨一种与"从小到大"相辅相成但似乎相反的策略——粗中有细（Summary-to-Detail）。这一策略的核心是先整理高层信息，利用层次化索引和递归检索的方式，使检索和生成过程可以按需逐步深入，从概述级信息过渡到详细信息。

图 6-5 展示了 LlamaIndex 提供的分层检索的实现流程。

"粗中有细"策略的设计理念如下。

- 粗粒度：主索引中包含概述性摘要信息，可以快速定位目标场景或主题。
- 细粒度：当需要更详细的信息时，可以通过与主索引相连的二级索引（或更深层索引）递归式地检索细节内容。

图6-5 分层检索的实现流程

与"从小到大"策略不同的是,"粗中有细"策略更加注重索引间的层级关系,并通过 RecursiveRetriever 工具实现多层级索引之间的协作,而不仅仅是控制单一索引内部的块大小。

具体来说,这种层次化结构允许用户逐步深入不同的需求层次。例如,如果一个知识库按年份存储了世界各国的 GDP 信息,粗粒度节点将负责定位每个年份的整体说明,用于确定具体是哪一年;而具体的 GDP 数值则存储在该节点的二级索引中。对于这个示例,如果不采用这种层次化的编排方式,直接检索某国的 GDP 信息,可能会得到与特定年份无关的结果。

在 LlamaIndex 中,"粗中有细"策略的具体实现方式如下。

- 通过 IndexNode 建立层次化索引:主索引包含概述性节点及一些轻量级文本内容;子索引则针对主索引中的每个 IndexNode 创建详细内容的独立向量索引,用于存储与该主题相关的深层次信息。
- 递归检索逻辑:RecursiveRetriever 是实现"粗中有细"策略的关键。它允许在一次查询过程中,根据检索结果动态跳转到相关的二级索引,从而递归式地获取所需信息。

以下代码示例展示了如何使用 LlamaIndex 中的 IndexNode 和 Recursive-Retriever 模块进行递归检索。

```
from llama_index.core import VectorStoreIndex, Settings
from llama_index.core.schema import IndexNode, Document
from llama_index.llms.deepseek import DeepSeek
from llama_index.embeddings.huggingface import HuggingFaceEmbedding
from llama_index.core.retrievers import RecursiveRetriever
from llama_index.core.query_engine import RetrieverQueryEngine
from llama_index.core import get_response_synthesizer
from typing import List
# 配置全局设置
Settings.llm = DeepSeek(model="deepseek-chat", temperature=0.1)
Settings.embed_model = HuggingFaceEmbedding(model_name="BAAI/bge-small-zh")
# 创建游戏场景的描述(主文档)
scene_descriptions = [
    """
    花果山:这里是齐天大圣孙悟空的出生地。山上常年缭绕着仙气,瀑布从千米高空倾泻而下,
    形成"天河飞瀑"。山中生长着各种仙草灵药,还有不少修炼成精的动物。
    """,
    """
```

```
    水帘洞：位于花果山之巅，洞前有一道天然形成的水帘，是一处修炼圣地。
    """,
    """
    东海龙宫：位于东海海底的宏伟宫殿，由珊瑚和夜明珠装饰。这里是孙悟空夺取定海神针的地方。
    """
]
# 将场景描述转换为 Document 对象
documents = [Document(text=desc) for desc in scene_descriptions]
# 使用节点解析器将文档转换为节点
doc_nodes = Settings.node_parser.get_nodes_from_documents(documents)
# 创建表示层次关系的 IndexNode
# 创建场景详细信息（模拟有细节的文档）
scene_details = [
    """
    花果山详细设定
    1. 地理位置：东胜神洲傲来国境内
    2. 自然环境：终年不谢的奇花异草，清澈的山泉和瀑布，茂密的古树森林
    3. 特殊区域：仙果园，种植各种灵果；练功场，平坦开阔的修炼区域；休憩区，供猴族休息的场所
    """,
    """
    水帘洞详细设定
    1. 建筑结构：外部，巨大的天然岩石洞窟；入口，高 30 丈的水帘；内部，错综复杂的洞穴系统
    2. 功能分区：修炼大厅，配备各类修炼器具；藏宝室，存放各种法宝和丹药，有强大的防护阵法；议事厅，可容纳数百猴族，商讨重要事务的地方
    """,
    """
    东海龙宫详细设定
    1. 建筑特征：材质，珊瑚、珍珠、夜明珠；规模，占地数十里；风格，海底宫殿建筑群
    2. 重要场所：龙王宝库，储存着无数珍宝，如夜明珠，也存放定海神针等神器；兵器库，各式水系法器，各种神兵利器；大殿，会见宾客的正殿，可召开水族会议
    """
]
# 为每个详细信息创建对应的 IndexNode，并创建对应的查询引擎
index_nodes = []
index_id_query_engine_mapping = {}
for idx, detail_text in enumerate(scene_details):
    # 创建 IndexNode，先处理文本再放入 f-string
    index_id = f"detail{idx}"
    first_line = detail_text.split('\n')[1].strip()
    index_node = IndexNode(text=f" 该节点包含 {first_line}", index_id=index_id)
    index_nodes.append(index_node)
    # 创建对应的 TextNode，并构建单独的索引和查询引擎
    detail_node = Document(text=detail_text)
    detail_index = VectorStoreIndex.from_documents([detail_node])
    detail_query_engine = detail_index.as_query_engine()
```

```python
        # 将查询引擎添加到映射中
        index_id_query_engine_mapping[index_id] = detail_query_engine
        # 输出当前的映射情况
        print(f"\n 当前索引 ID：{index_id}")
        print(f" 索引节点文本：{index_node.text}")
        print(f" 对应的场景详细信息长度：{len(detail_text)} 字符 ")
        print(f" 查询引擎类型：{type(detail_query_engine).__name__}")
# 合并文档节点和索引节点
all_nodes = doc_nodes + index_nodes
# 构建主向量索引
vector_index = VectorStoreIndex(all_nodes)
vector_retriever = vector_index.as_retriever(similarity_top_k=2)
# 创建 RecursiveRetriever 对象
recursive_retriever = RecursiveRetriever(
    "vector", # 根检索器的 ID
    retriever_dict={"vector": vector_retriever}, # 检索器映射
    query_engine_dict=index_id_query_engine_mapping, # 查询引擎映射
    verbose=True, # 启用详细输出
)
# 创建 RetrieverQueryEngine，设置响应模式为 "compact"
response_synthesizer = get_response_synthesizer(response_mode="compact")
# 创建 RetrieverQueryEngine，随后传入 RecursiveRetriever 和响应合成器
query_engine = RetrieverQueryEngine.from_args(
    recursive_retriever,
    response_synthesizer=response_synthesizer,
)
# 定义查询函数
def query_scene(question: str):
    print(f" 问题：{question}\n")
    response = query_engine.query(question)
    print(f" 回答：{str(response)}\n")
# 示例查询
if __name__ == "__main__":
    questions = [
        " 花果山里有什么特别的地方？ ",
        " 详细描述一下水帘洞的内部结构。",
        " 东海龙宫存放了哪些宝物？ ",
    ]
    for q in questions:
        query_scene(q)
```

> 问题：详细描述一下水帘洞的内部结构。
> Retrieving with query id None: 详细描述一下水帘洞的内部结构。
> Retrieved node with id, entering: detail1
> Retrieving with query id detail1: 详细描述一下水帘洞的内部结构。
> Got response: 水帘洞的内部结构包括一个错综复杂的洞穴系统，设有多个功能分区，其中包括修炼大厅、藏宝室和议事厅。修炼大厅是猴族进行修炼的主要场所，配备了各种修炼器具。藏宝室用于存放各种法宝和丹药，并设有强大的防护阵法。议事厅则是商讨重要事务的地方，可以容纳数百名猴族。
> Retrieving text node: 水帘洞：位于花果山之巅，洞前有一道天然形成的水帘，是一处修炼圣地。
> 回答：水帘洞的内部结构包括一个错综复杂的洞穴系统，设有多个功能分区。主要区域有修炼大厅、藏宝室和议事厅。修炼大厅是猴族进行修炼的主要场所，配备了各种修炼器具。藏宝室用于存放各种法宝和丹药，并设有强大的防护阵法。议事厅则是商讨重要事务的地方，可以容纳数百名猴族。

上述程序的特点在于多层级知识组织，通过 IndexNode 建立层级关联，形成树状知识图谱。顶层为场景概要（花果山、水帘洞、龙宫的基本描述），底层为场景细节（如建筑结构、功能分区等详细设定）。

通过动态路由机制，主检索器（similarity_top_k=2）先进行粗粒度检索，自动识别 IndexNode 触发细节检索，根据 index_id 路由到对应的子查询引擎。

这种架构特别适合处理需要结合概述与细节的复杂问答，尤其是在知识体系存在天然层次结构的情况下，可以精准定位深层信息。系统既能快速响应概括性问题，也能处理需要深入细节的复杂查询，在效率与精度之间取得平衡。

6.3 分层合并：HierarchicalNodeParser和RAPTOR

在了解了"从小到大"和"粗中有细"这两个策略之后，再来看一种设计上同样灵活精巧的方法：先将文本块分成多个层次，随后进行索引，形成多种向量表示，最后在检索过程中对其进行整合，如图 6-6 所示。

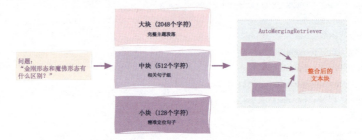

图6-6　先分层、索引，再整合的过程

6.3.1 利用HierarchicalNodeParser生成分层索引

假设玩家问："金刚形态和魔佛形态有什么区别？"传统的向量检索可能会精确地找到描述这两种形态的具体句子，例如，"金刚形态下，悟空的力量暴增"和"魔佛形态则让悟空获得强大的法术能力"。然而，这样的回答显然是不完整的。因为形态之间的区别不仅仅体现在这两句话中，还包括它们的连招特点、武器配合方式等信息，这些信息分散在文本的不同位置。

在 LlamaIndex 中，可通过 HierarchicalNodeParser 将整个游戏知识文本分成 3 个层次：大块（2048 字符）用于保存完整的主题段落，中块（512 字符）用于保存相关的几个句子，小块（128字符）用于精确定位具体描述。这就像是把一本游戏攻略先分成章节，再分成段落，最后分成句子。

在检索时，系统会首先通过向量索引找到最相关的小块，这保证了检索的精确性。但系统不会止步于此，它会通过 AutoMergingRetriever 自动寻找这些小块（也称为叶子节点）的"根节点"，也就是包含这些小块的更大文本块。如果发现多个小块都来自同一个更大的文本块，系统就会自动进行合并，以提供更完整的上下文信息。

例如，在回答形态区别的问题时，系统可能会发现：描述基本属性的句子、描述连招特点的句子、描述武器配合的句子虽然分散在不同位置，但它们都是在讲述战斗形态的特点。这时，系统就会自动合并这些信息，给出一个更加全面的答案。

以下代码示例展示了如何使用 HierarchicalNodeParser 和 AutoMergingRetriever 构建分层的游戏知识检索系统。我们将同时创建基础检索器和自动合并检索器，并对两者的检索结果进行对比。

```python
# 导入必要的库并配置基础设置
from llama_index.core import VectorStoreIndex, StorageContext, Document, Settings
from llama_index.core.node_parser import HierarchicalNodeParser, get_leaf_nodes, get_root_nodes
from llama_index.core.storage.docstore import SimpleDocumentStore
from llama_index.core.retrievers import AutoMergingRetriever
from llama_index.llms.deepseek import DeepSeek
from llama_index.embeddings.huggingfacc import HuggingFaceEmbedding
# 配置全局设置
Settings.llm = DeepSeek(model="deepseek-chat", temperature=0.1)
Settings.embed_model = HuggingFaceEmbedding(model_name="BAAI/bge-small-zh")
# 准备游戏知识文本
game_knowledge = """"灭神纪·猢狲"的战斗系统设计精妙绝伦。玩家可以在战斗中自由切换多种战斗形态，每种形态都有其独特优势。金刚形态下……魔佛形态则……"""
# 创建 Document 对象
documents = [Document(text=game_knowledge)]
# 创建分层节点解析器并处理文档
# 使用 HierarchicalNodeParser 创建文本层次结构
# chunk_sizes 表示不同层级的文本块大小
node_parser = HierarchicalNodeParser.from_defaults(
    chunk_sizes=[256, 128, 64]  # 从根节点到叶子节点的块大小
)
nodes = node_parser.get_nodes_from_documents(documents)
# 获取叶子节点（最小粒度的文本块）和根节点
leaf_nodes = get_leaf_nodes(nodes)
root_nodes = get_root_nodes(nodes)
# 构建存储和索引
# 创建文档存储并添加所有节点
docstore = SimpleDocumentStore()
docstore.add_documents(nodes)
```

```python
# 创建存储上下文
storage_context = StorageContext.from_defaults(docstore=docstore)
# 为叶子节点创建向量索引
base_index = VectorStoreIndex(
    leaf_nodes,
    storage_context=storage_context
)
# 创建基础检索器和自动合并检索器
base_retriever = base_index.as_retriever(similarity_top_k=6)
auto_merging_retriever = AutoMergingRetriever(
    base_retriever,
    storage_context,
    verbose=True  # 显示合并过程
)
# 准备测试问题
test_questions = [
    "金箍棒在不同形态下有什么特点？",
]
print("=== 自动合并检索器的结果 ===")
for question in test_questions:
    print(f"\n问题：{question}")
    # 使用自动合并检索器检索
    merge_nodes = auto_merging_retriever.retrieve(question)
    print(f" 检索到 {len(merge_nodes)} 个合并后的节点：")
    for node in merge_nodes:
        print(f"\n 相似度：{node.score}")
        print(f" 内容：{node.node.text}")
        print("-" * 50)
print("\n=== 基础检索器的结果（对比）===")
for question in test_questions:
    print(f"\n问题：{question}")
    # 使用基础检索器检索
    base_nodes = base_retriever.retrieve(question)
    print(f" 检索到 {len(base_nodes)} 个基础节点：")
    for node in base_nodes:
        print(f"\n相似度：{node.score}")
        print(f" 内容：{node.node.text}")
        print("-" * 50)
```

这种设计非常适合"灭神纪·猢狲"这样复杂的游戏系统，因为游戏中的很多特性都是相互关联的，玩家的问题往往需要综合多个方面的信息才能完整回答。例如，某个形态的特点可能涉及基础属性、连招系统、武器特性等多个方面。通过自动合并检索，系统能够在保持回答准确性的同时，提供更加完整和连贯的信息。

Out

=== 自动合并检索器的结果 ===
问题：金箍棒在不同形态下有什么特点？
> Merging 3 nodes into parent node.
> Parent node id: cbb37aab–f161–4bb4–a1aa–f2adf47687a7.
> Parent node text: 配合不同形态发挥不同效果。
金刚形态下，金箍棒变得厚重，每一击都充满力量。魔佛形态时，金箍棒则能延展变细，
配合法术形成远程攻击。除了金箍棒以外，游戏中还有各类神器法宝可以装备和切换。
> Merging 1 nodes into parent node.
> Parent node id: 7b1eff02–fdfb–4dfb–81cd–0d75bf7868bc.
> Parent node text: 金刚形态擅长通过连续的重击打断敌人防御，制造破绽。
检索到 4 个合并后的节点：
相似度：0.8093140209301627
内容：配合不同形态发挥不同效果。金刚形态下，金箍棒变得厚重，每一击都充满力量。魔佛形态时，
金箍棒则能延展变细，配合法术形成远程攻击。除了金箍棒以外，游戏中还有各类神器法宝可以装备
和切换。

相似度：0.7931933447011333
内容：金刚形态擅长通过连续的重击打断敌人防御，制造破绽。

相似度：0.7830123004681626
内容：每种形态都有其独特优势。
金刚形态下，悟空的力量暴增，能够打出高额物理伤害，适合近身搏斗。

相似度：0.7490986271802448
内容：武器系统同样充满变化。标志性的如意金箍棒可以随心改变长短粗细，

=== 基础检索器的结果（对比）===
问题：金箍棒在不同形态下有什么特点？
检索到 3 个基础节点：
相似度：0.8440463514850339
内容：配合不同形态发挥不同效果。
金刚形态下，金箍棒变得厚重，每一击都充满力量。魔佛形态时，

相似度：0.817276846713401
内容：除了金箍棒以外，游戏中还有各类神器法宝可以装备和切换。

相似度：0.7931933447011333
内容：金刚形态擅长通过连续的重击打断敌人防御，制造破绽。

对于基础检索器，如果设置较小的检索范围，信息可能会不完整；如果设置较大的检索范围，则可能引入无关信息。相较之下，AutoMergingRetriever 能够自动识别和合并相关的文本片段，智能判断哪些信息应被整合在一起，从而提供更完整的上下文信息。这种方法对于回答需要综合多处信息的复杂问题特别有效。

6.3.2 利用RAPTOR递归生成多层级索引

RAPTOR（Recursive Abstractive Processing for Tree-Organized Retrieval，递归抽象处理树结构检索）是斯坦福大学团队提出的一种复杂的多层级索引结构（见图6-7），通过精心设计的策略，充分挖掘和利用每一层的信息。

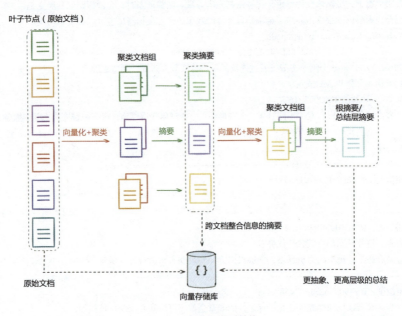

图6-7 多层级索引结构

RAPTOR的检索和生成步骤与普通RAG的相同，其核心算法主要在于索引创建的部分，这包括层次化文档表示和层级递归摘要。

- 叶子节点代表原始文档的分块或整个文档。叶子节点的嵌入被计算并进行聚类（采用GMM和UMAP[①]）。
- 在低层次的文档（即叶子节点）被聚类后，每个簇会生成摘要。
- 这些摘要作为更高一层的输入，继续进行聚类和摘要，并递归地组织起来，直到形成最终的树结构。
- 最终的树结构被压缩成扁平化的检索库，使用向量搜索来高效查找信息。

这就像一棵倒置的树，根在上方，叶子在下方，每一层代表不同抽象级别的信息。层次越高，信息越具概括性和抽象。每个节点都可以连接上下层的相关节点，允许从宏观到微观的信息导航。

RAPTOR的索引生成策略的伪代码如下。

[①] 高斯混合模型（Gaussian Mixture Model，GMM）和均匀流形近似与投影（Uniform Manifold Approximation and Projection，UMAP）是数据分析中常用的两种技术，分别用于聚类和降维。

In
```
def recursive_embed_cluster_summarize(text_chunks, level=1, max_levels=3):
    """
    对给定的文本块执行递归嵌入、聚类和摘要处理。
    每一层代表一个抽象层级。
    参数：
        text_chunks：当前层的文本块（如文档分块或上层摘要）
        level：当前层级
        max_levels：最大递归层数
    返回：
        本层生成的摘要列表（作为上层输入）
    """
    # 嵌入当前层的文本块
    embeddings = embed_texts(text_chunks)
    # 若已到达最大层级，或无法进一步聚类，则终止递归
    if level >= max_levels or len(text_chunks) <= 1:
        return text_chunks
    # 对嵌入结果进行聚类（可选 GMM+UMAP 或 k-means）
    clusters = cluster_embeddings(embeddings)
    # 为每个聚类生成摘要
    summaries = []
    for cluster in clusters:
        cluster_texts = [text_chunks[i] for i in cluster.indices]
        summary = summarize_texts(cluster_texts)
        summaries.append(summary)
    # 递归调用，进入下一层级
    return recursive_embed_cluster_summarize(summaries, level + 1, max_levels)
```

小雪：是否可以这样理解，通过大模型对下层内容进行总结和抽象，每上升一层，摘要就变得更具有概括性，保留关键信息，去除次要细节？这类似于写文章时的"章节大纲→段落大纲→具体内容"的层级关系。例如，产品线总体介绍→产品类别概述→多个产品说明文档。同时，根据相似度对下层内容进行分组，确保相似内容被归类到同一组，例如，将所有关于"游戏机制"的文档聚集在一起。

咖哥：是的。论文作者认为这种结构的主要优势在于通过层次化组织使信息检索更有针对性。多级别摘要有助于不同粒度的信息访问，全局和局部聚类的结合提高了文档组织的质量，而最终展平后的向量存储保证了检索效率，支持从不同层级和角度进行信息检索。

由于该论文的实现相对复杂，这里不给出详细的示例，感兴趣的读者可以参考 LangChain 复现的代码及对这篇论文的说明文档。

6.4 前后串联：通过前向 / 后向扩展链接相关节点

接下来，我们将探讨一种称为前向 / 后向扩展（Forward/Backward Augmentation，咖哥把它称为前后串联）的技术。该技术利用文档中节点间的关系，尤其是相邻节点间的上下文联系，来扩展检索上下文，如图6-8所示。

图6-8　前向/后向扩展

在需要连贯上下文的问答任务（如分析文章或理解故事情节等）中，当查询涉及"在某事件之后"或"在某事件之前"的信息时，检索系统能够自动推断并返回与之相关的节点的前后内容。这增强了检索结果的上下文信息，提供了更加全面和连贯的答案。

针对前向/后向扩展技术，LlamaIndex提供了以下两个实现工具。

- PrevNextNodePostprocessor：允许在检索时获取当前节点前后的指定数量节点。通过设置所要扩展的节点数量（num_nodes参数），可以控制增强的程度。
- AutoPrevNextNodePostprocessor：能够根据查询内容来推断是否需要进行前向/后向扩展检索。例如，如果查询中包含"之后"或"之前"这样的关键词，后处理器会自动调整模式，选择"next"（向后检索）、"previous"（向前检索）或"none"（不进行前向/后向扩展检索）。

小冰：咦，咖哥，这种技术不是和节点-句子滑动窗口检索非常相似吗？

咖哥：呵呵，思路上确实有相似之处。不过我正想问你，你能否看出两者有哪些不同呢？

小冰：嗯。前向/后向扩展检索是一个检索后处理步骤，它并不涉及索引的构建，因此不像节点-句子滑动窗口检索那样，在切分向量时一定要把文档切成一个个句子。此外，AutoPrevNextNodePostprocessor能够基于查询内容自动判断是否需要进行扩展，这提升了灵活性。

咖哥：是的。在LlamaIndex中，每个节点的元数据中都存储了其前后的节点ID，这意味着在检索时任意节点都可以根据需求自动扩展。通过理解查询的具体内容，系统能够判断是否需要检索相邻节点，在不过分牺牲效率的情况下提供更加丰富和相关的信息。而且，由于这种扩展作为检索后处理步骤（LlamaIndex中，具有Postprocessor后缀，则表示其是检索后处理工具）实现，它相对独立，因此容易集成到现有的RAG流程中，而不需要重新构建索引。

以下代码示例展示了一个智能的游戏剧情检索系统，它可以通过分析前后文关系来提供完整的剧情信息。

```python
from llama_index.core import VectorStoreIndex, StorageContext, Document, Settings
from llama_index.core.node_parser import SentenceSplitter
from llama_index.core.storage.docstore import SimpleDocumentStore
from llama_index.core.postprocessor import PrevNextNodePostprocessor, AutoPrevNextNodePostprocessor
from llama_index.llms.deepseek import DeepSeek
from llama_index.embeddings.huggingface import HuggingFaceEmbedding
# 配置全局设置
Settings.llm = DeepSeek(model="deepseek-chat", temperature=0.1)
Settings.embed_model = HuggingFaceEmbedding(model_name="BAAI/bge-small-zh")
Settings.node_parser = SentenceSplitter()
# 准备游戏剧情文本
game_story = """悟空初醒时,发现自己被困在一座古老的山洞中。记忆模糊的他只记得自己是齐天大圣孙悟空,却想不起为何会在此处。洞中有一面破碎的镜子,透过镜子他看到自己伤痕累累,昔日的金箍棒也只剩下一截断柄。离开山洞后,悟空遇到了一位神秘的老僧。老僧告诉他,这里是"幻界",是介于现实与虚幻的特殊空间。500年前,天庭遭遇了前所未有的浩劫,众神陨落,天界崩塌。当时正在大闹天宫的悟空也被卷入其中,失去了大部分法力和记忆,被封印在这个世界。老僧建议悟空去寻找散落在幻界各处的记忆碎片。第一站是位于东方的忘川寺,那里供奉着一面记忆之镜,或许能帮他找回部分记忆。然而,忘川寺已被一群邪魔占领,悟空需要先击败它们。在忘川寺,悟空通过记忆之镜看到了天庭浩劫的部分场景。原来是一个神秘的古老势力在背后操纵,他们利用了"众生之愿"的力量,扭曲了天地规则。当时的悟空虽然强大,却也无法阻止灾难的发生。获得这些记忆后,老僧告诉悟空下一站应该前往西方的业火山。那里有一支蜕变的魔族,他们掌握着更多真相。但业火山常年被熊熊烈火包围,普通生灵难以靠近。悟空需要先找到传说中的三昧火甲,才能安全进入。在寻找三昧火甲的过程中,悟空遇到了昔日的好友妖王。妖王告诉他,天庭崩塌后,六界秩序大乱,各方势力纷纷崛起。有的打着重建天庭的旗号,有的则想建立全新的秩序。一场更大的劫难正在酝酿。获得三昧火甲后,悟空成功潜入业火山。在与魔族首领的对决中,他终于想起了更多真相。原来那个古老势力的目标并非简单的破坏,而是重塑整个世界的规则。他们认为现有的秩序存在根本缺陷,导致众生皆苦。回到老僧身边,悟空表示要集结各方力量对抗那个幕后势力。老僧却告诉他,事情可能没有表面看起来那么简单。是否应该重塑世界秩序,这个问题并没有标准答案。老僧建议悟空继续寻找更多真相,再做决定。悟空决定启程前往南方的沉星海。传说那里有一座古老的图书馆,收藏着关于世界起源的典籍。然而,在他出发前,幻界突然发生剧烈震动,似乎有什么巨大的变故即将发生……
"""
# 创建 Document 对象
documents = [Document(text=game_story)]
# 构建文档存储和索引,并使用 Settings 中的 node_parser 解析文档
nodes = Settings.node_parser.get_nodes_from_documents(documents)
# 添加节点
docstore = SimpleDocumentStore()
docstore.add_documents(nodes)
# 创建存储上下文
storage_context = StorageContext.from_defaults(docstore=docstore)
# 构建向量索引
index = VectorStoreIndex(nodes, storage_context=storage_context)
# 创建不同的查询引擎
# 基础查询引擎
base_engine = index.as_query_engine(
    similarity_top_k=1,
```

In

```
    response_mode="tree_summarize"
)
# 带固定前后文的查询引擎
prev_next_engine = index.as_query_engine(
    similarity_top_k=1,
    node_postprocessors=[
        PrevNextNodePostprocessor(docstore=docstore, num_nodes=2)
    ],
    response_mode="tree_summarize"
)
# 带自动前后文的查询引擎
auto_engine = index.as_query_engine(
    similarity_top_k=1,
    node_postprocessors=[
        AutoPrevNextNodePostprocessor(
            docstore=docstore,
            num_nodes=2,
            verbose=True
        )
    ],
    response_mode="tree_summarize"
)
# 测试不同类型的问题及不同的查询引擎
test_questions = [
    "悟空从忘川寺获得记忆后发生了什么？", # 应该找后文
    "悟空是如何到达业火山的？", # 应该找前后文
    "悟空为什么会在山洞中醒来？", # 应该找前文
]
```

尽管示例剧情非常简单，但特意设计了一个探索真相、寻找记忆的故事线，这样可以更好地展示系统如何处理文中的前因后果。当玩家询问"在某个事件之前 / 之后发生了什么？"，就需要完整的上下文，单个片段可能无法提供足够信息。

Out

问题：悟空为什么会在山洞中醒来？
> Postprocessor Predicted mode: previous
回答：悟空在山洞中醒来是因为他在五百年前大闹天宫时，天庭遭遇浩劫，众神陨落，天界崩塌，悟空也被卷入其中，失去了大部分法力和记忆，最终被封印在幻界这个特殊空间中。

（受限于篇幅，关于完整输出，请参考咖哥的 GitHub 仓库。）

可以通过调整 chunk_size、num_nodes 等参数来平衡上下文的范围，或者修改故事内容以测试不同场景下系统的表现。

小雪：这里的前向 / 后向扩展技术更注重文档内容的逻辑顺序，而父子文本块索引技术（参见 6.1.2 小节）主要基于层次化结构（子文本块和父文本块）来返回上下文，不依赖于内容的顺序关系。从自动化程度的角度看，前向 / 后向扩展技术中的 AutoPrevNextNodePostprocessor 可以根据查询推断是否需要扩展范围，而节点 – 句

子滑动窗口检索技术（参见6.1.1小节）和父子文本块索引技术都是基于预设的范围，不具备自动化判断的能力。

6.5 混合检索：提高检索准确性和扩大覆盖范围

在前面的内容中，我们多次探讨了混合索引（混合检索的前提和实现基础）的概念及其实现方法。当存在多种类型的数据库或数据库中包含多种类型的索引时，可以采用混合检索来提高检索的准确性、扩大检索覆盖范围以及增强系统能力。

6.5.1 利用Ensemble Retriever结合BM25和语义检索

4.6.3小节介绍了如何使用Milvus向量数据库与BGE-M3模型生成的密集和稀疏向量进行混合检索。在本小节中，我们将使用LangChain提供的Ensemble Retriever（集成检索器）来组合不同类型检索器的结果。混合检索的实现流程如图6-9所示。

图6-9中的两个检索器并行：左侧为基于关键词匹配的BM25稀疏检索器；右侧则是执行语义相似度检索的密集检索器。Ensemble Retriever将两种检索器的结果组合起来，通过混合检索策略整合结果，并最终传递给生成器以输出相关文档。

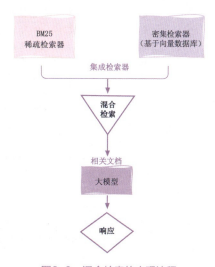

图6-9　混合检索的实现流程

这种架构的优势在于它结合了关键词匹配的精确性和语义检索的灵活性。BM25擅长捕捉精确的文本匹配，特别适合查找包含确切术语或密切相关词汇的文档；而密集检索器则能够理解查询的潜在上下文或含义，提供更深层次的语义相似性理解。因此，在许多应用场景下，采用混合检索策略可以获得优于单一检索器的效果。

以下代码示例使用BM25检索器[①]进行关键词匹配，并利用向量存储实现语义检索，然后通过EnsembleRetriever结合这两种检索方法（可根据具体需求调整BM25和语义检索的权重，以优化检索效果）实现混合检索。

---

① 使用pip install rank_bm25命令安装相关的库。

```python
from langchain_huggingface import HuggingFaceEmbeddings
from langchain_deepseek import ChatDeepSeek
from langchain.chains import RetrievalQA
# 系统设定文档：关注具体游戏机制和系统
system_docs = [
    " "灭神纪·猢狲"采用独特的变身系统作为核心战斗机制 ",
    " 金刚形态下可以使用重型武器，增加攻击力和防御力 ",
    " 魔佛形态专注于法术攻击，可以释放强大的法术伤害 ",
    " 战斗中可以随时切换不同形态，实现连击 ",
    " 游戏难度分为普通、困难和修罗三个等级 "
]
# 世界观文档：关注剧情和背景设定
lore_docs = [
    " 游戏背景设定在架空的神话世界中，融合东方神话元素 ",
    " 孙悟空在游戏中被封印 500 年后重新苏醒 ",
    " 世界中存在佛教、道教等多个派系的神魔 ",
    " 玩家扮演的孙悟空需要在各方势力中寻找真相 ",
    " 游戏场景包括水墨画风格的山川和建筑 "
]
# 创建两种不同的检索器：BM25 与向量检索器
from langchain_community.retrievers import BM25Retriever
from langchain_community.vectorstores import FAISS
from langchain.retrievers import EnsembleRetriever
# 创建 BM25 检索器
bm25_retriever = BM25Retriever.from_texts(
    system_docs + lore_docs,
    metadatas=[{"source": "system" if i < len(system_docs) else "lore"}
               for i in range(len(system_docs) + len(lore_docs))]
)
bm25_retriever.k = 2
# 创建向量检索器
embed_model = HuggingFaceEmbeddings(model_name="BAAI/bge-small-zh")
vectorstore = FAISS.from_texts(
    system_docs + lore_docs,
    embed_model,
    metadatas=[{"source": "system" if i < len(system_docs) else "lore"}
               for i in range(len(system_docs) + len(lore_docs))]
)
faiss_retriever = vectorstore.as_retriever(search_kwargs={"k": 2})
# 创建混合检索器
ensemble_retriever = EnsembleRetriever(
    retrievers=[bm25_retriever, faiss_retriever],
    weights=[0.5, 0.5]
)
# 创建使用混合检索器的问答链和使用单一检索器的问答链（用于对比）
```

```python
llm = ChatDeepSeek(model="deepseek-chat")
# 创建混合检索问答链
ensemble_qa = RetrievalQA.from_chain_type(
    llm=llm,
    retriever=ensemble_retriever,
    return_source_documents=True
)
# 创建单独的向量检索问答链（用于对比）
vector_qa = RetrievalQA.from_chain_type(
    llm=llm,
    retriever=faiss_retriever,
    return_source_documents=True
)
# 测试不同类型的查询
test_queries = [
    "游戏中的变身系统是什么样的？",  # 系统设定查询
    "游戏的世界背景是怎样的？",       # 背景设定查询
    "悟空有哪些战斗形态？"            # 混合查询
]
for query in test_queries:
    print(f"\n 查询：{query}")
    print("\n1. 混合检索结果：")
    ensemble_docs = ensemble_retriever.invoke(query)
    print(" 检索到的文档：")
    for i, doc in enumerate(ensemble_docs, 1):
        print(f"{i}. [{doc.metadata['source']}] {doc.page_content}")
    print("\n2. 向量检索结果（对比）：")
    vector_docs = faiss_retriever.invoke(query)
    print(" 检索到的文档：")
    for i, doc in enumerate(vector_docs, 1):
        print(f"{i}. [{doc.metadata['source']}] {doc.page_content}")
# 测试问答效果
print("\n=== 问答效果测试 ===")
test_questions = [
    "金刚形态的特点是什么？",
    "游戏中的势力分布是怎样的？",
]
for question in test_questions:
    print(f"\n 问题：{question}")
    print("\n1. 使用混合检索的回答：")
    ensemble_result = ensemble_qa.invoke({"query": question})
    print(f" 回答：{ensemble_result['result']}")
    print("\n 使用的源文档：")
    for i, doc in enumerate(ensemble_result['source_documents'], 1):
        print(f"{i}. [{doc.metadata['source']}] {doc.page_content}")
```

In

```
print("\n2. 使用纯向量检索的回答（对比）: ")
vector_result = vector_qa.invoke({"query": question})
print(f" 回答: {vector_result['result']}")
print("\n 使用的源文档: ")
for i, doc in enumerate(vector_result['source_documents'], 1):
    print(f"{i}. [{doc.metadata['source']}] {doc.page_content}")
```

Out

查询：游戏中的变身系统是什么样的？
1. 混合检索结果：
检索到的文档：
1. [lore] 游戏场景包括水墨画风格的山川和建筑
2. [system] "灭神纪·猢狲"采用独特的变身系统作为核心战斗机制
3. [lore] 玩家扮演的孙悟空需要在各方势力中寻找真相
4. [system] 战斗中可以随时切换不同形态，实现连击
2. 向量检索结果（对比）：
检索到的文档：
1. [system] "灭神纪·猢狲"采用独特的变身系统作为核心战斗机制
2. [system] 战斗中可以随时切换不同形态，实现连击
问题：金刚形态的特点是什么？
1. 使用混合检索的回答：
回答：金刚形态下可以使用重型武器，增加攻击力和防御力。
使用的源文档：
1. [lore] 游戏场景包括水墨画风格的山川和建筑
2. [system] 金刚形态下可以使用重型武器，增加攻击力和防御力
3. [lore] 玩家扮演的孙悟空需要在各方势力中寻找真相
4. [system] 魔佛形态专注于法术攻击，可以释放强大的法术伤害
2. 使用纯向量检索的回答（对比）：
回答：金刚形态下可以使用重型武器，增加攻击力和防御力。
使用的源文档：
1. [system] 金刚形态下可以使用重型武器，增加攻击力和防御力
2. [system] 魔佛形态专注于法术攻击，可以释放强大的法术伤害

通过这种方式，你可以清楚地观察到每个检索器返回的具体文档，并理解最终集成检索器是如何权衡和选取这些结果的。这对于调试过程以及优化检索策略尤为有帮助。在测试过程中，混合检索方法展示了其同时考虑关键词匹配与语义相关性的能力，从而提供了更全面且精准的搜索结果。这种方法适用于各种应用场景，例如数字图书馆资源的查找、大型文档集合的高效搜索等。

当我们对比上述代码与 4.6.3 小节中的混合检索实现时，发现采用 LangChain 框架可以极大地简化这一流程。具体来说，BM25Retriever 和 vectorstore.as_retriever 这两个组件封装了信息嵌入、向量存储及检索这 3 个步骤背后的复杂逻辑，使得开发者无须深入细节即可实现高效的信息检索。而集成不同检索器的关键功能则主要由 EnsembleRetriever 类来实现，它负责结合来自不同检索器的结果，根据预设权重进行综合评估，以达到优化检索效果的目的。

接下来，我们看看 EnsembleRetriever 类的核心逻辑。

```
class EnsembleRetriever(BaseRetriever):
    retrievers: List[RetrieverLike]
    weights: List[float]
    c: int = 60
    id_key: Optional[str] = None
    def weighted_reciprocal_rank(
        self, doc_lists: List[List[Document]]
    ) -> List[Document]:
        rrf_score: Dict[str, float] = defaultdict(float)
        for doc_list, weight in zip(doc_lists, self.weights):
            for rank, doc in enumerate(doc_list, start=1):
                rrf_score[
                    doc.page_content
                    if self.id_key is None
                    else doc.metadata[self.id_key]
                ] += weight / (rank + self.c)
        all_docs = chain.from_iterable(doc_lists)
        sorted_docs = sorted(
            unique_by_key(
                all_docs,
                lambda doc: doc.page_content
                if self.id_key is None
                else doc.metadata[self.id_key],
            ),
            reverse=True,
            key=lambda doc: rrf_score[
                doc.page_content if self.id_key is None else doc.metadata[self.id_key]
            ],
        )
        return sorted_docs
```

其中的关键点是加权倒数排名融合（Weighted Reciprocal Rank Fusion），这是集成检索的核心算法，在 weighted_reciprocal_rank 方法中实现。

分数计算的语句如下。

```
rrf_score[doc_key] += weight / (rank + self.c)
```

对于每个文档，根据其在各个检索器结果中的排名计算分数，排名越高（即 rank 越小），分数越高，权重则用于调整不同检索器的重要性。之后，使用 unique_by_key 函数去除重复文档，再根据计算的 RRF 分数对文档进行排序，返回排序后的去重文档列表。关于 RRF 算法的更多细节，将在后续内容中详细介绍。

这个实现结合了多个检索器的结果，考虑了每个检索器的权重和文档在各检索器中的排名，能有效地融合不同检索策略的优势，提高整体检索质量。使用时，只需要初始化 EnsembleRetriever 并提供检索器列表和对应的权重即可。

```
ensemble_retriever = EnsembleRetriever(
    retrievers=[bm25_retriever, faiss_retriever],
    weights=[0.6, 0.4])
```

这样设置会给 BM25 检索器更高的权重，可能更适合处理关键词匹配类的查询，同时也利用了 Faiss 检索器的语义理解能力。

6.5.2 利用MultiVectorRetriever实现多表示索引

多表示索引（Multi-Representation Indexing）是一种通过为文档创建多种表示形式来提升检索效果的技术，如图 6-10 所示。实际上，在前面的内容中，我们多次实现了各种类型的多表示索引。例如，在 6.1.2 小节中提到的父子文本块，以及在 6.3.1 小节中介绍的 HierarchicalNodeParser，都可以用于为同一个文档生成多种表示形式。

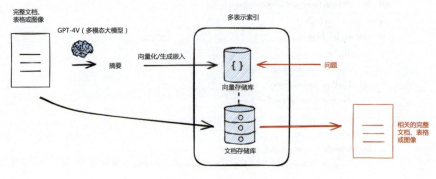

图6-10　多表示索引

以下代码示例展示了如何使用 LangChain 中的 MultiVectorRetriever 来快速实现多表示索引。

```
# 加载文档
from langchain_community.document_loaders import WebBaseLoader
loader = WebBaseLoader("https://lilianweng.github.io/posts/2023-06-23-agent/")
docs = loader.load()
# 创建文档摘要
from langchain_core.prompts import ChatPromptTemplate
from langchain_deepseek import ChatDeepSeek
from langchain_core.output_parsers import StrOutputParser
chain = (
    {"doc": lambda x: x.page_content}
    | ChatPromptTemplate.from_template("Summarize the following document:\n\n{doc}")
```

```
| ChatDeepSeek(model="deepseek-chat")
| StrOutputParser()
)
summaries = chain.batch(docs, {"max_concurrency": 5})
# 设置多向量检索器
from langchain.storage import InMemoryByteStore
from langchain_huggingface import HuggingFaceEmbeddings
from langchain_community.vectorstores import Chroma
from langchain.retrievers.multi_vector import MultiVectorRetriever
embed_model = HuggingFaceEmbeddings(model_name="BAAI/bge-m3")
vectorstore = Chroma(collection_name="summaries", embedding_function= embed_model)
store = InMemoryByteStore()
id_key = "doc_id"
retriever = MultiVectorRetriever(
    vectorstore=vectorstore,
    byte_store=store,
    id_key=id_key,
)
# 添加文档和摘要到检索器
import uuid
from langchain_core.documents import Document
doc_ids = [str(uuid.uuid4()) for _ in docs]
summary_docs = [
    Document(page_content=s, metadata={id_key: doc_ids[i]})
    for i, s in enumerate(summaries)
]
retriever.vectorstore.add_documents(summary_docs)
retriever.docstore.mset(list(zip(doc_ids, docs)))
# 使用检索器进行查询
query = "Memory in agents"
retrieved_docs = retriever.get_relevant_documents(query,n_results=1)
```

在这个多表示索引中，通过摘要来进行相似度检索（耗时更短，结果更精确）。在找到相关的摘要后，可以利用文档的 `doc_id` 快速定位到原始文档。这种设计在处理长文档时特别有用，因为它允许我们在保持检索效率的同时，不丢失原始文档的完整信息。

6.5.3 混合查询和查询路由

现在回顾一下 5.3 节介绍的查询路由技术，我们会认识到无论是集成检索还是多表示检索，都与逻辑路由密切相关。当构建了多种类型或层次的索引之后，关键在于针对具体的查询确定使用哪种表示方式进行检索最为合适。

例如，对于类似于"帮我找关于悟空的战斗数据"的查询，可能更适合优先采用关键词或结构化的表示形式进行检索，因为这类查询通常需要精确匹配特定的信息或数据点。

相反，对于"为什么'灭神纪·猢狲'受玩家欢迎"这样的查询，则更适合使用语义表示的形式进行检索，因为它更侧重于理解查询背后的意图以及寻找相关性更高的内容。

基于查询特征选择最合适检索路径的过程，本质上就是一个查询路由过程。在复杂的场景中，可能需要同时利用多种表示形式，并将它们的检索结果进行融合。这就形成了一个混合查询系统，它能够根据查询的特点动态地决定不同检索路径的权重分配。

6.6 小结

本章讨论的技术大多与生成结构化的文本块及检索优化紧密相关，旨在提供基础思路以启发更深层次的应用与创新。以下是几种关键技术及其作用的概述。

- 从小到大：这种技术结合了检索的小精度和生成的大上下文，通过这种方式提高了模型回答问题时的准确性和相关性。
- 粗中有细：这种技术通过构建分级别的索引，并为每个节点生成文本摘要，实现了从粗放到细致的检索过程。
- 分层合并：针对同一文本块创建多种类型的索引，这种技术增强了检索的全面性，扩大了覆盖范围。
- 前后串联：这种技术根据查询动态扩展上下文，特别适用于处理具有强因果关系和时间关联性的文档。
- 混合检索：这种技术整合多种数据源或存储表示形式，是实际应用中常见的检索优化策略。

值得注意的是，尽管上述技术提供了宝贵的方法论指导，但在实际项目中找到影响检索和整个 RAG 系统质量的瓶颈才是关键所在。

希望你通过对这些技术的理解，能在自己的项目中灵活运用，不拘泥于现有模式，创造出适合自己需求的索引构建方式和高效的检索机制。

第 7 章
检索后处理

学习了检索前处理、索引优化技术后,小冰与咖哥一起讨论了检索后处理技术(见图 7-1),但是小冰还是有一些疑问。

小冰:能否说说检索前处理、索引优化和检索后处理这些技术之间的关键差异?

咖哥:检索前处理和索引优化技术专注于提升检索过程的效率,而检索后处理技术则致力于提高检索结果的质量。由于初步检索结果往往不够理想,需要进一步优化和处理,以确保生成模型能够输出高质量的回答。

检索后处理通过一系列步骤(见图 7-2)将最相关的文本块置于结果列表的前端,同时减少冗余信息并提高内容质量,从而提升系统的整体性能,使生成的内容更加准确,并与上下文紧密相关。

图 7-1 小冰与咖哥讨论检索技巧

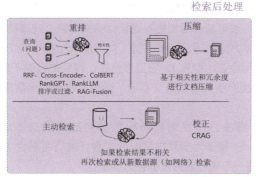

图 7-2 索引后处理技术

常见的检索后处理技术如下。

- **重新排序(re-ranking)**:简称重排。初始检索结果中可能包含大量的文本块,它们与查询的相关度各不相同。通过对这些结果进行评估,将最相关的结果置于前列。需要注意的是,重排会增加额外的计算资源需求。
- **压缩(compression)**:检索到的文本块可能既长又复杂,对其进行压缩可减轻生成器的计算负担,加快生成速度。
- **校正(correction)**:在生成结果之后对其进行检查和修正,以确保输出的准确性和连贯性。这对于高风险或高标准的领域（如医疗、法律）尤为重要。校正过程通常也会增加系统的复杂性和计算资源的需求。

这些技术可以由开发者手工集成到RAG流程中。LangChain的某些检索器内部也集成了部分检索后处理技术。在LlamaIndex中，检索后处理通常通过节点后处理器来完成。

7.1 重排

当用户提出一个问题时，尽管正确答案可能存在于某个文本块中，但如果该块在检索结果中的排名不够高，未被传递给大模型进行生成处理（例如，系统只考虑Top 3的文本块，而正确答案所在的文本块排在第4位），系统将无法给出正确的回答。

重排的目的是提高初步检索出的候选文本块的排序质量，通过更加精细的评分机制，确保将最相关的文档排在前列。重排有多种实现方式，接下来我们将从简单到复杂依次进行讲解。

7.1.1 RRF重排

在混合检索中，我们可以从多条检索路径（或多个检索器）获取多样的检索结果。这些路径可以是关键词检索和向量检索的结合、向量存储和结构化数据库存储的结合或不同检索策略（如不同的分块策略及索引策略）的结合。

混合检索的核心思想在于取长补短。例如，关键词检索擅长精确匹配，而语义检索则擅长捕捉语义相关性。通过结合这两种检索结果，可以提高检索的召回率（Recall）和精确率（Precision）。然而，这也带来了以下这些新问题。

- 结果冗余：不同的检索方法可能会返回相同或相似的文本块，造成结果重复。
- 排序不一致：不同的检索方法的评分标准不同（如BM25的评分标准是关键词匹配得分，而语义检索使用余弦相似度），若直接合并，得到的可能不是最优结果。
- 效率问题：混合检索可能产生大量候选文本块，如何从中筛选出最相关的文档成为一大挑战。

针对上述问题，最常见的解决方法是对初步检索得到的候选文本块应用RRF（Reciprocal Rank Fusion，一般译为倒数排名融合或者互惠排名融合）重排（见图7-3），以减少结果的冗余，并统一不同检索方法的评分标准。

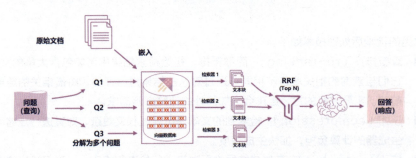

图7-3 RRF重排在RAG流程中的位置

RRF 会合并来自多个不同检索器的结果列表，为每个结果分配一个融合得分。如果某文本块在多个结果列表中均排名靠前，那么它的 RRF 总分会更高。这种方法体现了集成学习的思想。

RRF 算法的关键重排序公式如下。

$$\text{Score}_{RRF}(d)=\sum_{i=1}^{N}\frac{1}{\text{rank}_i(d)+k}$$

其中，d 代表特定文本块，$\text{Score}_{RRF}(d)$ 是该文本块的融合得分；N 是排序器的数量（即输入的多个检索结果列表的数量）；$\text{rank}_i(d)$ 是文本块 d 在第 i 个排序器中的排名（从 1 开始计数）；而 k 是平滑参数，用于控制排名对得分的影响，通常取值为一个常数（如 60）。

这样，每个文本块的最终得分是所有排序器贡献分数的累加值。排名越高（数字越小）的文本块，其贡献的得分越高。如果某个文本块在某些排序器中排名较高而在其他排序器中未出现，这种方法会对其排名进行调整，平衡多个排序器的权重。因此，即使文本块在某个排序器中的表现不佳，RRF 也能通过它在其他排序器中的排名来纠正结果，从而使之具有鲁棒性。

小冰：平滑参数怎么理解？

咖哥：平滑参数主要用于解决排名较高的文本块对最终得分影响过大的问题。通过增大平滑参数 k，可以进一步减弱那些排名非常靠前的文本块的影响。换句话说，较高的 k 值会稀释这些靠前文档的影响，从而增强整体排名的平滑性。这使得 RRF 更倾向于融合不同排序器提供的"长尾贡献"，而不是过度偏向某个排序器中排名特别靠前的结果。

这里介绍一个简单直观的示例（见图 7-4）。

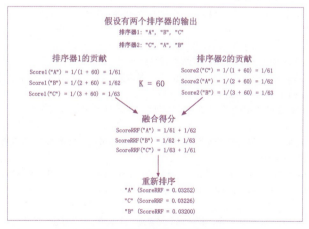

图7-4 RRF的计算过程示例

从图 7-4 可以看出，由于我们设置的 k 值较大，因此根据融合得分从高到低排序后

第 7 章 检索后处理

的分值非常接近。需要注意的是，在重排之前，较低的得分（在检索序列中位置靠前）意味着文本块更重要；而在重排之后，较高的得分则表示文本块更为重要。

小冰：看起来很不错。RRF 不依赖复杂的超参数调优，其核心逻辑仅是对文本块的排名进行简单的平滑计算，以融合任何给定格式的排名列表。

咖哥：确实如此。不过，真正有价值的重排还取决于原始检索器的效果。如果原始检索器给出的结果质量不高，那么即使经过重排，结果依然可能不尽如人意。

以下代码示例展示了如何实现 RRF。

```python
def reciprocal_rank_fusion(results: list[list], k=60):
    """
    RRF 算法用于合并多个排序器的检索结果。
    参数：
    - results：一个包含多个检索结果列表的列表，每个子列表代表一个排序器的输出。
                每个子列表中的元素代表文档，按检索得分从高到低排序。
    - k：RRF 公式中的参数，控制文档排名对融合分数的影响。默认值为 60。
    返回：
    - reranked_results：一个列表，包含经过 RRF 算法重新排序后的文档，按融合得分从高到低排序。
    """
    # 初始化一个字典，用于存储每个文档的融合得分
    fused_scores = {}
    # 遍历每个排序器的检索结果列表（即 results 中的每个子列表）
    for docs in results:
        # 遍历每个文档及其在该结果列表中的排名
        for rank, doc in enumerate(docs):
            # 将文档序列化为字符串格式，以便将其用作字典的键
            # 使用 dumps(doc) 将文档转换为字符串，便于在字典中存储
            doc_str = dumps(doc)
            # 如果该文档尚未在字典中出现，则初始化得分为 0
            if doc_str not in fused_scores:
                fused_scores[doc_str] = 0
            # 根据 RRF 公式，计算当前文档的得分
            # rank 是文档的排名（从 0 开始），k 是常数参数，表示对排名的平滑处理
            fused_scores[doc_str] += 1 / (rank + k)
    # 将字典中的文档按照融合得分进行降序排序，得分高的文档排在前面
    reranked_results = [
        # loads(doc) 将序列化的文档字符串还原为原始文档格式，配合对应的融合得分
        (loads(doc), score)
        # sorted 函数对字典中的文档按得分进行排序，reverse=True 表示按降序排列
        for doc, score in sorted(fused_scores.items(), key=lambda x: x[1], reverse=True)
    ]
    # 返回重新排序后的文档列表，其中每个元素是（文本块, 融合得分）的元组
    return reranked_results
```

函数 reciprocal_rank_fusion 接受一个由多个检索结果列表组成的列表和一个可选

参数 k（默认值为 60）。它通过对每个排序器的文本块计算其融合得分，然后根据这些得分重新排序，最终返回一个按融合得分从高到低排序的新列表。每个元素是一个包含文本块及其对应融合得分的元组。

以下代码示例展示了如何通过 LangChain 结合 HuggingFace 嵌入和 Chroma 向量数据库来实现 RRF 重排。在这个示例中，"山西文旅"目录包含了关于山西旅游的大量资料。

```python
# 导入相关的库
import os
from langchain.text_splitter import RecursiveCharacterTextSplitter
from langchain_community.document_loaders import PyPDFLoader, TextLoader
from langchain_huggingface import HuggingFaceEmbeddings
from langchain_community.vectorstores import Chroma
from langchain.prompts import ChatPromptTemplate
from langchain_core.output_parsers import StrOutputParser
from langchain_deepseek import ChatDeepSeek
from langchain.load import dumps, loads
# 加载文档
doc_dir = "./data/山西文旅"
def load_documents(directory):
    """读取目录中的所有文档（包括 PDF、TXT、DOCX)"""
    documents = []
    for filename in os.listdir(directory):
        filepath = os.path.join(directory, filename)
        if filename.endswith(".pdf"):
            loader = PyPDFLoader(filepath)
        elif filename.endswith(".txt"):
            loader = TextLoader(filepath)
        else:
            continue  # 跳过不支持的文件类型
        documents.extend(loader.load())
    return documents
docs = load_documents(doc_dir)
# 文本切块
text_splitter = RecursiveCharacterTextSplitter(
    chunk_size=300,
    chunk_overlap=50
)
splits = text_splitter.split_documents(docs)
# 获取嵌入并创建向量索引
embed_model = HuggingFaceEmbeddings(model_name="all-MiniLM-L6-v2")
vectorstore = Chroma.from_documents(documents=splits, embedding=embed_model)
retriever = vectorstore.as_retriever()
# RRF 算法
def reciprocal_rank_fusion(results: list[list], k=60):
```

```python
    fused_scores = {}
    for docs in results:
        for rank, doc in enumerate(docs):
            doc_str = dumps(doc)
            if doc_str not in fused_scores:
                fused_scores[doc_str] = 0
            fused_scores[doc_str] += 1 / (rank + k)
    reranked_results = [
        (loads(doc), score)
        for doc, score in sorted(fused_scores.items(), key=lambda x: x[1], reverse=True)
    ]
    return reranked_results
# 生成多个检索查询
template = """ 你是一个帮助用户生成多个检索查询的助手。\n
请根据以下问题生成多个相关的检索查询：{question} \n
输出（4 个查询）："""
prompt_rag_fusion = ChatPromptTemplate.from_template(template)
llm = ChatDeepSeek(model="deepseek-chat")
generate_queries = (
    prompt_rag_fusion
    | llm
    | StrOutputParser()
    | (lambda x: x.split("\n"))
)
# 示例问题
questions = [
    " 山西有哪些著名的旅游景点？ ",
    " 云冈石窟的历史背景是什么？ ",
    " 五台山的文化和宗教意义是什么？ "
]
# 进行检索和 RRF 处理
for question in questions:
    retrieval_chain_rag_fusion = generate_queries | retriever.map() | reciprocal_rank_fusion
    docs = retrieval_chain_rag_fusion.invoke({"question": question})
    print(f"\n【问题】{question}")
    print(f" 文档数量：{len(docs)}")
    for doc, score in docs[:3]:  # 显示前 3 个结果
        print(f" 文档内容：{doc.page_content[:200]}...")  # 只展示前 200 个字符
```

【问题】云冈石窟的历史背景是什么？
文档数量：6
文档内容：云冈石窟
云冈石窟位于中国北部山西省大同市西郊 17 公里处的武周山南麓，石窟依山开凿。
文档内容：云冈五华洞
位于云冈石窟中部的第 9~13 窟。这 5 窟因清代施泥彩绘云冈石窟景观而得名。五华洞雕饰绮丽……

7.1.2 Cross-Encoder重排

RRF 重排是一种类似于集成学习的方法，它不涉及检索结果与查询之间的语义关系。相比之下，即将介绍的 Cross-Encoder 重排（Cross-Encoder Re-ranking）则基于 Cross-Encoder 模型，在语义层面上进行重排。

Cross-Encoder 的思路起源于 2018 年 Google 发布的 BERT。作为一个双向 Transformer 模型，BERT 旨在通过大量未标注文本数据学习通用的语言表示形式，并非专门针对查询和文档的语义匹配或排序任务设计。Nogueira 等人在 2019 年发表的论文"Passage Re-ranking with BERT"中首次提出了将预训练语言模型 BERT 用于段落重排（Passage Re-ranking）任务的观点。

Cross-Encoder 将查询和检索出的候选文本块直接拼接后输入预训练语言模型（如 BERT、RoBERTa 或其他 Transformer 模型），二者间用特殊分隔符 [SEP] 分开。通过 Transformer 的自注意力机制，查询得以与文本块中的每个 token 充分交互，模型则能够理解它们之间的语义关联。最终，CLS token 的输出会接入一个分类层，用于直接输出相关性分数，实现文本块的高精度排序。上述实现流程如图 7-5 所示。

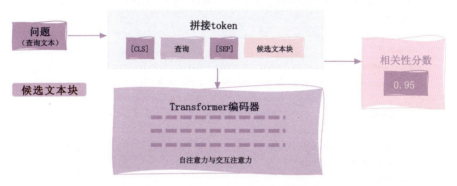

图 7-5　Cross-Encoder的实现流程

在 RAG 系统中，Cross-Encoder 通常被配置为初始排序后的精细排序模块。首先，使用 Bi-Encoder 快速进行初步检索，然后利用 Cross-Encoder 对初步选出的文本块集合（如 Top-100）进行精排，最终返回最相关的文本块（如 Top-10）。

咖哥发言

这里提到的 Bi-Encoder 检索实际上是指一种普通的基于密集向量的检索方法。在各种嵌入模型出现之前，学术界通常采用两个相同或不同的神经网络（通常是 Transformer 或 LSTM），独立对查询和文档进行编码，生成固定长度的嵌入向量，并利用这些嵌入向量通过相似度匹配（如余弦相似度或点积）来检索相关的块。

小冰：这不就是 RAG 的检索流程吗？只是把现代嵌入模型换成了传统的 BERT 模型来生成向量。

咖哥：正是。

以下代码示例展示了如何实现 Cross-Encoder 重排。

```
from transformers import Autotokenizer, AutoModelForSequenceClassification
import torch
# 加载预训练模型 BERT（用于句对相关性计算）
model_name = "cross-encoder/ms-marco-MiniLM-L-12-v2"  # 适用于检索任务
tokenizer = Autotokenizer.from_pretrained(model_name)
model = AutoModelForSequenceClassification.from_pretrained(model_name)
# 查询与山西文旅相关的文档
query = " 山西有哪些著名的旅游景点？ "
documents = [
    " 五台山是中国四大佛教名山之一，以文殊菩萨道场闻名。",
    " 云冈石窟是中国三大石窟之一，以精美的佛教雕塑著称。",
    " 平遥古城是中国保存最完整的古代县城之一，被列为世界文化遗产。"]
# 计算相关性分数
def encode_and_score(query, docs):
    scores = []
    for doc in docs:
        inputs = tokenizer(query, doc, return_tensors="pt", truncation=True, max_length=512, padding="max_length")
        with torch.no_grad():
            outputs = model(**inputs)
            score = outputs.logits[0][0].item()
        scores.append(score)
    return scores
# 获取排序结果
scores = encode_and_score(query, documents)
ranked_docs = sorted(zip(documents, scores), key=lambda x: x[1], reverse=True)
# 输出结果
print(" 查询： ", query)
print("\n 排序结果： ")
for rank, (doc, score) in enumerate(ranked_docs, start=1):
    print(f"{rank}. 相关性分数： {score:.4f} | 文档： {doc}")
```

查询：山西有哪些著名的旅游景点？
排序结果：
1. 相关性分数：7.1072 | 文档：平遥古城是中国保存最完整的古代县城之一，被列为世界文化遗产。
2. 相关性分数：7.0976 | 文档：五台山是中国四大佛教名山之一，以文殊菩萨道场闻名。
3. 相关性分数：5.8538 | 文档：云冈石窟是中国三大石窟之一，以精美的佛教雕塑著称。

对于需要精准排序的应用场景，例如法律、医疗或金融领域的问答系统，使用

Cross-Encoder 进行重排是非常合适的选择。此外，它还支持不同任务的微调，可以根据具体应用场景训练模型以提升重排性能。Cross-Encoder 的缺点是计算开销较大。因此，在传统的文档检索系统中，它通常用于重排阶段而非初步检索阶段。当初步检索阶段能够有效缩小候选文本块范围时，Cross-Encoder 的计算成本是可以接受的。

7.1.3 ColBERT重排

ColBERT（Contextualized Late Interaction over BERT）是由斯坦福大学在2020年的 SIGIR 会议上提出的一种密集向量检索技术。这种技术的创新之处在于它引入了"后期交互"（late interaction）的概念。

区别于 Cross-Encoder 直接让查询和文档进行全量交互的方式，ColBERT 首先让查询和文本块分别独立编码以获得各自的表示，然后仅在最后一层进行 token 级别的交互计算。此时查询和文本块中的每个 token 向量通过点积逐一交互，随后汇总生成相关性分数。

ColBERT 的实现流程如图 7-6 所示。

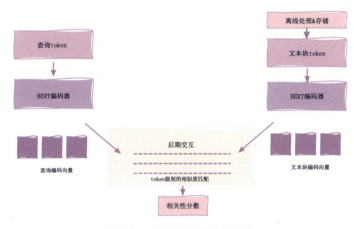

图7-6　ColBERT的实现流程

小冰：ColBERT 看起来只是普通的余弦相似度比较，我们为什么需要它？传统检索器中的余弦相似度比较不是已经做了类似的工作吗？

咖哥：尽管表面上 ColBERT 似乎与传统的基于余弦相似度的方法类似，但其核心差异在于精细度的不同。传统方法直接计算查询与文档向量之间的余弦相似度；而 ColBERT 则保留了查询和文本块所有 token 的向量，并通过交互计算来确定相关性。这种方法实现了更细粒度的语义匹配，能够捕捉到局部对齐关系，从而提供更加精确的匹配结果。

小冰：那它与 Cross-Encoder 又有何不同？

咖哥：在 ColBERT 中，查询和文本块的编码是分离的，这意味着可以提前对文本块进行编码并存储，在检索阶段只需计算 token 级别的交互。相比之下，Cross-

Encoder需要对每一个查询-文本块对进行整体处理,这包括了对整个句子的所有token进行全面交互。因此,ColBERT在重排阶段具有更高的计算效率,因为它直接利用每个token的嵌入值来进行相似度计算。然而,这种方法也带来了较大的存储开销,因为需要保存大量的token级表示。

下面给出了一个ColBERT的示例代码。

```python
from transformers import AutoTokenizer, AutoModel
import torch
import faiss
# 加载ColBERT模型和分词器
model_name = "bert-base-uncased"  # 可以替换为经过ColBERT微调的模型
tokenizer = AutoTokenizer.from_pretrained(model_name)
model = AutoModel.from_pretrained(model_name)
# 查询和文档集合
query = " 山西有哪些著名的旅游景点? "
documents = [
    " 五台山是中国四大佛教名山之一,以文殊菩萨道场闻名。",
    " 云冈石窟是中国三大石窟之一,以精美的佛教雕塑著称。",
    " 平遥古城是中国保存最完整的古代县城之一,被列为世界文化遗产。"]
# 编码函数
def encode_text(texts, max_length=128):
    inputs = tokenizer(
        texts,
        return_tensors="pt",
        padding=True,
        truncation=True,
        max_length=max_length
    )
    with torch.no_grad():
        outputs = model(**inputs)
    return outputs.last_hidden_state  # 返回 [CLS] 和其他 token 的嵌入
# 编码查询和文档
query_embeddings = encode_text([query])  # 查询向量
doc_embeddings = encode_text(documents)  # 文档向量
# 计算余弦相似度
def calculate_similarity(query_emb, doc_embs):
    # ColBERT 使用后期交互方法(即逐 token 比较方法),这里简化为采用余弦相似度进行比较
    query_emb = query_emb.mean(dim=1)  # 平均池化查询向量
    doc_embs = doc_embs.mean(dim=1)    # 平均池化文档向量
    query_emb = query_emb / query_emb.norm(dim=1, keepdim=True)  # 单位化
    doc_embs = doc_embs / doc_embs.norm(dim=1, keepdim=True)
    scores = torch.mm(query_emb, doc_embs.t())  # 计算余弦相似度
    return scores.squeeze().tolist()
```

In

```
# 排序文档
scores = calculate_similarity(query_embeddings, doc_embeddings)
ranked_docs = sorted(zip(documents, scores), key=lambda x: x[1], reverse=True)
# 输出排序结果
print("Query:", query)
print("\nRanked Results:")
for rank, (doc, score) in enumerate(ranked_docs, start=1):
    print(f"{rank}. Score: {score:.4f} | Document: {doc}")
```

Out

Query: 山西有哪些著名的旅游景点？
Ranked Results:
1. Score: 0.9420 | Document: 云冈石窟是中国三大石窟之一，以精美的佛教雕塑著称。
2. Score: 0.9158 | Document: 平遥古城是中国保存最完整的古代县城之一，被列为世界文化遗产。
3. Score: 0.9132 | Document: 五台山是中国四大佛教名山之一，以文殊菩萨道场闻名。

为了简化示例，我们采用平均池化加上余弦相似度的方法来替代 ColBERT 原始的基于查询和文档每个 token 交互进行评分的方法。这种方法虽然简化了实现，但可能无法完全体现出 ColBERT 在捕捉细粒度语义上的优势。对于大规模文档集合的情况，建议使用向量数据库建立索引以加速向量检索过程。此外，在实际生产环境中，推荐采用针对特定领域数据训练或微调过的 ColBERT 模型，而非通用的 bert-base-uncased 模型。

表 7-1 展示了 ColBERT 与 Cross-Encoder、RRF 的对比。

表 7-1　ColBERT 与 Cross-Encoder、RRF 的对比

特性	ColBERT	Cross-Encoder	RRF
设计目标	高效密集检索 + 精细重排	深度语义匹配，用于精细重排	融合多模型结果的轻量级重排
语义交互	token 级别交互，捕捉细粒度语义	查询 - 文档全句交互，精确语义匹配	无语义交互，基于排名融合
计算成本	中等（查询与文档分离编码 + 点积）	高（每个查询 - 文档都需要进行全模型推理）	低（直接融合已有排名分数）
适用场景	密集检索或 Top-k 文档重排	Top-k 文档精排	信号融合或轻量重排
上下文感知能力	强（基于 token 级别嵌入）	非常强（全句语义建模）	弱
适合大规模检索	是（支持预计算文档向量）	否（计算成本过高）	是

Cross-Encoder 由于实现了查询与文档之间的充分交互，因此通常能提供更优的效果，但其计算开销较大，每次都需要重新计算。相比之下，ColBERT 通过后期交互的设计，可以预先计算并存储文档的向量表示，仅在查询时计算相似度，从而大幅提升效率。因此，在实际应用中，如果需要进行小规模的精确重排，可以选择 Cross-Encoder；而对于大规模文档的检索重排任务，ColBERT 可能是更好的选择。

7.1.4　Cohere重排和Jina重排

小冰：咖哥，除了RRF、Cross-Encoder和ColBERT这3种重排技术以外，我还听说过其他重排技术，例如Cohere重排（Cohere Re-ranking）和Jina重排（Jina Re-ranking），它们有什么不同之处？

咖哥：Cohere重排和Jina重排都是基于大模型的方法。先说说Cohere重排。

Cohere（类似于OpenAI的大模型服务提供商之一，通过API提供大模型服务）推出的Rerank API专为企业级搜索需求而设计。它基于Cohere自研的Command系列大模型（如Command R），利用大模型的强大语义理解能力，并采用Cross-Encoder架构实现对文档的深度语义理解，从而对候选文档进行精排。

正如我们所知，Cross-Encoder会将查询与文档拼接后输入同一模型进行联合编码，直接计算二者之间的相关性分数，以此捕捉细粒度的语义匹配关系。

由于Cohere推出的Rerank API属于商业API，用户无须训练自己的模型，只需将现有的检索结果（如BM25或向量搜索返回的Top-100结果）通过API传给Cohere重排工具，即可获得优化后的排序结果。即使没有特定领域的训练数据，Cohere的模型也能直接应用于不同的排序任务，表现出很强的适配性。

Cohere重排支持多语言，默认情况下支持英语，而要支持汉语等其他语言，则应申请定制化模型。此外，该服务针对高并发、低延迟场景进行了优化，官方数据显示，在处理100个候选文档时，平均响应时间低于300ms。

图7-7展示了Cohere重排的实现流程。

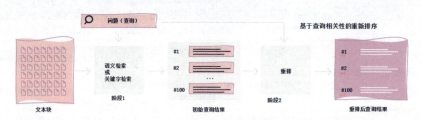

图7-7　Cohere重排的实现流程

以下代码示例展示了如何使用LangChain框架结合Cohere重排序器，对经过BM25初始排序的结果进行文档重排。

首先，安装LangChain和Cohere的接口包，并配置Cohere API Key。

```
pip install langchain-cohere
export CO_API_KEY="你的 Cohere API Key"
```

完整代码如下。

```
# 导入所需的库
from langchain_cohere import CohereRerank
```

```python
from langchain_core.documents import Document
from langchain_community.retrievers import BM25Retriever
# 准备示例文档
documents = [
    Document(
        page_content=" 五台山是中国四大佛教名山之一，以文殊菩萨道场闻名。",
        metadata={"source": " 山西旅游指南 "}
    ),
    Document(
        page_content=" 云冈石窟是中国三大石窟之一，以精美的佛教雕塑著称。",
        metadata={"source": " 山西旅游指南 "}
    ),
    Document(
        page_content=" 平遥古城是中国保存最完整的古代县城之一，被列为世界文化遗产。",
        metadata={"source": " 山西旅游指南 "}
    )
]
# 创建 BM25 检索器
retriever = BM25Retriever.from_documents(documents)
retriever.k = 3  # 设置返回前 3 个结果
# 设置 Cohere 重排序器
reranker = CohereRerank(model="rerank-multilingual-v2.0")
# 执行查询和重排
# 先获取初始检索结果
initial_docs = retriever.invoke(query)
# 使用重排序器对结果进行重排
reranked_docs = reranker.compress_documents(documents=initial_docs, query=query)
# 打印重排结果
print(f" 查询：{query}\n")
print(" 重排序后的结果：")
for i, doc in enumerate(compressed_docs, 1):
    print(f"{i}. {doc.page_content}")
```

```
查询：山西有哪些著名的旅游景点？
1. 平遥古城是中国保存最完整的古代县城之一，被列为世界文化遗产。
2. 五台山是中国四大佛教名山之一，以文殊菩萨道场闻名。
3. 云冈石窟是中国三大石窟之一，以精美的佛教雕塑著称。
```

接着介绍 Jina 重排。Jina Reranker v2 模型具备出色的多语言支持能力、函数调用理解能力、代码检索性能以及极快的推理速度。与前一代产品相比，其吞吐量提升了 6 倍，任务理解能力得到增强，它也因此成为当前顶尖通用型重排器之一。

Jina Reranker v2 模型支持超过 100 种语言，能够跨语种精确理解用户查询并重排文档。无论是在 MKQA 多语言问答任务，还是在 BEIR 和 AirBench 等检索基准测试中，jina-renanker-v2-base-multiligual 模型的重排效果均领先于同类模型，如 bgereranker-v2-m3 模型（根据 Jina 官网提供的测评结果）。

Jina Reranker v2 模型进一步扩展了智能体的应用范围，尤其在函数调用和结构化数据检索方面表现出色。它不仅能够识别自然语言中的函数调用意图，还能够基于查询对 SQL 表结构或外部 API 进行排序，并选择最合适的调用项，这使其非常适用于具有函数感知能力的智能体应用。此外，在 CodeSearchNet 等代码检索任务中，该模型支持 docstring 与代码段的语义配对和重排，为构建智能代码助手提供了强大支持。

在速度方面，Jina Reranker v2 模型同样表现突出。通过采用 Flash Attention 2 技术和轻量化架构，它在保持高准确率的同时大幅提升了推理效率。例如，在 RTX 4090 上，它每 50ms 可处理的文档数量远超同类模型。这种性能提升不仅适用于 API 调用，也为私有化部署提供了极高的性价比。

Jina Reranker v2 模型提供 API 访问、开源模型及多种框架集成（如 LangChain、LlamaIndex、Haystack），方便开发者根据不同场景灵活使用。可以访问 Jina 官网查阅相关 API 调用代码。此外，Jina 还在 Hugging Face 社区开放了 jina-reranker-v2-base-multilingual 模型的访问权限，以供研究和评估之用。

7.1.5 RankGPT和RankLLM

无论是 Cross-Encoder 重排还是 ColBERT 重排，都是基于经典深度学习模型的重排方法，其相关论文发表的时间也都在 2022 年 ChatGPT 问世之前。进入大模型时代后，重排技术也迎来了新的进展。

RankGPT 是由 Weiwei Sun 等人在论文"Is ChatGPT Good at Search? Investigating Large Language Models as Re-Ranking Agents"中提出的。该方法利用大模型（如 ChatGPT 或 GPT-4）的强语义理解能力，以零样本方式对初步检索出的候选文档进行精细排序，从而提升检索结果的相关性和准确性。RankGPT 通过生成候选文档的不同排列，并结合滑动窗口策略高效地对段落进行重排。这种方法的优势在于不需要对模型进行专门微调，直接使用预训练的大模型即可实现高效的重排功能。

而 RankLLM 则是一个由开源社区（如 Castorini）开发的 Python 工具包，旨在为信息检索研究提供可重复使用的重排工具，特别关注列表式重排任务。与 RankGPT 类似，RankLLM 同样利用大模型执行重排任务，但它更侧重于使用经过微调的、专门为重排任务优化的开源模型（如 RankVicuna 和 RankZephyr 等）来提升性能。

以下代码示例展示了如何在 LangChain 中使用 GPT 模型进行 RankLLM 重排[①]。

---

① 需要先通过pip install rank_llm安装相关包。

In:
```python
from langchain_community.document_loaders import TextLoader
from langchain_community.vectorstores import FAISS
from langchain_huggingface import HuggingFaceEmbeddings
from langchain_text_splitters import RecursiveCharacterTextSplitter
from langchain.retrievers.contextual_compression import ContextualCompressionRetriever
from langchain_community.document_compressors.rankllm_rerank import RankLLMRerank
import torch
# 加载文档并进行分割
documents = TextLoader("data/ 山西文旅 / 云冈石窟 .txt").load()
text_splitter = RecursiveCharacterTextSplitter(chunk_size=500, chunk_overlap=100)
texts = text_splitter.split_documents(documents)
for idx, text in enumerate(texts):
    text.metadata["id"] = idx
# 生成嵌入并创建检索器
embed_model = HuggingFaceEmbeddings(model_name="BAAI/bge-small-zh")
retriever = FAISS.from_documents(texts, embed_model).as_retriever(search_kwargs={"k": 20})
# 设置 RankLLM 重排序器
compressor = RankLLMRerank(top_n=3, model="gpt", gpt_model="gpt-4o-mini")
# 创建上下文压缩检索器
compression_retriever = ContextualCompressionRetriever(
    base_compressor=compressor,
    base_retriever=retriever
)
# 执行查询并获取重排后的文档
query = " 云冈石窟有哪些著名的造像？ "
compressed_docs = compression_retriever.invoke(query)
# 输出结果
def pretty_print_docs(docs):
    print(
        f"\n{'-' * 100}\n".join(
            [f"Document {i+1}:\n\n" + d.page_content for i, d in enumerate(docs)]
        )
    )
pretty_print_docs(compressed_docs)
```

Out: Document 1: 云冈石窟 云冈石窟位于中国北部山西省大同市西郊 17 公里处的武周山南麓……

LlamaIndex 的 LLM Reranker 也提供了类似的重排功能。LLM Reranker 是 LlamaIndex 中的一个节点后处理器，可以与其他检索模块结合使用。

RankGPT 和 RankLLM 都展示了将大模型应用于重排任务的潜力，但二者采用了不同的方法。RankGPT 强调其零样本能力，即可以直接利用预训练模型完成重排任务，而不需要进行任何额外的训练步骤。相比之下，RankLLM 更侧重于通过微调开源模型来适应具体需求。

7.1.6 时效加权重排

LangChain 提供的时间加权向量存储检索器（Time-weighted Vector Store Retriever）在广义上可以视为一种重排序机制。它不仅考虑了文档与查询间的语义相似度，还融合了时间因素来调整文档的相关性评分。这种方法模仿了人类记忆的特征：频繁访问的信息保持"新鲜"，而不常用的则逐渐被"淡忘"。

这种算法根据文档的最后访问时间构建一个衰减函数，其基本公式如下。

$$score = semantic\_similarity + (1.0 - decay\_rate)^{hours\_passed}$$

其中，semantic_similarity 是文档与查询的语义相似度分数。hours_passed 是自文档上次被访问以来经过的小时数，而不是从文档创建开始计算的时间。每次文档被访问时，hours_passed 会被重置为 0，以保持文档的"新鲜度"。decay_rate 是衰减率参数（范围在 0 到 1 之间），决定了时间衰减的速度。较高的值意味着文档会更快地变得"过时"，而较低的值则表示文档能在更长时间内保持"新鲜"。

例如，如果设置 decay_rate=0.99，那么一个 24 小时内未被访问的文档，其时间分数将接近于 $(1-0.99)^{24}$，几乎为 0。相反，如果设置 decay_rate=0.01，即使过了很长时间，时间分数仍然接近于 1。通过这种方式，我们可以灵活地调整 decay_rate 参数来控制系统对信息记忆的持久性和时效性的平衡。

这种检索器非常适合需要同时考虑相关性和时效性的应用场景，例如个性化推荐系统或知识管理系统。通过适当调整 decay_rate 参数，用户可以根据具体需求在两者之间找到合适的平衡点。

以下代码示例展示了如何在 LangChain 中使用 TimeWeightedVectorStore Retriever 来实现结合语义相似度和时间衰减率的检索方法。

```python
from datetime import datetime, timedelta
import faiss
from langchain.retrievers import TimeWeightedVectorStoreRetriever
from langchain_community.docstore import InMemoryDocstore
from langchain_community.vectorstores import FAISS
from langchain_core.documents import Document
from langchain_openai import OpenAIEmbeddings
# 定义嵌入模型
embeddings_model = OpenAIEmbeddings()
# 初始化向量存储
index = faiss.IndexFlatL2(1536)
vectorstore = FAISS(embeddings_model, index, InMemoryDocstore({}), {})
# 创建高衰减率的 TimeWeightedVectorStoreRetriever
retriever = TimeWeightedVectorStoreRetriever(
    vectorstore=vectorstore,
    decay_rate=0.999,
    k=1
)
```

In
```
# 设置文档的上次访问时间为昨天
yesterday = datetime.now() – timedelta(days=1)
# 添加文档
retriever.add_documents(
    [Document(page_content="hello world", metadata={"last_accessed_at": yesterday})]
)
# 添加没有指定访问时间的文档，默认当前时间作为其最后访问时间
retriever.add_documents([Document(page_content="hello foo")])
# 由于设置了较高的衰减率，"hello foo"（因其较新的"访问"时间）可能会首先返回
results = retriever.get_relevant_documents("hello world")
# 输出检索结果
for doc in results:
    print(f"Document Content: {doc.page_content}")
```

Out
Document Content: hello foo

关键参数通过衰减率来调整文档被"遗忘"的速度。在低衰减率（接近 0）的情况下，文档几乎不会因时间的流逝而被"遗忘"，这与传统的向量检索类似。而在高衰减率（接近 1）的情况下，文档会因时间久远而失去权重，尤其是那些较久未被访问的文档，它们的权重会快速下降，导致查询结果更倾向于最近访问的文档。

为了模拟未来或过去的查询，可以使用 mock_now 功能来控制时间，以便测试不同时间段的检索效果。以下代码模拟了在 2028 年 8 月 8 日进行的查询。

In
```
from langchain_core.utils import mock_now
import datetime
# 模拟未来的查询
with mock_now(datetime.datetime(2028, 8, 8, 10, 11)):
    print(retriever.get_relevant_documents("hello world"))
```

Out
[Document(metadata={'last_accessed_at': MockDateTime(2028, 8, 8, 10, 11), 'created_at': datetime.datetime(2025, 4, 12, 14, 42, 33, 978711), 'buffer_idx': 0}, page_content='hello world')]

类似的实现在 LlamaIndex 中也存在，被称为最近性过滤（Recency Filtering），其解决的是多版本文档检索中的时效性问题。在文档有不同版本时，它优先返回最新版本的信息。该方法通过文档的时间戳判断哪个版本是最新的，并提高这些最新信息在检索结果中的权重或排名。

当查询系统遇到包含时间元数据的多个文档版本时，最近性过滤器会检查这些文档的创建/更新日期，并根据时间属性对文档进行排序或加权，在返回结果时优先展示最近日期的文档内容。

LlamaIndex 的官方示例展示了两种最近性过滤器的实现方式。

■ FixedRecencyPostprocessor（固定最近性后处理器）：基于文档的固定时间

戳直接进行排序，简单直接地优先选择最新的文档版本。

- EmbeddingRecencyPostprocessor（嵌入式最近性后处理器）：结合了文档的语义相似度和时间信息，在相似性评分的基础上增加了对时间因素的考量。

以下示例给出了某篇博客文章的 3 个不同版本（V1、V2、V3），这些版本在融资金额的描述上有所不同。

- V1（2020-01-01）：提到融资 5 万美元。
- V2（2020-02-03）：提到融资 3 万美元。
- V3（2022-04-12）：提到融资 1 万美元。

当用户查询"作者筹集了多少种子资金？"时，最近性过滤器能确保系统返回最新版本（V3）的信息（1 万美元），而不是旧版本的信息。

小雪：咖哥，我注意到 LangChain 的 TimeWeightedVectorStoreRetriever 基于访问时间加权，而 LlamaIndex 的 Recency Filtering 则基于文档创建和修改的时间加权。

咖哥：你的观察很细致。具体选择哪种机制，要根据具体的需求而定。这些技术都适用于需要处理经常更新的信息（如新闻报道、产品规格、财务数据或任何随时间变化的知识库内容）的场景，确保在保持相关性的同时，始终能够获取到最新版本的信息，减少过时数据引起的混淆。

7.2 压缩

现代的生成模型能够处理的上下文长度显著增加（见图 7-8）。如果知识库的大小不超过 20 万个 token（大约等于 500 页材料），则可以考虑跳过检索步骤，直接将整个知识库纳入提示中，不需要进行切块处理。

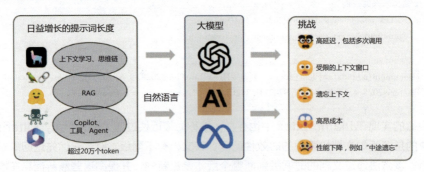

图 7-8 大模型能够接受的上下文越来越长

然而，当生成模型面对过长的上下文时，容易出现"中途遗忘"（lost in the middle）的问题。这意味着需要对知识库进行有效的压缩，使其更加简洁明了，从而使模型能够更高效地处理这些信息。

7.2.1 Contextual Compression Retriever

LangChain 提供的 Contextual Compression Retriever（上下文压缩检索器）包括以下两个组件。

- Base Retriever（基础检索器）：例如 Faiss、ChromaDB，用于执行标准的向量检索。
- Document Compressor（文档压缩器）：在检索到文档后对内容进行筛选或缩短，只保留最相关的信息。

以下代码示例重构了 7.1.4 小节中的示例，其中在使用 Cohere 重排的同时，将 Cohere 重排序器传入 LangChain 的 ContextualCompressionRetriever 中，以压缩检索结果。

```python
# 导入所需的库
from langchain_cohere import CohereRerank
from langchain.retrievers.contextual_compression import ContextualCompressionRetriever
from langchain_core.documents import Document
from langchain_community.retrievers import BM25Retriever
# 准备示例文档
documents = [
    Document(
        page_content=" 五台山是中国四大佛教名山之一，以文殊菩萨道场闻名。",
        metadata={"source": " 山西旅游指南 "}
    ),
    Document(
        page_content=" 云冈石窟是中国三大石窟之一，以精美的佛教雕塑著称。",
        metadata={"source": " 山西旅游指南 "}
    ),
    Document(
        page_content=" 平遥古城是中国保存最完整的古代县城之一，被列为世界文化遗产。",
        metadata={"source": " 山西旅游指南 "}
    )
]
# 创建 BM25 检索器
retriever = BM25Retriever.from_documents(documents)
retriever.k = 3  # 设置返回前 3 个结果
# 设置 Cohere 重排序器
compressor = CohereRerank(model="verank-multilingual-v2.0")
# 创建 ContextualCompressionRetriever
compression_retriever = ContextualCompressionRetriever(
    base_compressor=compressor,
    base_retriever=retriever
)
# 执行查询、重排和压缩
query = " 山西有哪些著名的旅游景点？ "
```

In
```
compressed_docs = compression_retriever.invoke(query)
# 输出压缩结果
print(" 重排并压缩后的结果：")
for i, doc in enumerate(compressed_docs, 1):
    print(f"{i}. {doc.page_content}")
```

Out
重排并压缩后的结果：
1. 平遥古城是中国保存最完整的古代县城之一，被列为世界文化遗产。
2. 五台山是中国四大佛教名山之一，以文殊菩萨道场闻名。
3. 云冈石窟是中国三大石窟之一，以精美的佛教雕塑著称。

ContextualCompressionRetriever 从原始检索结果中删除不相关或冗余的信息。例如，在一个文档段落中，可能只有部分内容与查询相关，此时压缩器会保留相关部分。此外，它还根据与查询的相关性对文档重新排序。

LangChain 为 Contextual Compression Retriever 提供了多种压缩策略，可以单独使用或串联组合。

- **LLMChainExtractor**（基于大模型的内容提取）：使用大模型提取文档中最相关的部分，去掉无关内容。适合需要从长文档中提取关键信息的场景。
- **LLMChainFilter**（基于大模型的文档过滤）：只保留与查询高度相关的文档，直接丢弃无关文档，而不是修改文档内容。适合需要减少大模型处理的文档数量的场景。
- **LLMListwiseRerank**（基于大模型的文档重排）：重新对所有检索到的文档进行排名，并仅返回最相关的前 N 个文档。适合当搜索结果较多时进行精细筛选的场景。
- **EmbeddingsFilter**（基于嵌入的相似度筛选）：计算查询与文档的嵌入相似度，低于设定阈值的文档会被丢弃，减少无关信息。适合在不调用大模型的情况下进行快速过滤的场景。

可以组合使用多个压缩器，让它们按顺序处理文档，例如，先利用 EmbeddingsFilter 去除不相关文档，再利用 LLMChainExtractor 提取最相关的内容，这样可以高效清洗文档，只传递最重要的部分给大模型。

7.2.2 利用LLMLingua压缩提示词

LLMLingua 是微软开发的一项技术，专注于缓解大模型中的"中途遗忘"问题，并增强了处理长上下文信息的能力。它通过压缩提示词和键值缓存（KV-Cache）来加速大模型的推理过程，实现了高达 20 倍的压缩率，同时确保性能损失最小化。

> 咖哥发言
>
> 键值缓存是大模型推理过程中的一种核心优化机制。这个概念源自 Transformer 架构中的注意力机制。在模型生成文本时，每个 token 都需要与之前生成的所有 token 进行注意力计算。如果不使用键值缓存，每当模型生成一个新 token，模型都需要重新计算之前所有 token 的键和值向量，这将导致大量的重复计算。

键值缓存的作用如下。

- 缓存历史：已经计算过的 token 的键和值向量会被保存在内存中。
- 增量计算：当生成新的 token 时，只需要计算新 token 的键和值向量，并将其与缓存中的历史键和值向量结合使用。
- 性能提升：显著减少了重复计算的需求，可以将推理速度提高数倍。
- 内存权衡：尽管需要额外的内存来存储键值缓存，但在实际应用中这种权衡通常是值得的。

例如，假设模型正在生成句子"我喜欢吃苹果"，在生成"苹"字时，模型已经计算了"我""喜""欢""吃"的键和值向量。有了键值缓存，在生成"果"字时，就不需要重新计算前面这些字的键和值向量，而是直接利用缓存的计算结果。

LLMLingua 的原始论文提出，通过使用紧凑且训练有素的小型模型（如 GPT2-small、LLaMA-7B）来识别并删除提示词中的不必要 token，从而减轻计算负担，如图 7-9 所示。这种方法不仅避免了对大型模型进行额外训练的需求，还保持了原有提示词信息的完整性和准确性。论文指出，LLMLingua 借助快速压缩技术降低了成本并提升了效率，仅用 1/4 的 token 数量就实现了 RAG 性能 21.4% 的提升。

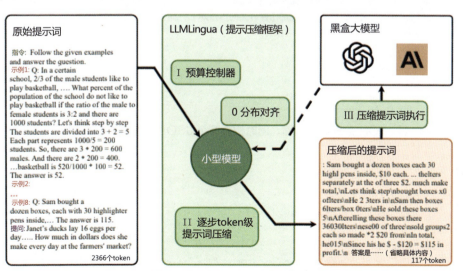

图7-9　LLMLingua的实现过程

随后LLMLingua又推出了LongLLMLingua和LLMLingua-2（见图7-10）。

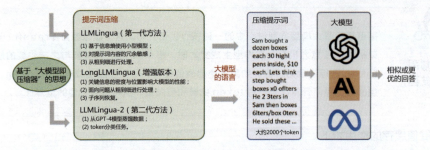

图7-10 LLMLingua、LongLLMLingua和LLMLingua-2

LLMLingua-2通过GPT-4模型进行数据蒸馏训练，并采用类似于BERT的编码器进行token分类，在任务无关压缩方面表现出色。尤其是在处理领域外的数据时，LLMLingua-2的性能比LLMLingua提高了3到6倍。

以下代码示例展示了如何使用LLMLingua对提示词进行压缩。在该示例中，原始提示词被压缩至指定的token数量，同时保留了关键信息。

首先，安装LLMLingua。

```
pip install llmlingua
```

之后，使用以下代码对提示词进行压缩。

```
from llmlingua import PromptCompressor
llm_lingua = PromptCompressor()
compressed_prompt = llm_lingua.compress_prompt(
    context=" 云冈石窟位于中国北部山西省大同市西郊17公里的武周山南麓……",
    instruction=" 压缩并保持主要内容 ",
    question="",
    target_token=100  # 设定目标 token 数
)
print(compressed_prompt['compressed_prompt'])
```

还可以对JSON数据进行压缩，同时控制每个JSON键值对的压缩率。

```
json_data = {
    "id": 1,
    "name": " 悟空 ",
    "biography": " 鸿蒙之初，天地未分……"
}
json_config = {
    "id": {"rate": 1, "compress": False, "pair_remove": False, "value_type": "number"},
    "name": {"rate": 0.7, "compress": False, "pair_remove": False, "value_type": "string"},
    "biography": {"rate": 0.3, "compress": True, "pair_remove": False, "value_type": "string"}
```

```
}
compressed_json = llm_lingua.compress_json(json_data, json_config)
print(compressed_json['compressed_prompt'])
```

LLMLingua 目前已集成到 LangChain 和 LlamaIndex 中，用户可以通过导入相关库来调用其功能，也可以通过访问 GitHub 上的 LLMLingua 项目页面获得更多信息。

7.2.3 RECOMP方法

RECOMP 是一种通过压缩检索到的文档来生成简洁的文本摘要的方法。该方法在检索和生成之间引入了一个中间步骤，专门用于通过文本摘要压缩检索文档的关键信息，之后将其附加到模型输入中。RECOMP 的实现流程如图 7-11 所示。

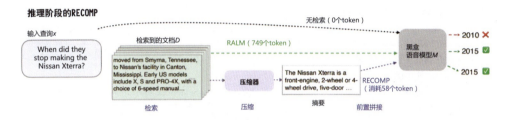

图7-11　RECOMP的实现流程

在 RECOMP 中，有两种类型的压缩器被用来实现这一目标。
- 抽取式压缩器（Extractive Compressor）：这类压缩器从检索到的文档中挑选出最相关的句子。为了优化句子的选择，它采用了对比学习（Contrastive Learning），确保所选句子能够最大化任务性能。
- 生成式压缩器（Abstractive Compressor）：与抽取式压缩器不同，生成式压缩器通过对多个文档的信息进行综合后生成摘要。它采用了极大的语言模型来生成训练数据，并通过知识蒸馏训练一个更小的压缩器模型。

此外，如果检索到的文档对当前任务没有帮助，压缩器会智能地返回空字符串，避免不必要的信息干扰，进而提升生成模型的整体效率。

7.2.4 Sentence Embedding Optimizer

接下来介绍由 LlamaIndex 提供的另一种压缩处理技术——Sentence Embedding Optimizer（句子嵌入优化器）。这种方法专注于通过句子嵌入来计算每个句子与查询的相关性，从而减少不相关句子的数量，优化输入内容。

Sentence Embedding Optimizer 作为一个节点后处理工具，其主要功能是在文本检索过程中对输入内容进行优化。它利用基于嵌入的相似性分析方法，根据用户的查询从文本中移除无关的句子，进而缩短输入文本长度，提升处理效率及与结果的相关性。这种优化和压缩是在 token 嵌入级别进行的，确保了信息的精炼和准确性。

Sentence Embedding Optimizer 支持以下两种筛选方式。
- 百分比截断（percentile_cutoff）：此方式保留那些相似性分数高于某个百分比的句子。
- 阈值截断（threshold_cutoff）：此方式保留相似性分数高于某个固定值的句子。

以下代码示例展示了如何使用 Sentence Embedding Optimizer 来优化查询处理过程。

In
```
from llama_index.core import VectorStoreIndex, SimpleDirectoryReader
from llama_index.core.postprocessor import SentenceEmbeddingOptimizer
documents = SimpleDirectoryReader("data/ 山西文旅 ").load_data()
index = VectorStoreIndex.from_documents(documents)
# 不使用优化的查询
print(" 不使用优化： ")
query_engine = index.as_query_engine()
response = query_engine.query(" 山西省的主要旅游景点有哪些？ ")
print(f" 答案： {response}")
# 使用优化（百分比截断）
print("\n 使用优化（ percentile_cutoff=0.5）： ")
query_engine = index.as_query_engine(node_postprocessors=[SentenceEmbeddingOptimizer(percentile_cutoff=0.5)])
response = query_engine.query(" 山西省的主要旅游景点有哪些？ ")
print(f" 答案： {response}")
# 使用优化（阈值截断）
print("\n 使用优化（ threshold_cutoff=0.7）： ")
query_engine = index.as_query_engine(node_postprocessors=[SentenceEmbeddingOptimizer(threshold_cutoff=0.7)])
response = query_engine.query(" 山西省的主要旅游景点有哪些？ ")
print(f" 答案： {response}")
```

Out
不使用优化：
答案：云冈石窟是山西省的一个主要旅游景点，位于大同市西郊武周山南麓，是中国规模最大的古代石窟群之一。除此之外，山西省还有其他著名景点如武周山，它是大同城西山中的一处景点。
使用优化（percentile_cutoff=0.5）：
答案：云冈石窟是山西省的主要旅游景点之一。
使用优化（threshold_cutoff=0.7）：
答案：山西省的主要旅游景点包括云冈石窟、武周山等。

上述示例中的百分比截断设置保留相似度在前 50% 的句子；阈值截断设置为仅保留相似度高于 0.7 的句子。

7.2.5 通过Prompt Caching记忆长上下文

小冰：对了，咖哥，听了你介绍的这一系列压缩技术，我想到了前几天看到的 Prompt Caching（提示词缓存）思路。这是由 Anthropic 公司提出的提示缓存方法，旨在减少重复任务或具有共性的任务处理时间和成本。这是否也可以算作一种压缩呢?

咖哥:没错,Prompt Caching 确实可以视为一种上下文压缩的应用。它专注于优化重复性任务中的上下文管理,通过减少冗余处理来显著提升系统效率并降低计算成本。

大模型应用开发通常涉及大量背景信息或需要多轮交互的场景,例如长对话、文档分析等。而 Prompt Caching 能够智能地缓存可复用的上下文前缀,从而避免每次调用时重新处理大块内容(如长文档、背景信息等)。

在实际应用中,当检索内容或上下文信息与当前任务无关时,Prompt Caching 可以输出空缓存。

与 RAG 技术相比,Prompt Caching 更侧重于性能优化层面。它并不是检索或生成内容的直接组成部分,而是提供了一种提升生成模型性能和效率的智能缓存机制。在 RAG 的检索后处理环节中,当需要多轮调用相同的上下文内容时,Prompt Caching 的缓存机制可以避免重复加载和处理相同背景信息,从而显著减少 API 调用的延迟和成本。这种优化在频繁处理大型文档或复杂用户背景信息的场景中尤为有效。

7.3 校正

校正(Correction)技术在 RAG 系统中引入了对检索文档和生成回答的自我反思和自我评分机制,这使它既可以在检索后处理阶段应用,也可以作为生成过程中的一个环节。这种技术的一个典型实现是 Corrective Retrieval Augmented Generation(CRAG)。CRAG 的实现流程如图 7-12 所示。

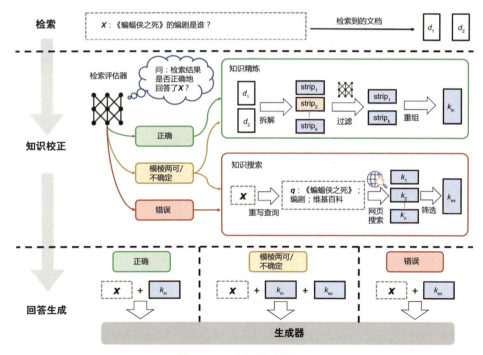

图7-12 CRAG的实现流程

CRAG 系统的核心理念在于通过反复评估与重新检索，确保生成回答所依据的信息具有高度的相关性。该系统包含两个主要部分——检索后知识的校正及生成校正。

检索评估器负责检索后知识的校正，如果至少有一个文档的相关性超过了设定的阈值，则系统会进行内容生成。在生成之前，执行知识细化过程，将文档分割成"知识片段"，并对每个片段进行评分，以过滤不相关的部分。如果所有文档的相关性都低于设定的阈值，或者评估器无法确定相关性，则系统会寻求额外的数据源来补充检索结果，例如，通过网络搜索找到更相关的文档。

在生成器提供初步答案之后，使用额外的模块或步骤对答案进行第二次验证和优化。例如，在生成答案后，可以将其与检索到的信息对比，确保两者的一致性并纠正错误。此外，还可以进行事实校验、语法修正以及语义一致性检查等步骤，以进一步提高生成答案的质量。

接下来，我们将使用 LangGraph 实现 CRAG 的部分思想。

以下代码示例能够自动判断检索结果的质量。如果发现任何不相关的文档，系统将通过网络搜索（Tavily Search 工具）补充检索信息，同时利用查询重写优化网络搜索的查询内容。

首先，安装必要的包[①]并设置 TAVILY_API_KEY，用于网络搜索。

随后，为 3 篇博客文章创建索引，并将这些片段存储在 Chroma 向量数据库中。

```python
from langchain.text_splitter import RecursiveCharacterTextSplitter
from langchain_community.document_loaders import WebBaseLoader
from langchain_community.vectorstores import Chroma
from langchain_huggingface import HuggingFaceEmbeddings
urls = [
    "https://lilianweng.github.io/posts/2023-06-23-agent/",
    "https://lilianweng.github.io/posts/2023-03-15-prompt-engineering/",
    "https://lilianweng.github.io/posts/2023-10-25-adv-attack-llm/",
]
docs = [WebBaseLoader(url).load() for url in urls]
docs_list = [item for sublist in docs for item in sublist]
text_splitter = RecursiveCharacterTextSplitter.from_tiktoken_encoder(
    chunk_size=250, chunk_overlap=0
)
doc_splits = text_splitter.split_documents(docs_list)
# 添加到向量数据库
vectorstore = Chroma.from_documents(
    documents=doc_splits,
```

---

① 这些包包括langchain_community、tiktoken、langchain-openai、langchainhub、chromadb、langchain、langgraph和tavily-python。

```
        collection_name="rag-chroma",
        embedding= HuggingFaceEmbeddings(model_name="BAAI/bge-small-en"),
)
retriever = vectorstore.as_retriever()
```

接下来，设置检索评估器，用于评估检索到的文档与用户问题的相关性。

```
from langchain_core.prompts import ChatPromptTemplate
from langchain_core.pydantic_v1 import BaseModel, Field
from langchain_deepseek import ChatDeepSeek
# 数据模型
class GradeDocuments(BaseModel):
    """ 对检索文档相关性的二元评分 """
    binary_score: str = Field(
        description=" 文档与问题相关为 'yes'，不相关为 'no'"
    )
# 需要支持工具调用的语言模型
llm = ChatDeepSeek(model="deepseek-chat")
structured_llm_grader = llm.with_structured_output(GradeDocuments)
# 提示模板
system = """ 你是一个评估检索到的文档与用户问题相关性的评分员。\n
    如果文档包含与问题相关的关键词或语义，则将其评为相关。\n
    给出一个二元评分 'yes' 或 'no' 来表示文档是否与问题相关。"""
grade_prompt = ChatPromptTemplate.from_messages(
    [
        ("system", system),
        ("human", " 检索到的文档：\n\n {document} \n\n 用户问题：{question}"),
    ]
)
retrieval_grader = grade_prompt | structured_llm_grader
question = "agent memory"
docs = retriever.get_relevant_documents(question)
doc_txt = docs[1].page_content
print(retrieval_grader.invoke({"question": question, "document": doc_txt}))
```

之后，创建生成模型，用于根据检索到的文档和用户问题生成答案。这里使用了一个预定义的 RAG 提示模板。

```
from langchain import hub
from langchain_core.output_parsers import StrOutputParser
# 提示模板
prompt = hub.pull("rlm/rag-prompt")
# 语言模型
llm = ChatDeepSeek(model="deepseek-chat")
```

```python
# 后处理
def format_docs(docs):
    return "\n\n".join(doc.page_content for doc in docs)
# 链式调用
rag_chain = prompt | llm | StrOutputParser()
# 运行
generation = rag_chain.invoke({"context": docs, "question": question})
print(generation)
```

然后，创建问题重写器，用于将用户的原始问题转换为更适合网络搜索的形式，以提升网络搜索的效果。

```python
# 语言模型
llm = ChatDeepSeek(model="deepseek-chat")
# 提示模板
system = """ 你是一个问题重写者，将输入的问题转换为更适合网络搜索的版本。\n
    分析输入并尝试推理出潜在的语义意图 / 含义。"""
re_write_prompt = ChatPromptTemplate.from_messages(
    [
        ("system", system),
        (
            "human",
            " 这是初始问题：\n\n {question} \n 请重新表述为一个改进的问题。",
        ),
    ]
)
question_rewriter = re_write_prompt | llm | StrOutputParser()
question_rewriter.invoke({"question": question})
```

之后设置使用 Tavily 搜索 API 的网络搜索工具，它将返回前 3 个最相关的搜索结果。

```python
from langchain_community.tools.tavily_search import TavilySearchResults
web_search_tool = TavilySearchResults(k=3)
```

接下来，我们用 LangGraph 库构建基于 CRAG 的图结构。图中的每个节点代表一个操作，边表示操作之间的转换。这种具有自我纠错功能的架构是 Agentic 模式的一个典型实现。LangGraph 非常适合用来设计这样的工作流程。

```python
from typing import List
from typing_extensions import TypedDict
class GraphState(TypedDict):
    """
```

```python
    表示图的状态
    属性:
        question: 用户的问题
        generation: 语言模型生成的答案
        web_search: 是否需要进行网络搜索以补充信息
        documents: 文档列表
    """
    question: str
    generation: str
    web_search: str
    documents: List[str]
from langchain.schema import Document
def retrieve(state):
    """
    检索与问题相关的文档
    参数:
        state (dict): 当前图状态
    返回:
        state (dict): 更新后的图状态
        documents: 添加了检索到的相关文档
    """
    print("--- 检索 ---")
    question = state["question"]
    # 检索
    documents = retriever.get_relevant_documents(question)
    return {"documents": documents, "question": question}
def generate(state):
    """
    生成答案
    参数:
        state (dict): 当前图状态
    返回:
        state (dict): 更新后的图状态
        generation: 包含语言模型生成的内容
    """
    print("--- 生成 ---")
    question = state["question"]
    documents = state["documents"]
    # RAG 生成
    generation = rag_chain.invoke({"context": documents, "question": question})
    return {"documents": documents, "question": question, "generation": generation}
def grade_documents(state):
    """
    确定检索到的文档是否与问题相关
    参数:
```

```python
            state (dict)：当前图状态
        返回：
            state (dict)：更新 documents 键，只保留经过筛选的相关文档
        """
        print("--- 检查文档与问题的相关性 ---")
        question = state["question"]
        documents = state["documents"]
        # 对每个文档评分
        filtered_docs = []
        web_search = "No"
        has_relevant_docs=False
        for d in documents:
            score = retrieval_grader.invoke (
                {"question": question, "document": d.page_content}
            )
            grade = score.binary_score
            if grade == "yes":
                print("--- 评分：文档相关 ---")
                filtered_docs.append(d)
                has_relevant_docs=True
            else:
                print("--- 评分：文档不相关 ---")
                if not has_relevant_docs:
                    web_search = "Yes"
                continue
        return {"documents": filtered_docs, "question": question, "web_search": web_search}
    def transform_query(state):
        """
        基于当前状态重写问题以改进搜索效果
        参数：
            state (dict)：当前图状态
        返回：
            state (dict)：更新后的图状态，包含了重写的问题
        """
        print("--- 转换查询 ---")
        question = state["question"]
        documents = state["documents"]
        # 重写问题
        better_question = question_rewriter.invoke({"question": question})
        return {"documents": documents, "question": better_question}
    def web_search(state):
        """
        使用网络搜索工具获取额外信息
        参数：
            state (dict)：包含当前状态
                - question：问题
```

```python
        - documents：文档列表
    返回：
        state (dict)：用追加的网络搜索结果更新 documents 键
    """
    print("--- 网络搜索 ---")
    question = state["question"]
    documents = state["documents"]
    # 网络搜索
    search_results = web_search_tool.invoke(question)
    # 将搜索结果列表转换为字符串
    search_results_str = "\n".join([str(result) for result in search_results])
    web_results = Document(page_content=search_results_str)
    documents.append(web_results)
    return {"documents": documents, "question": question}

# 边缘情况处理
def decide_to_generate(state):
    """
    基于当前状态决定下一步操作：是生成答案还是重写问题
    参数：
        state (dict)：当前图状态
    返回：
        str：下一个要调用的操作名称
    """
    print("--- 评估已评分文档 ---")
    state["question"]
    web_search = state["web_search"]
    state["documents"]
    if web_search == "Yes":
        # 所有文档都已被 check_relevance 过滤
        # 我们将重新生成一个新的查询
        print(
            "--- 决策：所有文档与问题都不相关，转换查询 ---"
        )
        return "transform_query"
    else:
        # 因为我们有了相关文档，所以可以生成答案
        print("--- 决策：生成 ---")
        return "generate"
```

接着定义图的状态和各个节点的功能。每个函数代表图中的一个节点，负责执行特定的任务，如检索文档、给文档评分、生成答案等。

```python
from langgraph.graph import END, StateGraph, START
# 初始化工作流状态图
workflow = StateGraph(GraphState)
```

```python
# 定义节点
workflow.add_node("retrieve", retrieve) # 检索文档
workflow.add_node("grade_documents", grade_documents) # 给文档评分
workflow.add_node("generate", generate) # 生成答案
workflow.add_node("transform_query", transform_query) # 转换查询
workflow.add_node("web_search_node", web_search) # 网络搜索
# 构建图的边（连接）
workflow.add_edge(START, "retrieve") # 从开始到检索文档
workflow.add_edge("retrieve", "grade_documents") # 从检索文档到给文档评分
workflow.add_conditional_edges(
    "grade_documents",
    decide_to_generate,
    {
        "transform_query": "transform_query",
        "generate": "generate",
    },
)
workflow.add_edge("transform_query", "web_search_node") # 从转换查询到网络搜索
workflow.add_edge("web_search_node", "generate") # 从网络搜索到生成答案
workflow.add_edge("generate", END) # 从生成答案到结束
# 编译整个工作流
app = workflow.compile()
```

最后，使用 CRAG 系统来处理一个具体的问题。它会逐步执行图中的每个节点，并输出每个节点的名称，以及生成的最终答案。

```python
from pprint import pprint
# 设置输入问题
inputs = {"question": "What are the types of agent memory?"}
# 运行程序并处理输出
for output in app.stream(inputs):
    for key, value in output.items():
        # 打印当前节点名称
        pprint(f" 节点 '{key}':")
        # 可选：在每个节点输出完整状态
        # pprint(value["keys"], indent=2, width=80, depth=None)
    pprint("\n---\n")
# 输出最终生成的答案
pprint(value["generation"])
```

```
--- 检索 ---
" 节点 'retrieve':"
--- 检查文档与问题的相关性 ---
--- 评分：文档相关 ---
```

Out

--- 评分：文档相关 ---
--- 评分：文档不相关 ---
--- 评估已评分文档 ---
--- 决策：生成 ---
"节点 'grade_documents':"
--- 生成 ---
"节点 'generate':"
('The different categories of memory in agents are short-term memory and long-term memory. Short-term memory is utilized for in-context learning, while long-term memory allows agents to retain and recall information over extended periods. These memory components play a crucial role in the functioning of AI agents.)

在整个程序的流程中，CRAG 系统首先检索与问题相关的文档，随后评估这些文档的相关性。在上面的示例中，根据评估结果，系统决定直接生成答案。

如果问题与知识库中的内容完全无关，则会进入到转换查询（优化问题表述）和网络搜索环节，得到相关的知识后才生成最终的答案。

In

inputs = {"question": " 为何山西省旅游资源丰富 ?"}

Out

--- 检索 ---
"节点 'retrieve':"
--- 检查文档与问题的相关性 ---
--- 评分：文档不相关 ---
--- 评分：文档不相关 ---
--- 评估已评分文档 ---
--- 决策：所有文档与问题都不相关，转换查询 ---
"节点 'grade_documents':"
--- 转换查询 ---
"节点 'transform_query':"
--- 网络搜索 ---
"节点 'web_search_node':"
--- 生成 ---
"节点 'generate':"
'山西省成为旅游资源丰富地区的因素包括几千年的历史文化积淀和历史遗存，独特的民俗风情，以及地形特色。山西省拥有 390 家 A 级旅游景区，其中包括五台山、云冈石窟、太行山大峡谷和平遥等知名景点。政府调控和相关政策的支持也是山西旅游业发展的重要因素之一。'

在上述过程中，如果知识库中已包含足以回答问题的信息，系统会主动结束检索流程。而对于与 AI 技术完全无关的山西文旅的问题，当系统识别到初始检索得到的文档集缺乏足够相关信息时，它将自动执行网络搜索。这一机制展示了 CRAG 系统如何根据不同类型的问题灵活调整其检索和生成策略，以适应不同的需求。

CRAG 代表了 RAG 系统的重要演进方向，即利用大模型的智能来提高 RAG 系统的回答质量。然而，在实际应用中，这种方法可能会导致系统复杂性的增加以及响应时间的延长。因此，在确保答案质量的同时，也需要考虑系统的效率。

7.4 小结

检索后处理技术在 RAG 系统架构中扮演着关键角色，位于检索和生成两个阶段之间，其目的在于优化检索结果的准确性、相关性和效率。

重排技术采用多种算法对初始检索结果进行重新排序以提升相关文档的排名。例如，RRF 适用于融合多个不同排序器的结果，尤其是在使用不同检索策略时效果显著，它能够平衡各排序器的结果，避免单一排序器的影响，简单且高效。Cross-Encoder 通过将查询和文档拼接后输入预训练模型（如 BERT），利用全量交互直接输出相关性分数。ColBERT 通过后期交互实现 token 级别的细粒度匹配，平衡了效率与精度。Cohere/Jina 直接调用商业 API（如 Cohere Re-ranking、Jina Re-ranking），利用其预训练的大模型进行黑盒重排。RankGPT/RankLLM 利用大模型（如 GPT-4、Llama 3）的指令理解能力，通过零样本或少样本提示直接生成重排结果。此外，通过引入时效加权机制，可确保结果的时间相关性，适用于对实时性要求较高的场景。

在当前大模型盛行的时代，手工部署 Cross-Encoder 或者 ColBERT 的情况变得较为少见。对于需要简单有效的融合排序结果的场景，RRF 是一个不错的选择。如果需要对文档和查询进行语义理解和排序，并且不特别关注数据隐私问题，对于已拥有 Elasticsearch 这样的搜索系统并希望快速增强其语义能力的企业，尤其是那些缺乏 NLP 工程师团队但愿意接受按需付费模式的企业，选择 Cohere 重排会更为合适。然而，如果业务规则特殊（如医疗搜索需要结合专业术语库），企业内部的技术团队具备模型调优的能力，并且对数据隐私有严格要求而不愿使用第三方 API，那么部署开源的重排模型则更为适宜。

压缩技术旨在去除冗余信息的同时保留检索结果的关键内容，但过度压缩可能会导致信息丢失，影响生成结果的完整性和准确性。

上下文压缩技术（如 ContextualCompressionRetriever、LLMLingua 等）能提炼关键信息，减少冗余。模型优化（如 RECOMP、Sentence Embedding Optimizer）则通过嵌入优化或增强检索技术来提升效率。Prompt Caching 的缓存机制可以解决长上下文处理的问题，平衡性能提升与资源消耗的关系。

校正技术能修正检索与生成阶段可能出现的误差，确保输出内容更符合事实或特定标准，从而增强 RAG 系统的可靠性。不过，校正过程通常会增加系统的复杂性和计算资源的消耗，尤其是在需要进行深度语义分析时更是如此。

经过检索后处理，传入生成器的信息质量得到提高，所得信息更加精炼和准确。

第 8 章
响应生成

小冰：在我看来，整个 RAG 流程中，生成过程是我们最不用担心的一个环节。尽管它是 RAG 系统的门面，是最终交付给用户的内容，但同时也是我们掌控最少的部分。由于当前的大模型能力非常强大，生成任务主要由这些大模型完成。

咖哥：有一定道理。不过，在 RAG 系统中，生成不仅仅是简单的"产出"，更是一种"有策略的表达"。大模型可以根据用户的个性特点，生成专属于"他/她"的内容（见图 8-1）。

图 8-1　咖哥正在用大模型生成一篇专属文案

小雪：没错！生成内容的过程可以充满创意和灵活性。以我的实践经验来看，为了提高输出质量，精心设计提示词是至关重要的，这样可以引导大模型生成具有多样性和连贯性的内容。

咖哥：除了提示词的设计以外，生成阶段的另一个重点在于生成模型的选择（见图 8-2）。可以选择调用 API 或部署本地模型，不同模型给出的答案质量可能存在显著差异。以 DeepSeek 为例，它不仅提供 API 调用方式，还提供了开源版本以供本地部署。DeepSeek 针对不同应用场景推出了专门的聊天模型（V3）和推理模型

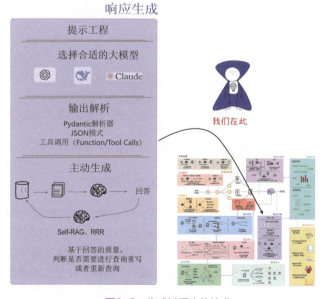

图 8-2　生成过程中的技术

（R1）。其中，聊天模型更适合普通对话场景，而推理模型则能够满足更为复杂和专业的学术讨论等需求。

此外，当实际答案不在知识库中时，RAG 系统倾向于提供一个看似合理但实际上错误的答案，而不是直接承认无法作答。类似的问题还包括生成的回答中有效内容的缺失等。这些问题可以通过在生成过程中采用 Self-RAG、RRR 等主动性优化策略得到缓解。

8.1 通过改进提示词来提高大模型输出质量

在知识库信息不充分，系统可能给出错误答案的情况下，改进提示词有助于提升生成答案的准确性。一个常见的例子是告诉大模型"如果你无法确定答案，就请表明你不知道"，这种方法鼓励大模型认识到自身的局限，并更透明地表达不确定性。

接下来，我们将从 3 个角度探讨如何利用提示工程来提升大模型的输出效果。

8.1.1 通过模板和示例引导生成结果

首先讨论如何通过模板和示例引导大模型生成我们期望得到的结果。

利用预定义的模板可以引导大模型生成特定格式的输出。大模型将基于已知信息，提供连贯且符合模板描述的内容，确保输出的一致性。

以下是一个具体的示例。

```
from langchain import PromptTemplate
template = """
作为一名资深游戏策划师，您擅长基于文案内容构建角色分析。
【背景资料】
{context}
【分析任务】
请基于上方资料，撰写一份角色分析报告，格式如下：
---
角色名称：〈填写角色中文名称〉
背景故事：描述其出身、性格、关键剧情点，与其他角色的关系与冲突。
技能特点：主要能力或技能说明（如法术、武器、特殊技能等）。
战斗策略：推荐战术打法（适合玩家如何应对）；弱点分析（有哪些被克制的方式或条件）。
---
注意：内容需贴合资料、逻辑清晰、语言专业，适用于策划评审或制作人汇报。
"""
prompt = PromptTemplate(input_variables=["context"], template=template)
```

在提示词中提供示例（如少样本提示）回答，可以使大模型模仿示例的格式和风格，有助于引导大模型生成符合预期的输出。

例如，在一个开发场景的 RAG 知识库中，我们希望通过大模型解析自动化测试日志，辅助研发人员和测试工程师找出失败用例可能关联的代码段，并提供初步修复建议。

```python
from langchain.prompts import PromptTemplate
template = """
你负责从测试日志中分析程序失败原因，并定位相关代码段。
【示例 1】
用例编号：TC_001
执行日志摘要：输入 A=5，B=0；调用函数 divide(a, b)；返回错误：ZeroDivisionError
分析结论：
– 问题原因：divide 函数未处理除零异常
– 关联代码：math_utils.c 第 24 行
– 修复建议：添加除数为 0 的异常判断逻辑
【示例 2】
用例编号：TC_002
执行日志摘要：输入用户 ID 为空，调用函数 login(user_id)；程序返回异常状态码 500
分析结论：
– 问题原因：login 接口未对空用户 ID 进行参数校验
– 关联代码：auth.c 第 12 行
– 修复建议：在函数入口添加非空判断。
【当前任务】
请参照以上格式，分析以下用例：
用例编号：{case_id}
执行日志摘要：
{log}
请输出结构化分析结论，包括问题原因、关联代码及建议。
"""
prompt = PromptTemplate(input_variables=["case_id", "log"], template=template)
```

8.1.2 增强生成的多样性和全面性

为了增强大模型生成的多样性，可以先生成多个候选答案，随后与检索结果进行比较，选择最优的一个；也可以在提示词中鼓励大模型考虑不同的观点或可能性，以生成更全面的答案。

以下是一个具体的示例。

```python
# 定义检索到的文档内容
def get_code_snippet() -> str:
    """
    获取需要分析的代码片段。
    返回：
        str：包含代码片段的字符串
    """
    return """
        def handle_request(request):
            # 检查请求头中是否包含 token
            if 'token' not in request.headers:
```

```
                return {'status': 401, 'message': 'Unauthorized'}, 401
        try:
            # 检查用户权限
            check_permission(request.headers['token'])
            # 处理请求逻辑
            return process_request(request)
        except AccessDenied:
            return {'status': 403, 'message': 'Forbidden'}, 403
        except Exception as e:
            return {'status': 500, 'message': str(e)}, 500
"""
retrieved_content = get_code_snippet()
# 定义提示词，增强生成的多样性和全面性
prompt = f"""
请基于以下代码片段描述可能的错误处理机制：
{retrieved_content}
注意：请提供多个不同的分析视角，涵盖输入异常、权限控制、调用链等方面。"""
```

8.1.3　引入事实核查机制以提升真实性

有时事实核查是必要的，可以通过在提示词中强调仅依据检索内容进行回答，或将生成内容限定于特定主题或范围内，以减少无根据的信息生成。通过比对生成内容与检索文档的一致性，可以有效避免引入错误信息。

以下是一个具体的示例。

```
# 定义检索到的文档内容
retrieved_content = get_code_snippet()
# 定义提示词，强调仅依据检索内容回答
prompt = f"""
请根据以下代码内容判断该函数潜在的缺陷：
{retrieved_content}
注意：请仅依据上述代码分析内容，不得引入外部知识。"""
```

8.2　通过输出解析来控制生成内容的格式

某些情况下，需要以非常严格的方式输出内容，例如，当 Agent 需要在后续流程中调用函数或者工具时。在这种情形下，应在提示词中清晰地描述期望的输出格式。例如，要求大模型以列表形式给出答案，或限制回答的字数和内容结构。如果大模型未能按照预期输出格式整理信息，可以使用一些方法更好地引导其理解我们的需求，确保得到想要的格式。

LangChain 和 LlamaIndex 作为主流框架，在调用大模型后，都提供了相应

的组件对生成的输出进行解析，从而生成标准化的输出格式，以满足不同应用场景的需求。

8.2.1 LangChain输出解析机制

LangChain 提供了一系列 OutputParser 组件，用于解析大模型输出。
- StrOutputParser：默认的输出解析器，直接返回大模型的文本输出。
- JSONOutputParser：用于解析 JSON 格式的输出，确保大模型生成符合 JSON 规范。
- PydanticOutputParser：基于 Pydantic 进行结构化解析，适用于复杂的数据结构。
- RegexParser：通过正则匹配提取关键内容。
- StructuredOutputParser：基于 JSON Schema 解析结构化数据。

以下代码示例展示了如何使用 LangChain 的 JSONOutputParser。

In
```
from langchain_core.output_parsers import JsonOutputParser
from langchain_deepseek import ChatDeepSeek
from langchain.prompts import PromptTemplate
# 定义输出格式
parser = JsonOutputParser()
prompt = PromptTemplate.from_template(" 请返回 JSON 格式的用户信息：{query}")
# 调用大模型并解析
llm = ChatDeepSeek(model="deepseek-chat")
output = llm(prompt.format(query=" 用户 ID 123"))
parsed_output = parser.parse(output.content)
print(parsed_output)
```

Out
```
{'user_id': '123'}
```

8.2.2 LlamaIndex输出解析机制

LlamaIndex 的输出解析主要体现在响应合成（response synthetization）和结构化输出解析（structured output parsing）两个组件上。

在执行检索后，LlamaIndex 会进行响应合成，即首先召回相关文档，然后利用 response_synthesizer 处理召回的数据，并使用大模型生成最终答案。以下是一个具体的示例。

```python
from llama_index.core import VectorStoreIndex, SimpleDirectoryReader
from llama_index.core.response_synthesizers import get_response_synthesizer
from llama_index.core.response_synthesizers.type import ResponseMode
from llama_index.core.prompts import PromptTemplate
from pydantic import BaseModel, Field
from typing import List
# 定义游戏信息结构
class GameInfo(BaseModel):
    title: str = Field(description=" 游戏名称 ")
    developer: str = Field(description=" 开发商 ")
    release_date: str = Field(description=" 发行日期 ")
    platforms: List[str] = Field(description=" 支持平台 ")
    main_features: List[str] = Field(description=" 主要特点 ")
    story_summary: str = Field(description=" 故事概要 ")
    reception: str = Field(description=" 市场反响 ")
# 载入数据
documents = SimpleDirectoryReader("data/ 黑神话 ").load_data()
index = VectorStoreIndex.from_documents(documents)
# 基础解析模式 —— 使用 COMPACT 模式
print("=== 基础解析模式 ===")
synthesizer = get_response_synthesizer(
    response_mode=ResponseMode.COMPACT,
    verbose=True   # 显示详细信息
)
query_engine = index.as_query_engine(response_synthesizer=synthesizer)
response = query_engine.query(" 请总结《黑神话：悟空》这款游戏的主要内容 ")
print(response)
# 结构化解析模式 —— 使用 REFINE 模式
print("\n=== 结构化解析模式 ===")
synthesizer = get_response_synthesizer(
    response_mode=ResponseMode.REFINE,
    output_cls=GameInfo,  # 指定输出类
    verbose=True
)
query_engine = index.as_query_engine(response_synthesizer=synthesizer)
response = query_engine.query(" 请提取《黑神话：悟空》的关键信息 ")
# 安全地处理响应
if hasattr(response, 'response'):
    print(response.response)
else:
    print(response)
# 表格格式解析 —— 使用 TREE_SUMMARIZE 模式
print("\n=== 游戏特点表格解析 ===")
table_prompt = PromptTemplate(
    template=" 请将以下游戏特点以表格形式展示：\n{query_str}\n 格式要求：\n| 类别 | 内容 |\n|--|--|\n"
)
```

In

```python
synthesizer = get_response_synthesizer(
        response_mode=ResponseMode.TREE_SUMMARIZE,
    summary_template=table_prompt,
    verbose=True
)
query_engine = index.as_query_engine(response_synthesizer=synthesizer)
response = query_engine.query(" 请用表格形式总结《黑神话：悟空》的主要特点 ")
print(response)
# 分点解析模式 —— 使用 COMPACT_ACCUMULATE 模式
print("\n=== 游戏亮点分点解析 ===")
bullet_prompt = PromptTemplate(
    template=" 请将以下游戏亮点以分点形式展示：\n{query_str}\n 格式要求：\n1. \n2. \n3. "
)
synthesizer = get_response_synthesizer(
        response_mode=ResponseMode.COMPACT_ACCUMULATE,
    text_qa_template=bullet_prompt,
    verbose=True,
    use_async=True  # 启用异步处理
)
query_engine = index.as_query_engine(response_synthesizer=synthesizer)
response = query_engine.query(" 请用分点形式总结《黑神话：悟空》的亮点 ")
print(response)
# 故事线解析 —— 使用 SIMPLE_SUMMARIZE 模式
print("\n=== 游戏故事线解析 ===")
story_prompt = PromptTemplate(
    template=" 请将以下游戏故事以时间线形式展示：\n{query_str}\n 格式要求：\n- 时间点：事件 \n"
)
synthesizer = get_response_synthesizer(
        response_mode=ResponseMode.SIMPLE_SUMMARIZE,
    text_qa_template=story_prompt,
    verbose=True
)
query_engine = index.as_query_engine(response_synthesizer=synthesizer)
response = query_engine.query(" 请用时间线形式总结《黑神话：悟空》的故事发展 ")
print(response)
```

Out

=== 基础解析模式 ===
The game " 黑神话：悟空 " is an action role-playing game developed and published by Game Science. It is praised as China's first "3A game" and is based on the classic Chinese novel "Journey to the West." Players control a character named " 天命人 " who embarks on a journey to find and revive 孙悟空 by collecting his lost body parts known as " 根器 ." The game features a combat system with various staff fighting styles, resource management mechanics, and incorporates Chinese cultural and natural landmarks, along with elements of Buddhism and Taoism. The story takes place after the events of "Journey to the West" and includes references to the Hong Kong film "A Chinese Odyssey."

Out

```
=== 结构化解析模式 ===
title=' 黑神话：悟空 ' developer=' 未提及 ' release_date=' 未提及 ' platforms=[' 未提及 '] main_features=['
融合中国文化和自然地标 ',' 融入佛教和道教的哲学元素 '] story_summary=' 故事发生在《西游记》之后，
玩家扮演花果山灵明石猴 " 天命人 " 寻找遗失根器、解救和复活孙悟空的旅程。在寻找根器的过程中，
天命人击败各种妖王和头目，找回孙悟空的根器。' reception=' 未提及 '
=== 游戏特点表格解析 ===
| 类别    | 内容                              |
|--------|----------------------------------|
| 游戏类型 | 动作冒险游戏                       |
| 游戏风格 | 中国神话题材，结合东方文化元素       |
| 游戏玩法 | 独特的战斗系统，包括武器、技能和奥义的组合 |
| 游戏世界 | 开放世界，自由探索和解谜            |
| 角色扮演 | 玩家可以扮演孙悟空，体验他的冒险故事 |
| 美术风格 | 精美的画面和动画，展现中国传统绘画风格 |
| 音乐配乐 | 原创音乐，搭配游戏场景，增强氛围感   |
| 游戏难度 | 挑战性较高，需要玩家灵活运用战斗技巧 |
=== 游戏亮点分点解析 ===
1. 独特的中国神话题材：游戏以中国神话故事为背景，玩家可以体验到独特的东方神话世界观。
2. 自由探索的开放世界：玩家可以自由探索游戏世界，发现隐藏的任务和秘密。
3. 创新的战斗系统：游戏采用即时战斗系统，玩家可以使用各种武器和技能进行战斗，体验不同的战
斗乐趣。
=== 游戏故事线解析 ===
– 远古时期：孙悟空被封印在山岳之中
– 唐代：在山中发现了封印孙悟空的石碑
– 唐代：孙悟空重获自由，开始冒险
```

此外，LlamaIndex 还支持与其他输出解析类框架集成，例如，通过 GuarDrails 进行最终输出的安全防护和价值观对齐。具体使用方法可参考其官方文档说明。

8.2.3　OpenAI 的 JSON 模式和结构化输出

OpenAI 传统的 JSON 模式允许我们通过设置 response_format 为 { "type": "json_object" } 来激活要响应的 JSON 模式。启用此模式后，系统仅会生成能够被解析为有效 JSON 对象的字符串。需要注意的是，尽管这种模式规定了输出格式需为 JSON，但它并不确保内容符合特定规范，例如，每个字段的名称和类型可能并不总是如预期般准确。

在 OpenAI 最新版（截至撰写本书时）Responses API 的结构化输出（Structured Outputs）功能中，则进一步保证模型能够生成与用户提供的 JSON 模式相匹配的响应。这意味着不必担心模型会遗漏必要的键或生成无效的枚举值，并且无需使用强烈措辞的提示词以维持一致的格式要求。对于能力较弱的模型，精心设计的提示词仍然至关重要。

以下是 Responses API 的结构化输出示例。

```python
from openai import OpenAI
import json
client = OpenAI()
response = client.responses.create(
    model="gpt-4o",
    input=[
        {"role": "system", "content": "Extract the event information."},
        {"role": "user", "content": "Alice and Bob are going to a science fair on Friday."}
    ],
    text={
        "format": {
            "type": "json_schema",
            "name": "calendar_event",
            "schema": {
                "type": "object",
                "properties": {
                    "name": {
                        "type": "string"
                    },
                    "date": {
                        "type": "string"
                    },
                    "participants": {
                        "type": "array",
                        "items": {
                            "type": "string"
                        }
                    },
                },
                "required": ["name", "date", "participants"],
                "additionalProperties": False
            },
            "strict": True
        }
    }
)
event = json.loads(response.output_text)
```

示例中的 "type": "json_schema" 以及 "schema"，明确指定了输出 JSON 文件的具体格式。

8.2.4　Pydantic解析

Pydantic 提供了一个多用途框架，能够将输入的文本转换成结构化的 Pydantic 对象。LlamaIndex 提供了多种类型的 Pydantic 程序，每种都有特定的应用场景。

- 大模型文本完成 Pydantic 程序（LLM Text Completion Pydantic Programs）：这类程序处理输入文本，并将其转换为用户定义的结构化对象。它结合了文本完成 API 和输出解析功能。
- 大模型函数调用 Pydantic 程序（LLM Function Calling Pydantic Programs）：根据用户需求，这类程序将输入文本转换成特定的结构化对象。这一过程依赖于大模型函数调用 API。
- 预设的 Pydantic 程序（Prepackaged Pydantic Programs）：这类程序旨在将输入文本转换成预先定义好的结构化对象。

以下是一个 Pydantic 程序示例。

```python
from pydantic import BaseModel, Field
from typing import List, Optional
from llama_index.program.openai import OpenAIPydanticProgram
# 定义代码问题模型
class CodeIssue(BaseModel):
    """ 代码中存在的问题 """
    line_number: int = Field(..., description=" 问题所在的行号 ")
    issue_type: str = Field(..., description=" 问题类型，如安全漏洞、性能问题、代码风格等 ")
    description: str = Field(..., description=" 问题的详细描述 ")
    severity: str = Field(..., description=" 问题严重程度：high/medium/low")
# 定义代码分析报告模型
class CodeAnalysis(BaseModel):
    """ 代码分析报告 """
    file_name: str = Field(..., description=" 被分析的文件名 ")
    issues: List[CodeIssue] = Field(default_factory=list, description=" 发现的问题列表 ")
    overall_quality: str = Field(..., description=" 代码整体质量评估：excellent/good/fair/poor")
    recommendations: List[str] = Field(default_factory=list, description=" 改进建议 ")
# 创建 OpenAI Pydantic Program
program = OpenAIPydanticProgram.from_defaults(
    output_cls=CodeAnalysis,
    prompt_template_str="""
请分析以下代码，生成详细的分析报告：
{code}
要求：
1. 识别代码中的潜在问题
2. 评估代码质量
3. 提供改进建议
""",
    verbose=True
)
# 示例代码
sample_code = """
def process_data(data):
    if data is None:
```

In

```
            return
    for item in data:
        if item > 100:
            print("Large value found")
        else:
            print("Small value")
"""
# 运行分析
try:
    analysis = program(code=sample_code)
    print(f" 文件分析报告：{analysis.file_name}")
    print(f" 整体质量：{analysis.overall_quality}")
    print("\n 发现的问题：")
    for issue in analysis.issues:
        print(f"- 行号 {issue.line_number}: {issue.issue_type}")
        print(f"  描述：{issue.description}")
        print(f"  严重程度：{issue.severity}")
    print("\n 改进建议：")
    for rec in analysis.recommendations:
        print(f"- {rec}")
except Exception as e:
    print(f" 分析过程中出现错误：{e}")
```

Out

文件分析报告：code.py
整体质量：fair
发现的问题：
- 行号 3: Potential Bug
  描述：The function returns without processing data if it is None, which may lead to unexpected behavior.
  严重程度：medium
- 行号 5: Potential Bug
  描述：Comparison of item with 100 may not be appropriate, consider using >= instead of >
  严重程度：low
改进建议：
- Handle the case when data is None more appropriately
- Consider using >= instead of > for comparison with 100

8.2.5 Function Calling解析

通过 Function Calling 或者 Tool Calling 可以让大模型返回结构化数据，并解析 function_call 字段，动态生成后续函数调用的名称和参数。

以下代码示例展示了如何使用 Function Calling 进行解析。

In

```
from langchain_deepseek import ChatDeepSeek
from pydantic import BaseModel, Field
# 定义工具模式
class get_weather(BaseModel):
    """ 获取天气信息 """
    location: str = Field(..., description=" 城市名称 ")
    temperature: float = Field(..., description=" 温度 ")
# 初始化大模型
llm = ChatDeepSeek(model="deepseek-chat")
# 绑定工具
llm_with_tools = llm.bind_tools([get_weather])
# 发送请求
response = llm_with_tools.invoke(" 请告诉我上海的天气 ")
# 解析输出
if response.tool_calls:
    for tool_call in response.tool_calls:
        print(f" 工具名称： {tool_call['name']}")
        print(f" 参数： {tool_call['args']}")
else:
    print(" 没有工具调用 ")
```

Out

```
工具名称：get_weather
参数： {'location': ' 上海 ', 'temperature': 25}
```

上述示例虽然简单，但它构成了 Agentic 类型智能系统的起点。当大模型能够自主判断下一步需要调用的工具、函数，并基于已检索到的知识或者用户的输入来输出符合函数参数接口要求的格式时，这就相当于为这些系统装备了一双可以灵活使用各种工具的手。

未来，通过 MCP，RAG 和 Agent 应用将能够连接外部系统，实现更强大的功能。而准确的解析机制则是实现大模型应用与外部系统顺利互联的前提条件。

8.3 通过选择大模型来提高输出质量

调用大模型的方式多种多样，总体来说有 3 种选择——API 调用、开源模型平台部署和本地化部署。

- 通过调用 API 使用大模型（如 OpenAI 的 GPT-4 模型、Anthropic 的 Claude 模型等）是开发者快速集成大模型能力的一种常见方式。这种方式允许用户通过云端服务直接调用 API，不需要进行本地部署。然而，这种方式依赖网络连接，并且成本相对较高。
- Hugging Face 和魔搭社区（ModelScope）作为开源模型平台，各具优势。前者提供丰富的预训练模型库（如 transformers）以及易用的工具链，支持开发者对模型进行微调和部署；后者由阿里云推动，聚焦于中文场景，提供本地化模型和算力支持，降低了中文 NLP 开发的门槛。

- Ollama 和 vLLM 则是本地化部署工具中的代表。Ollama 以其轻量级设计而知名，支持快速启动和运行 Llama 系列等开源模型，适合本地调试；vLLM 由加利福尼亚大学伯克利分校团队开发，通过高效的 PagedAttention 技术优化显存管理，显著提升了大模型推理速度，可以满足生产环境中高并发的需求。

需要说明的是，第一种方式主要用于调用闭源商用大模型，而后两种方式则常用于开源模型的访问。当前常用的模型如下。

- GPT 系列（OpenAI）：作为大模型时代的领跑者，GPT 系列在各方面能力上都表现出色，尤其在逻辑推理和指令跟随方面具有显著优势，是创新方向的引领者。
- Claude 系列（Anthropic）：作为新一代长上下文处理专家（支持 200K token 的长上下文），Claude 3 强调安全性与低幻觉率，在数学和编程基准测试中表现突出，显示出超越 GPT 的趋势。
- Gemini 系列（Google）：尽管 Google 的大模型不如前两者那样引人注目，Gemini 系列仍然有独特之处。它采用了多模态统一架构，支持超长上下文，并且在推理与代码能力方面有所强化。
- DeepSeek 系列（DeepSeek）：这是国产大模型中的佼佼者，采用了 MoE 架构，特别优化了数学与代码能力，支持 128K#token 的长上下文。DeepSeek-R1 开源且可商用，此外，DeepSeek 推出了易于部署的小型蒸馏版本。
- Llama 系列（Meta）：这是一款开源大模型，参数量从 8B 到 70B 不等。Llama 以其高推理效率和支持长上下文而知名，拥有丰富的生态工具。
- Qwen（阿里云）：显著优化了中文处理能力，覆盖了从 1.8B 到 72B 的参数规模，支持多轮对话和插件扩展。
- Mixtral（Mistral AI）：采用 MoE 架构，以较小的激活参数量实现了高性能，开源且可商用。

这些模型普遍追求更低的推理成本、更大的上下文长度以及多模态扩展，同时推动开源与商业化生态并行发展，致力于技术的普惠化。

不同的模型在性能、效率和适用场景上略有差异，选择时的关键考虑因素如下。

- 模型规模与性能：一般来说，较大的模型具有更强的生成能力和理解复杂语境的能力。然而，随着模型规模的增大，计算资源的需求和推理时间也会显著增加。因此，在追求高性能的同时，需要在性能和资源消耗之间找到一个平衡点。
- 任务适配性：不同的模型可能在特定任务上表现更佳。例如，一些模型在代码生成方面表现突出，而其他模型则可能在自然语言理解或对话生成领域更具优势。根据具体的任务需求选择模型，有助于提高输出的质量。
- 微调与定制化：通过微调技术，可以将预训练模型调整至特定领域或任务，从而提升其在特定应用场景下的表现。参数高效微调技术，如适配器学习（Adapter Learning）和低秩适应（LoRA），通过引入少量可训练参数，实现了对模型的高效定制。

- **自我反馈机制**：引入自我反馈机制，让模型对其初始输出进行自我评估和修正，可以进一步提高生成内容的准确性和一致性。具体来说，这一过程包括模型首先生成初始输出，然后对该输出进行审查并提供反馈，最后依据反馈对初始输出进行优化。

8.4 生成过程中的检索结果集成方式

小冰：咖哥，除了通过调整提示词和更换大模型来提高输出质量以外，是否还有更复杂、更高级的生成技术？

咖哥：当然有。传统的 RAG 流程直接将检索到的信息输入生成器（即大模型），在这种情况下，检索与生成相对独立，仅在输入端使用检索结果。检索的质量直接影响生成器的输出效果，若检索失败或信息包含噪声，则会降低生成效果。由于此过程不修改生成器，因此实现起来较为简单。

然而，这种检索与生成相对独立的架构并非检索器和生成器唯一的集成方式。论文 "A Survey on RAG Meeting LLMs: Towards Retrieval-Augmented Large Language Models" 对检索结果与生成过程的集成方式进行了探讨，如图 8-3 所示。

图 8-3 中的检索过程与传统 RAG 相同，但在生成过程部分，列出了 3 种集成方式。

- **输入层集成**：此方式涉及将检索内容与原始查询一同传递给生成器，类似于传统 RAG 流程的操作方式。

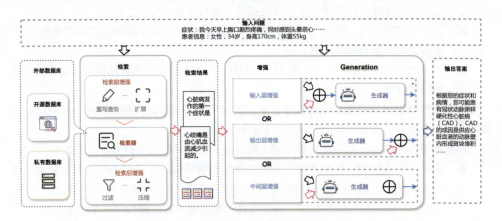

图8-3 检索结果与生成过程的集成方式

- **输出层集成**：首先运行大模型，根据输入生成输出，随后将此输出与检索结果相结合，采用加权整合的方法来优化，得到最终结果。
- **中间层集成**：作为最复杂的集成方式，该方式涉及在生成器内部层次上直接引入检索结果，实现检索结果与大模型的深度融合，以提升生成性能。

8.4.1 输入层集成

输入层集成涉及将检索到的内容与用户的原始查询组合，然后一并传递给生成器进行处理。这个过程类似于在开卷考试中查找答案，并将这些参考资料作为输入，以帮助生成器更精准地生成输出。

生成器会将用户最初的提问与检索到的相关文档、段落或实体拼接在一起，然后通过生成器进行处理。这样，生成器能够直接使用这些检索到的内容来生成答案或文本。

REALM（Retrieval-Augmented Language Model，检索增强的语言模型）是输入层集成的一个典型例子，它实际上代表了标准的 RAG 架构。REALM 通过在其预训练阶段引入检索机制，能够实时获取外部知识，从而提升生成性能。具体来说，该模型会将检索到的段落与输入的问题组合，以此提高答案的准确性。

这种方式的优势在于其相对简单且易于实现，同时能够在处理大量相关文档时保持输出的连贯性。然而，如果检索到的文档数量过多，拼接后的输入可能会超出大模型能处理的最大序列长度限制，导致无法处理。

8.4.2 输出层集成

输出层集成是在生成器生成输出后，将生成的内容与检索到的信息结合并进行加权处理，以得出更为准确的结果。这种方式类似于在初步生成答案后，再参考外部资料对答案进行校对和优化。

在生成每个输出时，模型会计算两个概率分布：一个是由模型预测的下一个词的概率分布，另一个则是由检索到的上下文（如相似文本片段）所提供的概率分布。接着，模型会对这两种概率分布进行加权整合，从而生成最终的答案。这种集成方式允许模型在生成过程的最后阶段引入检索信息，以提高结果的准确性。

kNN-LM（K-Nearest Neighbor Language Model）是输出层集成的一个典型例子。该模型会在生成输出后基于检索到的相似上下文调整生成单词的概率分布，从而减少错误生成和幻觉现象。这种方法具有灵活性，因为它可以在生成器输出之后应用，不需要对模型的中间过程进行干预，并且能够更好地应对复杂的上下文环境。

然而，输出层集成面临的一个挑战是如何有效地对检索结果和生成器的结果进行加权。特别是在检索结果和生成器输出不一致时，如何做出合适的取舍成为一个难题。

8.4.3 中间层集成

中间层集成在生成器的内部层次（即中间层）引入检索到的信息，使这些信息能够在生成过程中的多个阶段影响模型输出。这种方式类似于在撰写文章时，不时查阅参考资料并据此不断调整写作内容。

在这个过程中，检索到的文档片段会被转换为密集向量，并通过注意力机制或其他集成模块，在生成器的某个中间层引入生成过程。这允许生成器在生成输出时动态地与检索到的信息交互，从而在保持生成过程流畅的同时增强信息交互。

RETRO（Retrieval-Enhanced Transformer）是中间层集成的一个典型例子。RETRO 通过在其生成器的中间层引入检索到的文本块，使模型能够在生成过程中动态访问这些信息，从而生成更为连贯和准确的文本。

中间层集成相较于输入层集成和输出层集成，提供了更多的信息交互机会，并且能够在生成的不同阶段多次利用检索到的信息。这种方式特别适用于需要处理大量检索信息、生成高质量长文本的任务。

然而，这种方式实现起来相对复杂，因为它要求对模型的内部结构进行修改，并且需要大量计算资源来支持中间层的多次信息交互。

8.5 Self-RAG：自我反思式生成

我们在 7.3 节介绍过 CRAG。本节将要介绍的 Self-RAG（Self-Reflective Retrieval-Augmented Generation，自我反思检索增强生成）与前者有一定的相似性。

Self-RAG 是在 RAG 架构中集成自我反思/自我评分机制的一种策略，这一概念来源于华盛顿大学的一篇论文"Self-RAG: Learning to Retrieve, Generate, and Critique through Self-Reflection"。Self-RAG 的核心在于通过自动化决策流程来逐步验证检索文档的相关性以及生成内容的准确性。这种方法使大模型能够动态决定是否进行检索，并对生成的内容进行评估，从而提高生成文本的质量和真实性，减少偏差或所谓的"幻觉"现象。

Self-RAG（见图 8-4）具有以下 3 个主要特点。

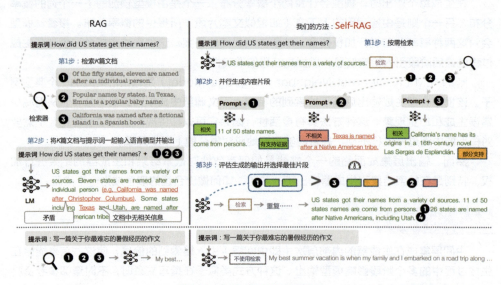

图 8-4 Self-RAG 的主要流程

- 按需检索：根据输入问题的具体需求，大模型可以动态决定是否需要进行检索操作，从而避免不必要的检索过程。

- **自我评估**：在生成过程中，大模型使用特殊的反思 token 对其输出进行评估，确保生成的内容与检索到的知识保持一致。
- **多维控制**：通过引入一个批判模型（critic model），从多个细粒度方面对生成的文本进行评估和控制，以此提高最终生成结果的质量。

Self-RAG 包含的主要步骤如下。

（1）判断是否需要检索：首先，系统判断是否有必要从检索器中获取信息。这一步骤的输入是用户的提问（x），而输出是关于继续进行检索操作的决定，包括 Yes、No 或 Continue，以适应不同的处理需求。

（2）判断检索的文档是否相关：一旦确定需要检索信息后，系统将对检索到的文档 D 中的每一文本块 d 进行相关性检测。这一步骤的输入包括原始问题 x 和检索到的文本块 d。系统通过模型分析，判断这些文档内容是否与问题 x 相关。输出结果为 Relevant（相关）或 Irrelevant（不相关）。

（3）确认生成内容的支持度：接下来，系统会检测生成的内容是否得到了检索文档的支持。这一步骤的输入包括原始问题 x、检索到的文本块 d 和生成的内容 y。系统将评估生成的信息是否基于检索到的文档提供的事实。输出结果为 Fully Supported（完全支持）、Partially Supported（部分支持）或 No Support（不支持）。

（4）对生成内容的质量进行评估：最后，系统将进一步评估生成的内容的质量，判断其是否有效回答了问题 x。这一步骤的输入包括原始问题 x 和生成的内容 y。评分范围为 1～5，评分反映生成的内容的完整性和有效性。

关于 LangGraph 的 Self-RAG 代码实现示例，请参见作者的 GitHub 仓库。

8.6 RRR：动态生成优化

RRR（Rewrite-Retrieve-Read，重写-检索-阅读）源自论文 "Query Rewriting for Retrieval-Augmented Large Language Models"，是一种优化 RAG 系统的方法。在传统的 RAG 系统中，用户的原始查询直接用于检索相关文档，随后由生成模型基于这些文档生成答案。然而，由于原始查询可能模糊或不完整，这会影响检索的效果。通过 RRR 方法，在检索前对查询进行重写，可以提高检索结果的相关性和质量。

RRR 的主要流程（见图 8-5）如下。

1. 重写（Rewrite）：利用大模型对用户的原始查询进行重写，产生一个更清晰和具体的查询版本。

2. 检索（Retrieve）：利用重写后的查询在网络中检索相关的文档。

3. 阅读（Read）：将检索到的文档输入生成模型，以生成最终的答案。

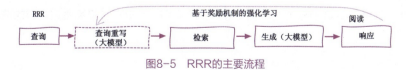

图8-5　RRR的主要流程

通过在检索前对查询进行重写，RRR 能够更准确地捕捉用户的意图，提高检索结果的相关性，并因此提高生成答案的质量。

图 8-6 展示了 3 种类似方法的对比。检索后阅读（retrieve-then-read）方法直接利用输入进行检索，并让大模型阅读检索到的文档后生成答案；RRR 方法先利用大模型将输入重写为更好的检索查询，之后利用这个查询进行网络搜索，最后由大模型阅读检索到的文档并生成输出；可训练的重写 – 检索 – 阅读（trainable rewrite-retrieve-read）方法先利用小型预训练语言模型重写查询，之后进行网络检索以获取文档，最后由大模型阅读检索到的文档并生成输出，所谓"可训练"，其关键在于引入了强化学习的奖励机制来优化重写器。

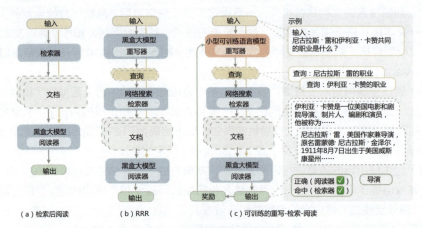

图8-6　3种类似方法的比较

RRR 的核心在于通过优化、重写和检索的循环过程提高生成结果的质量。根据初步生成的内容对输出进行评估，如果发现答案不完整或不准确，则会检索更多相关的文档，并据此对初始生成的内容进行修改和完善。

这种方法类似于 Self-RAG 中的自我反思机制，能够确保最终生成的答案基于充分的信息和高质量的文档支持。

8.7　小结

响应生成在整个 RAG 流程中是一个可操作空间相对有限的环节。本章探讨了通过优化提示词以提高生成内容质量的方法，以及如何利用输出解析机制来控制生成内容的格式，如何通过选择大模型来提高输出质量等。

在生成过程中，可以采用 3 种集成检索结果的方式——输入层集成、输出层集成和中间层集成。

此外，Self-RAG 及动态生成优化等技术的应用，可进一步提高生成内容的准确性与可控性。

第 9 章
系统评估

小雪：咖哥，传统机器学习模型的评估相对直接，例如分类器或者目标检测系统都有明确的对错评判标准。然而，与这些模型不同的是，当涉及 RAG 系统时，若客户询问其效果如何，我很难给出一个明确的答复。

咖哥：确实。RAG 系统的评估方式与传统机器学习模型有所区别（见图 9-1）。传统模型的评估通常依赖于明确的定量指标，例如分类准确率、目标检测精度、基尼系数、R 方分数、F1 分数及混淆矩阵等[1]。相比之下，评估 RAG 系统，需要分别对检索器和生成器这两个核心组件进行评估。这不仅涉及评估检索内容的相关性，还需要考量生成的回答能否满足用户的需求。

图9-1　RAG系统的评估并不简单

检索器要实现的目标在于找出最相关的文档。虽然对检索器的评估（也称为"检索评估"）包含一定的主观因素，但我们仍可以采用信息检索领域的一些指标来进行衡量，例如精确率（Precision）、召回率（Recall）和排名准确度等。

小雪：这还比较容易理解，那么针对生成器的评估呢？

咖哥：生成器的评估（也称为"响应评估"，实际上是针对 RAG 系统给出的最终结果进行的整体评估）则更加复杂。它不仅要求验证生成的答案是否基于事实（即与上下文相关），以及是否有效地回答了用户的问题（即与查询相关），还需要判断答案是否流畅、安全且符合人类价值观。为了评估生成内容的质量，我们会结合使用定量指标（如 BLEU 或 ROUGE）和定性指标（如回答的相关性、语义一致性、语境契合度、扎实性及忠实度）。此外，鉴于这些因素的复杂性，还需要依赖人类的主观评价来辅助完成整个评估过程。

检索评估和响应评估结合在一起，就构成了 RAG 系统的评估体系，如图 9-2 所示。

---

[1] 参考人民邮电出版社出版的《零基础学机器学习》。

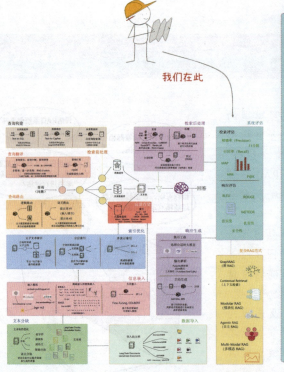
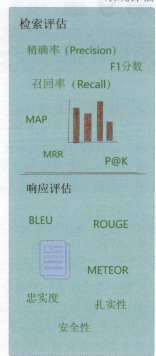

图9-2　RAG系统的评估体系

9.1　RAG系统的评估体系

小雪：既然RAG系统的评估复杂得多，而且主观因素也多，实施项目时应该从哪里开始呢？

咖哥：如果可能的话，我建议你和客户一起，基于一部分最常用、最熟悉的文档，收集一些典型问题和标准答案，以此为起点，先创建出一个双方都认可的、高质量的评估数据集。

9.1.1　RAG的评估数据集

建立一个如图9-3所示的评估数据集至关重要。在缺乏统一的评估标准时，开发人员和业务团队讨论问答系统的准确性时可能会各执一词。评估数据集的完整性和多样性直接关系到RAG系统评估过程的准确性和可靠性。一个高质量的数据集应当包含丰富全面的问题，以及经过业务团队或者客户验证的来源可靠的答案。

评估数据集			
查询	预期回答（标签）	预期来源（文档）	预期来源（页面）
<问题1>	<答案1>	[文档1] [文档2]	[3, 6], [23]
<问题2>	<答案2>	[文档10]	[3]
⋮	⋮	⋮	⋮
<问题N>	<答案N>	[文档X]	[X1, X2]

图9-3 评估数据集示例

图 9-3 中的评估数据集包括问题、标准答案，以及标准答案的来源文档、所在页面等信息，基于这些资料可以建立起一系列评估指标，以检验系统能否准确检索出标准答案。当然，评估数据集的具体格式应根据实际项目需求来定。示例中的数据集之所以包含"页面"这一标签，是因为该项目中的文档主要为 PDF 或 Word/WPS 格式。如果项目文档是 Markdown 或者网页格式，"页面"这个字段可能就不适用了。

小冰：咖哥，从头构建一套数据集非常耗费资源，数据集多大比较合适呢？

咖哥：从零开始构建数据集确实需要投入不少资源。对于初步测试，可以先构造大约 200 个问答条目。随着项目的进展，再逐步积累更多内容。

不同 RAG 系统的评估数据集，格式可能会有所不同，有的时候存在精确的唯一数据来源，而有的时候答案可能来源于多个页面或者文档。因此，在实施项目时需要灵活处理这些差异。

9.1.2 检索评估和响应评估

检索评估和响应评估是 RAG 系统评估框架的两大核心内容。

- 检索评估关注模型在查询时能否检索到准确且相关的上下文。它评估的是系统从知识库或外部资源中找到的内容是否与用户的查询密切相关，并能够为后续的生成提供有效支持。检索评估中的关键指标包括上下文相关性、检索精确率和召回率。检索评估往往侧重于评估嵌入模型（即检索器的核心组件）的质量。
- 响应评估则侧重于模型基于检索内容生成回答的质量。其目标是确保生成的内容不仅与用户的查询相关，还能忠实于提供的上下文信息。响应评估通常会关注生成的回答是否准确、是否包含"幻觉"、是否与上下文一致等方面。响应评估的关键指标包括回答的相关性和忠实度等，这些指标能帮助团队更好地衡量生成的回答是否符合预期。响应评估往往侧重于评估生成模型（即生成器的核心组件）的水平。

在有评估数据集的情况下，也就是当部分问题已标记了标准答案和标准答案的来源时，对于检索评估，可以使用如精确率、召回率等更为精准的定量指标；而对于响应评估，通常难以将回答的质量精确量化为具体分数，其中的主观成分相对更大。

9.1.3 RAG TRIAD：整体评估

目前，有一种评估思路是整体评估 RAG 流程的效果，这种方法被称为 RAG TRIAD（RAG 三角）框架，如图 9-4 所示。

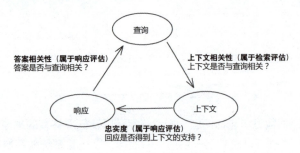

图9-4 RAG TRIAD框架

在 RAG TRIAD 框架中，评估集中在 3 个核心方面——查询、上下文和响应。这 3 个方面通过以下 3 个核心评估指标来衡量。

- 上下文相关性（Contextual Relevancy）：检索评估的一个指标，主要考查检索器返回的文本块是否与用户查询相关，并对生成理想答案有帮助。这涉及块大小、Top-K 值及嵌入模型等超参数的选择。一个高效的嵌入模型能够确保检索到的文本块在语义上与用户查询相似，而合适的块大小和 Top-K 值组合则有助于从知识库中挑选出最关键的信息。
- 忠实度（Faithfulness）：响应评估的一个关键指标，用于衡量生成的答案是否基于提供的上下文，即回答是否有事实依据，不包含"幻觉"。这个指标通常与模型选择密切相关。如果当前模型无法基于检索到的上下文生成准确的回答，则可能需要更换模型或对模型进行微调。
- 答案相关性（Answer Relevancy）：同样属于响应评估指标，它关注生成的答案与用户查询的相关程度。随着模型推理能力的增强，这一指标越来越依赖于检索结果的质量而非模型本身的能力。如果得分低，可能需要改进检索过程或优化提示词以增强模型生成更相关答案的能力。

RAG TRIAD 框架提供了一个无参照的评估体系，即使没有现成的评估数据集，也能对 RAG 系统的输出进行上述 3 个方面的评估。因此，该评估体系具有一定的宽泛性和灵活性。每个指标都对应于 RAG 流程中的特定组件或超参数设置。如果一个 RAG 系统在这 3 个方面得分高，表明其组件或超参数设置得当；反之，则需要进一步调整优化。

这种无参照的评估体系省去了构建评估数据集的麻烦，但同时也意味着评估指标本身具有一定的非确定性。因此，RAG 系统的最终性能不仅要看这些评估指标，还需要业务团队和最终用户的实际确认。

9.2 检索评估指标

检索评估对 RAG 系统来说至关重要，因为它直接影响生成器所采用的上下文质量，从而间接影响最终生成的回答的相关性和准确性。

3.3.3 小节提到的 MTEB 为评估文本嵌入模型提供了一个全面的基准测试平台，覆盖了文本相似性、文本分类和搜索等任务。通过 MTEB 可以有效衡量文本嵌入模型在多种任务上的表现。因此，MTEB 被视为评估检索过程中使用的嵌入模型的一种方式，适用于局部任务评估。

然而，在实际操作 RAG 项目时，检索评估并不局限于对嵌入模型的直接评估，而是更广泛地针对整个检索器组件，评估其能否有效地找到并优先排列最相关的文档。这一过程不仅依赖于嵌入模型的质量，还受到分块策略、索引策略等多种因素的影响。

检索评估主要使用精确率、召回率、MRR（Mean Reciprocal Rank，平均倒数排名）、MAP（Mean Average Precision，平均精确率）等指标。在介绍这些指标之前，需要注意的是，检索器检索出来的文本块通常并不是单一的，而是一个或多个（这是一个可配置的参数）。此外，与特定查询相关的上下文文本块往往也不止一个，在评估数据集中应列出所有相关文本块。

9.2.1 精确率

精确率衡量检索到的文本块中有多少与查询相关，即检索到的相关文本块数量占总检索文本块数量的比例。精确率旨在回答这样一个问题："在所有被检索出的文本块中，有多少是真正相关的？"

精确率的计算公式如下。

$$精确率 = \frac{检索到的相关文本块数量}{总检索文本块数量}$$

假设一个科学研究文献信息检索系统返回了 15 个文本块，其中 12 个文本块与查询直接相关，则精确率为 80%。高精确率意味着用户可以更快速地获取所需信息，而不被不相关的文本块干扰。

> 这里预设了在评估数据集中，只要系统找到相关的"文本块"，就算检索成功。然而，根据任务的不同，也可能需要定位具体的页面、段落、句子，甚至原始文档等。

高精确率也意味着检索内容更加精准，有效减少了不必要的信息展示。这一指标在避免无关信息的呈现方面尤为重要，尤其在医疗、法律等专业领域，高精确率能够有效防止误导性信息的传播。

9.2.2 召回率

召回率衡量系统检索到的相关文本块的全面性，即检索到的相关文本块数量占数据库中所有相关文本块数量的比例。召回率旨在回答这样一个问题："在所有相关的文本块中，系统成功检索了多少？"

召回率的计算公式如下。

$$召回率 = \frac{检索到的相关文本块数量}{所有相关文本块的数量}$$

假设在一个法律文档检索系统中，数据库包含 50 篇与查询主题相关的文档，而系统成功检索到了其中的 40 篇，则召回率为 80%。在科学研究中，高召回率可以确保研究人员不会错过关键参考文献。

高召回率对避免遗漏关键信息至关重要。若召回率低，模型可能由于缺乏关键信息而生成不完整的回答或产生错误。例如，在法律文档检索中，遗漏相关信息可能会影响到案例分析的完整性。

9.2.3 F1 分数

在 RAG 系统中，提高精确率往往会导致召回率的降低，反之亦然。因此，为了获得最佳的检索性能，通常需要在精确率和召回率之间找到平衡。这一平衡通常使用 F1 分数来量化，它是精确率与召回率的调和平均数，用于在两者之间找到适合具体应用需求的最优点。

F1 分数的计算公式如下。

$$F1 分数 = \frac{2 \times (精确率 \times 召回率)}{精确率 + 召回率}$$

9.2.4 平均倒数排名

平均倒数排名（MRR）是一项评估检索系统效率的指标，它特别关注第一个相关文本块的排名。MRR 可以帮助我们衡量 RAG 系统能否快速返回第一个相关文本块，它的值对用户体验有直接影响。MRR 值越高，表示系统能越快地找到第一个符合需求的答案。

MRR 的计算公式如下。

$$MRR = \frac{1}{Q} \sum_{q=1}^{Q} \frac{1}{rank_q}$$

其中，Q 表示总查询数。$rank_q$ 表示查询 q 的第一个相关文本块的排名。该公式需要取第一个相关文本块排名的倒数，这意味着 MRR 只关注每个查询返回的第一个相关文本块的位置。根据这种计算方式，文本块排名越靠前，$rank_q$ 的倒数越大，MRR 也会越大。

MRR 在问答或信息检索系统中尤为重要，因为它关注快速获取第一个相关答案的能力。例如，在客户服务问答系统中，如果用户提出一个问题，系统能够在前 3 个结果中选择答案并响应，则 MRR 值较高，表明系统响应用户需求的速度和准确性更强。

9.2.5 平均精确率

平均精确率（MAP）是一项跨多个查询评估的精确率衡量指标，它不仅考虑了检索结果的精确率，还强调了文档排序的重要性。MAP 通过计算每个查询在不同排名的精确率来评估检索效果，确保重要的相关文档较为靠前，从而优化用户的搜索体验。

MAP 的计算公式如下。

$$\text{MAP} = \frac{1}{Q} \sum_{q=1}^{Q} \text{Average Precision}_q$$

其中，Q 表示总查询数。而 Average Precision 是针对每个查询计算的平均精确率，考虑了相关文档的顺序。

MAP 在搜索引擎等注重排名质量的系统中很实用，常用于电商平台的产品推荐系统等场景。

9.2.6 P@K

P@K 衡量的是前 K 个检索结果的精确率，确保在展示的前几项结果中尽可能多地包含相关信息。

$$\text{P@K} = \frac{\text{前 } K \text{ 个检索结果中相关文档的数量}}{K}$$

其中，分子表示前 K 个结果中相关文档的数量，分母中的 K 是固定的返回数量。

P@K 在用户特别关注前几项结果的场景中非常有用。例如，在新闻搜索系统中，P@K 可以确保用户在进行搜索时，查到的前几条新闻与查询主题高度相关，从而提升阅读效率。

9.2.7 文档精确率、页面精确率和位置文档精确率

是否成功检索到相关文本块并不是唯一标准。在某些项目中，我们需要一些不同的评估视角。例如，有时我们除了文本块以外，还关注文档和页面的定位，以及它们在检索结果中的相对位置。涉及的评估指标如下。

- 文档精确率（Docs Precision）：评估系统是否找到了包含答案的整个文档。该指标主要关注的是文档级别的准确性，即是否找到了正确的文档，但并不涉及文档中具体页面的准确性。
- 页面精确率（Pages Precision）：该指标主要关注系统是否在包含答案的文档中找到了正确的页面。
- 位置文档精确率（Positional Docs Precision）：该指标通过考量文档在检索结

果中的位置来赋予其不同的权重。位置越靠前，权重越高。该指标通过使用惩罚因子（如 –1.1）来减少排名靠后的文档得分，确保更早出现的文档评分更高。最终分数会被归一化到 [0, 1] 区间。

小冰：咖哥，前面介绍的一系列指标（如精确率、MRR 等）都直接作用于具体的文本块，而文档精确率、页面精确率、位置文档精确率则针对的是该文本块所在的具体文档和具体页面，这属于文本块的元数据，为什么我们要关注这些元数据的准确率？

咖哥：在某些情况下，识别出相关文档或页面就足够了，尤其是当大模型能够基于长上下文来生成回答时。我们可以根据文本块来定位某个文档或者某个页面，然后将整个文档或整个页面传递给大模型。

图 9-5 展示了一个检索示例，其中显示了期望系统找到的文档和页面，分别为文件 1 和文件 2，以及页面 3、6（文件 1）和页面 23（文件 2）。从系统实际检索到的文本块和页面来看，在前 5 个检索结果中，虽然没有一个文本块符合预期的答案，但有一个相关页面（页面 23）是符合要求的。预期的文档则全部被命中。因此，文档精确率达到了 100%，而页面精确率则为 33.3%（3 个预期页面中仅一个被找到）。

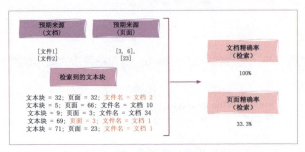

图 9-5　检索示例

小冰：咖哥，这个例子和检索结果说明了什么？

咖哥：从图 9-5 中可以看出，系统已经找到了包含答案的两个文档（即预期文档 100% 命中），但由于未能识别出所有关键页面，答案的准确性可能受到影响。换句话说，如果项目的目标是在大量的 PDF 文件中检索相关的文档，那么这个系统的表现已经相当不错了。然而，如果需要精确定位具体的文本内容，则系统的性能还需要大幅提升。

从文本生成的角度看，如果仅仅依赖于检索到的文本块来生成答案，可能会导致信息不够准确。但是，如果将文本块所属的页面或者整个文档纳入考量范围，生成的文本就可以包含部分甚至全部的关键信息。还记得我们在 6.1 节讨论的父子文本块检索策略吗？从这一点上说，这次检索可以被视为成功的。

小冰：原来如此！

位置文档精确率通过考虑文档在检索结果中的位置来细化评估指标（见图 9-6），强调在检索结果开头找到的文档比在末尾找到的更有价值。

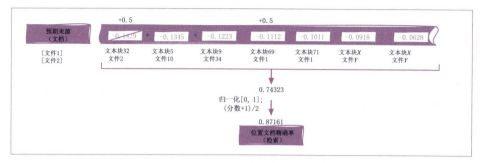

图9-6 位置文档精确率示例

要计算位置文档精确率应先记录每个文本块的相关信息及评分。对于每一个位置，如果找到了正确的文本块，则加 0.5 分；如果没有找到，则应用一个随时间变化的负值向量作为惩罚因子。这意味着标准答案出现得越晚，整体得分受到的惩罚就越多。

9.3 响应评估指标

响应评估关注 RAG 系统中的生成器组件。它在评估大模型输出的准确性、连贯性和可靠性方面扮演着重要角色。响应评估指标可以大致分为基于 n-gram 匹配程度的指标、基于语义相似性的指标、基于忠实度或扎实性的指标三大类。

9.3.1 基于 n-gram 匹配程度的指标

这类指标包括 BLEU、ROUGE 和 METEOR，它们通过计算生成的回答与参考答案之间的相似度来衡量生成质量、重点关注词和短语的重叠情况。

1. BLEU

BLEU（Bilingual Evaluation Understudy，可译为"双语评估替代工具"）用于评估生成的回答与参考答案之间 n-gram 的重叠情况，强调精确率。它通过 n-gram（即连续的 n 个 token 构成的序列，n 可以为 1、2、3、4 等）的精确匹配来计算分数。

BLEU 的计算公式如下。

$$BLEU = BP \times \exp\left(\sum_{n=1}^{N} w_n \log P_n\right)$$

其中，BP 是长度惩罚（Brevity Penalty），用于防止生成的回答过短。若生成的回答比参考答案短，则 BP 小于 1；否则，BP 等于 1。P_n 是 n-gram 的精确率。w_n 是每个 n-gram 的权重，通常 w_1、w_2、w_3 和 w_4 的值相等。

例如，假设参考答案为"the cat is on mat"，而生成的回答为"the cat on mat"。

对于 BLEU-1（1-gram 精确率），1-gram（单词）匹配项包括"the""cat""on""mat"4 个。生成的回答中有 4 个 1-gram。因此，1-gram 精确率为 1。

对于BLEU-2（2-gram精确率），2-gram（连续的两个单词）匹配项包括"the cat"和"on mat"2个。生成的回答中有3个2-gram。因此，2-gram精确率为2/3，约0.67。

对于BP，参考答案包含5个单词，而生成的回答包含4个单词。因此，应用BP小于1来降低得分。

在这个示例中，尽管生成的回答缺少了"is"这个单词，但由于包含了参考答案中的大部分词和短语且长度接近，因此BLEU分数仍然会相对较高。

BLEU简单直观，常用于评估机器翻译这样有明确答案的任务的质量，但其局限性在于无法捕捉语义上的相似性。

2. ROUGE

ROUGE（Recall-Oriented Understudy for Gisting Evaluation，一般译为"面向召回的摘要评估替代工具"）用于计算生成的回答与参考答案之间 n-gram 的重叠量，并同时考虑了精确率和召回率，提供了较为平衡的评价方式。

ROUGE的计算公式如下。

$$\text{ROUGE-}N = \frac{\sum_{\text{共现的}n\text{-gram}} \text{匹配的}n\text{-gram数量}}{\sum_{\text{参考答案中}n\text{-gram}} \text{的总数}}$$

继续使用前面的示例，假设参考答案为"the cat is on mat"，而生成回答为"the cat on mat"。

对于ROUGE-1（即1-gram），匹配项包括"the""cat""on"和"mat"4个。参考答案中有5个1-gram。因此，ROUGE-1为0.8。

对于ROUGE-2（即2-gram），匹配项包括"the cat"和"on mat"2个。参考答案中有4个2-gram。因此，ROUGE-2为0.5。

ROUGE常用于评估自动摘要生成等任务，因为它能够有效地衡量生成文本是否保留了原文的关键信息。然而，它的局限性在于过于依赖词汇层面的匹配，缺乏对语义相似性的考量。

3. METEOR指标

METEOR（Metric for Evaluation of Translation with Explicit Ordering，一般译为"具有显式排序的翻译评估指标"）通过考量同义词、词干和词序等因素，提供了对生成的回答与参考答案之间相似度更细致的评估。它不仅计算精确率和召回率的调和平均值（F_{mean}），还结合了一个惩罚机制来处理词序错误和其他不匹配的情况。METEOR能够比BLEU和ROUGE更好地捕捉语义特性。

METEOR的计算公式如下。

$$\text{METEOR} = F_{\text{mean}} \times (1 - P_{\text{penalty}})$$

其中，F_{mean}是精确率和召回率的调和平均值，用于综合衡量生成的回答与参考答案的匹配程度。P_{penalty}是一个惩罚项，用于惩罚词序错误及其他类型的错误。

这里仍假设参考答案为"the cat is on mat",而生成的回答为"the cat on mat"。
对于精确率,生成的回答包含 4 个单词,其中包含 4 个匹配项,因此,精确率为 1。
对于召回率,参考答案包含 5 个单词,其中包含 4 个匹配项,因此,召回率为 0.8。
对于调和平均值,

$$F_{\text{mean}} = \frac{2 \times 1 \times 0.8}{1 + 0.8} = \frac{1.6}{1.8} \approx 0.89$$

对于惩罚项,由于生成的回答中缺少了"is"这个单词,METEOR 会应用一个惩罚项 P_{penalty}。这个惩罚项的具体数值取决于具体的实现细节,但在本例中我们可以假定它为 0.1。

最终,METEOR 为 0.801。

在这个示例中,METEOR 比 BLEU-2 和 ROUGE-2 更加宽容,因为它允许生成的回答缺少单词。实际上,METEOR 还允许存在微小的词序变化,并考虑到同义词或词干变形。这使 METEOR 在评估那些语义理解要求较高的任务时显得尤为有用。尤其是在翻译质量评估中,当生成的译文虽然在词序上有所差异,但在语义上接近参考译文时,METEOR 仍然可以给出较高的分数。

小冰:我理解了 METEOR 更注重语义相似度这一点,但对于 BLEU 和 ROUGE 之间的关键区别我还是不太清楚。

咖哥:BLEU 主要侧重于精确率,即评估生成文本中有多少内容能在参考文本中找到对应的内容。它通过计算生成文本与参考文本之间的 *n*-gram 匹配情况来实现,重点在于衡量生成文本中正确匹配的比例。BLEU 最初被设计用于机器翻译质量的评估,通过比较生成的译文和参考译文之间 *n*-gram 的重叠情况来评价翻译质量。

相比之下,ROUGE 更加关注召回率,即考量参考文本中有多少内容被生成的文本所覆盖。虽然 ROUGE 也涉及 *n*-gram 匹配,但其核心在于评估生成的文本能否覆盖参考文本中的关键信息。因此,ROUGE 在摘要生成或文档提取等任务中更为常用。

在机器翻译领域,我们倾向于追求高 BLEU 分数,因为这表明机器翻译的结果与人工翻译的接近程度较高。另外,ROUGE 由于其对召回率的关注,更适用于摘要生成或文档提取等文本生成任务。在这些场景下,我们希望生成的文本能尽可能多地包含参考文本中的重要信息,而不必严格匹配参考文本的表达方式。

9.3.2 基于语义相似性的指标

基于嵌入和语义相似性的评估方法不依赖于词汇匹配,而是通过将生成的回答和参考答案转化为向量,使用余弦相似度等方法来计算生成的内容与参考答案之间的语义相似性。

下面将回顾一些熟悉的概念。

1. 余弦相似度

余弦相似度用于衡量生成的回答的嵌入与参考答案的嵌入之间的角度相似性,以此评估两者在语义上的接近程度。其计算公式如下。

$$\text{余弦相似度} = \frac{A \cdot B}{\|A\| \times \|B\|} = \frac{\sum_{i=1}^{n} A_i B_i}{\sqrt{\sum_{i=1}^{n} A_i^2} \times \sqrt{\sum_{i=1}^{n} B_i^2}}$$

尽管单独使用时可能不够精确，但多个实例的平均值可以提供对生成回答的质量的一个粗略估计。

假设生成的回答的嵌入 $A=[1,0,1]$，参考答案的嵌入 $B=[1,1,0]$，则余弦相似度为

$$\frac{1 \times 1 + 0 \times 1 + 1 \times 0}{\sqrt{1^2+0^2+1^2} \times \sqrt{1^2+1^2+0^2}} = \frac{1}{\sqrt{2} \times \sqrt{2}} = 0.5$$

这表示生成的回答与参考答案具有一定的相似性。

2. 欧几里得距离

欧几里得距离用于衡量两个向量之间的直线距离，数值越小表示两者的相似性越高。其计算公式如下。

$$d = \sqrt{\sum_{i=1}^{n} (A_i - B_i)^2}$$

仍假设生成的回答的嵌入 A 为 $=[1,0,1]$，参考答案的嵌入 B 为 $=[1,1,0]$，则欧几里得距离为

$$\sqrt{(1-1)^2 + (0-1)^2 + (1-0)^2} = \sqrt{0+1+1} = \sqrt{2} \approx 1.41$$

这表示生成的回答与参考答案之间的相似性较低。

在回答生成任务中，余弦相似度通常被认为是更准确的语义相似性指标，因为它关注的是向量的方向相似性，能更好地反映语义上的一致性。而在推荐系统中，欧几里得距离可能更为适用。

小冰：这些知识我们已经熟知。这里的启发是，在 RAG 系统生成最终结果之后，我们可以利用语义相似性分数来评估生成的回答。得分高说明生成的回答与参考答案之间相似性高。

9.3.3 基于忠实度或扎实性的指标

在大模型评估中，BLEU、ROUGE、METEOR 以及基于语义相似性的评估指标常用于衡量答案的相关性，即大模型生成的回答是否与用户的查询相关并提供了有用的信息。然而，相关性并不等同于准确性，即使一个回答在语义上符合查询，它也可能包含幻觉错误或理解错误（见图 9-7）。

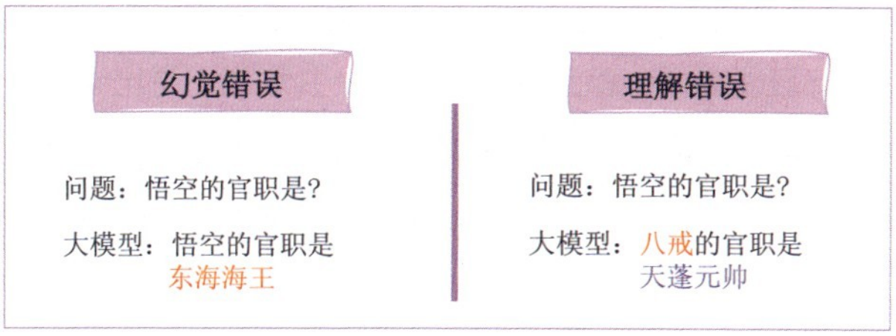

```
┌─────────────────────────────┬─────────────────────────────┐
│        幻觉错误              │        理解错误              │
│                             │                             │
│  问题：悟空的官职是？         │  问题：悟空的官职是？         │
│  大模型：悟空的官职是         │  大模型：八戒的官职是         │
│         东海海王             │         天蓬元帅             │
└─────────────────────────────┴─────────────────────────────┘
```

图9-7 幻觉错误和理解错误

这类幻觉错误对普通用户来说尤其危险，这是因为，如果用户不熟悉某个领域，他们可能无法辨认生成的回答中的不准确之处。相比之下，明显的逻辑混淆导致的理解错误虽然也是大模型的一种失误，但通常更容易被发现。与准确性相关的指标更难以量化，因为它们往往涉及看似合理但实际上错误的答案。因此，在设计具体的评估规则时，需要更多的智慧和考量。

小冰：的确，即使是 DeepSeek-R1 这样强大的模型，在专业领域内也会出现错误。尤其是当生成的回答细节似是而非时，非专业人士很难察觉其中的错误，这可能会误导那些不深入研究该领域的初学者或者外行，并产生深远的影响。

咖哥：为了解决这个问题，我们引入了忠实度或扎实性（Groundedness）作为新的评估标准。这些标准专注于衡量生成的回答是否基于检索到的文档且准确无误，确保所提供的信息不仅相关而且真实可靠。

为了更好地量化忠实度，我们可以使用以下指标进行评估。

- 文档精确率和页面精确率：这些指标用于衡量大模型引用的文档和具体页面的准确性。这要求大模型在生成回答时，必须清晰地标注其信息来源，以减少虚构信息的发生。
- 幻觉检测（Hallucination Detection）/一致性检查：这些指标旨在判断大模型生成的回答是否基于提供的上下文信息，或在不同查询中提供的事实信息是否一致。在评估过程中，将采用二进制评估（0/1），如果生成的回答无法从给定的文档推导出，即便回答本身正确，也视为幻觉。
- 大模型评分量表：利用更强大的大模型对生成的回答进行评分，例如采用 0 到 5 分的评分标准。具体的评分标准可以根据业务需求进行定制，以便更灵活地适应不同的应用场景。
- 人工评估（Human Evaluation）：由领域专家手动检查大模型生成的回答是否准确，并验证其是否合理引用了检索到的文档。

忠实度的评估涉及对大模型生成的逻辑推导能力的严格审查。例如，即便生成的一个回答是正确的，但若该回答不能从提供的文档中推导出来，则仍应被视为幻觉。因此需要设计特别的评估流程来处理这些问题，包括要求大模型以可解析的格式引用来源，确保生成的回答有清晰的文献支持，以及严格的上下文一致性检查，以确保大模型不会在不同查询中给出自相矛盾的答案。

解决幻觉问题的一种方法是适当控制信息量。尽管提供更多上下文可能有助于提高评估指标，但过量的信息可能降低大模型的响应质量，并增加幻觉出现的可能性。

9.4 RAG系统的评估框架

小冰：前面介绍的这些指标不需要我们手动实现吧？

咖哥：截至目前，还没有一个通用的且被广泛认可的RAG框架能够实现前面介绍的所有指标。因此，我们需要对各种RAG评估框架，如RAGAS[（Retrieval Augmented Generation Assessment Suite）]、TruLens和DeepEval进行实验性的尝试。这些框架的普及程度和使用场景各不相同。如果某个框架无法满足你的具体项目需求，你可能需要结合多个框架一起使用，并有可能确实需要手动添加自己的评估指标。

9.4.1 使用RAGAS评估RAG系统

在各种评估RAG系统的框架中，RAGAS是目前较为受开发者欢迎的选择之一。RAGAS提供了一套专门用于衡量大模型应用性能的客观评估指标，适用于多种应用场景，包括RAG和Agentic工作流，确保其输出的质量、准确性和一致性。

就RAG系统而言，RAGAS的评估指标主要分为检索相关评估指标和生成相关评估指标两大类。

RAGAS支持的主要检索相关评估指标如下。

- 上下文精确率：衡量检索到的文档与查询的相关性。
- 上下文召回率：评估检索到的文档是否全面覆盖了回答问题所需的信息。
- 上下文实体召回率：专注于检索过程中针对实体（如人名、地名、专业术语）的召回能力。这对于需要高度准确实体匹配的任务，例如医学、法律或金融领域的查询尤其重要。
- 噪声敏感度：检测大模型对检索到的无关信息的抵抗能力。

RAGAS支持的主要生成相关评估指标如下。

- 答案相关性：衡量生成的回答是否直接且准确地回应了用户的查询，避免产生偏离主题的答案。
- 忠实度：衡量生成的回答是否基于检索到的事实，避免出现幻觉。忠实度高的大模型能确保其回答都基于可验证的知识，不会无中生有。
- 多模态忠实度：适用于文本-图像、文本-音频等多模态应用场景，确保不同模态间的信息一致。
- 多模态相关性：衡量在多模态任务中，模型输出的内容是否符合用户需求。例如，大模型生成的音频是否恰当地传达了文本描述的情绪。

以下代码示例展示了如何使用RAGAS进行评估。需要注意的是，该示例将使用英文数据，这是因为咖哥在实操中发现某些指标目前尚不支持中文。

首先，导入所需的库并配置相关设置[①]。

```
import numpy as np
from datasets import Dataset
from ragas.metrics import Faithfulness, AnswerRelevancy
from ragas.llms import LangchainLLMWrapper
from ragas.embeddings import LangchainEmbeddingsWrapper
from langchain_openai import OpenAIEmbeddings
from ragas.embeddings import HuggingfaceEmbeddings
from langchain_deepseek import ChatDeepSeek
from ragas import evaluate
# 准备用于评估的大模型
llm = LangchainLLMWrapper(ChatDeepSeek(model="deepseek-chat"))
```

在使用RAGAS进行评估时，需要准备详细的数据集，包括问题、上下文和标准答案。这种评估方法能够提供更全面的RAG系统性能分析，但准备工作量较大。

```
# 准备数据集
data = {
    "question": [
        "Who is the main character in Black Myth: Wukong?",
        "What are the special features of the combat system in Black Myth: Wukong?",
        "How is the visual quality of Black Myth: Wukong?",
    ],
    "answer": [
        "The main character in Black Myth: Wukong is Sun Wukong, based on the Chinese classic 'Journey to the West' but with a new interpretation. This version of Sun Wukong is more mature and brooding, showing a different personality from the traditional character.",
        "Black Myth: Wukong's combat system combines Chinese martial arts with Soulslike game features, including light and heavy attack combinations, technique transformations, and magic systems. Notably, Wukong can transform between different weapon forms during combat, such as his iconic staff and nunchucks, and use various mystical abilities.",
        "Black Myth: Wukong is developed using Unreal Engine 5, showcasing stunning visual quality. The game's scene modeling, lighting effects, and character details are all top-tier, particularly in its detailed recreation of traditional Chinese architecture and mythological settings.",
    ],
    "contexts": [
        [
            "Black Myth: Wukong is an action RPG developed by Game Science, featuring Sun Wukong as the protagonist based on 'Journey to the West' but with innovative interpretations. In the game, Wukong has a more composed personality and carries a special mission.",
            "The game is set in a mythological world, telling a new story that presents a different take on the
```

[①] 需要通过pip install ragas安装RAGAS包。

```
            traditional Sun Wukong character.",
        ],
        [
            "The game's combat system is heavily influenced by Soulslike games while incorporating traditional
Chinese martial arts elements. Players can utilize different weapon forms, including the iconic staff and other
transforming weapons.",
            "During combat, players can unleash various mystical abilities, combined with light and heavy attacks
and combo systems, creating a fluid and distinctive combat experience. The game also features a unique
transformation system."
        ],
        [
            "Black Myth: Wukong demonstrates exceptional visual quality, built with Unreal Engine 5, achieving
extremely high graphical fidelity. The game's environments and character models are meticulously crafted.",
            "The lighting effects, material rendering, and environmental details all reach AAA-level standards,
perfectly capturing the atmosphere of an Eastern mythological world.",
        ],
    ],
}
dataset = Dataset.from_dict(data)
```

接下来，可以评估生成的回答是否忠实于给定的上下文。将生成的回答分解为简单陈述，然后验证每个陈述是否可以从上下文中推断得出。忠实度指标需要指定用于评估的大模型，而不需要指定嵌入模型。

```
# 评估忠实度
faithfulness_metric = [Faithfulness(llm=llm)]
print("\n 正在评估忠实度……")
faithfulness_result = evaluate(dataset, faithfulness_metric)
scores = faithfulness_result['faithfulness']
mean_score = np.mean(scores) if isinstance(scores, (list, np.ndarray)) else scores
print(f" 忠实度评分： {mean_score:.4f}")
```

```
正在评估忠实度……Evaluating: 100%|██████████| 3/3 [00:06<00:00, 2.03s/it]
忠实度评分： 0.6111
```

接着我们将进行答案相关性的评估，也就是使用嵌入模型计算语义相似性，并将开源嵌入模型与 OpenAI 的嵌入模型进行比较。

```
# 设置两种嵌入模型
opensource_embedding = LangchainEmbeddingsWrapper(
    HuggingfaceEmbeddings(model_name="sentence-transformers/all-MiniLM-L6-v2")
)
openai_embedding = LangchainEmbeddingsWrapper(OpenAIEmbeddings(model="text-embedding-3-small"))
# 创建答案相关性评估指标
opensource_relevancy = [AnswerRelevancy(llm=llm, embeddings=opensource_embedding)]
```

In

```
openai_relevancy = [AnswerRelevancy(llm=llm, embeddings=openai_embedding)]
print("\n 正在评估答案相关性……")
print("\n 使用开源嵌入模型进行评估：")
opensource_result = evaluate(dataset, opensource_relevancy)
scores = opensource_result['answer_relevancy']
opensource_mean = np.mean(scores) if isinstance(scores, (list, np.ndarray)) else scores
print(f" 相关性评分：{opensource_mean:.4f}")
print("\n 使用 OpenAI 嵌入模型进行评估：")
openai_result = evaluate(dataset, openai_relevancy)
scores = openai_result['answer_relevancy']
openai_mean = np.mean(scores) if isinstance(scores, (list, np.ndarray)) else scores
print(f" 相关性评分：{openai_mean:.4f}")
# 比较两种嵌入模型的结果
print("\n=== 嵌入模型比较 ===")
diff = openai_mean - opensource_mean
print(f" 开源嵌入模型的评分：{opensource_mean:.4f}")
print(f"OpenAI 嵌入模型的评分：{openai_mean:.4f}")
print(f" 差异：{diff:.4f} ({'OpenAI 更好 ' if diff > 0 else ' 开源嵌入模型更好 ' if diff < 0 else ' 相当 '})")
```

Out

```
正在评估答案相关性……
使用开源嵌入模型评估：
Evaluating: 100%|████████████████████████| 3/3 [00:02<00:00, 1.02it/s]
相关性评分：0.8565
使用 OpenAI 嵌入模型评估：
Evaluating: 100%|████████████████████████| 3/3 [00:06<00:00, 2.15s/it]
相关性评分：0.9426
=== 嵌入模型比较 ===
开源嵌入模型的评分：0.8565
OpenAI 嵌入模型的评分：0.9426
差异：0.0861 (OpenAI 更好 )
```

这里给出的示例仅展示了 RAGAS 提供的一系列评估指标中的两个有代表性的指标。实际上，还有许多其他指标可以用于评估。如果发现有适合的现成指标，则不必从头开始创建新的指标体系。

9.4.2 使用TruLens实现RAG TRIAD评估

TruLens 基于 RAG TRIAD 体系，专注于从 3 个方面对 RAG 系统进行评估——上下文相关性、忠实度和答案相关性。

TruLens 通过反馈函数客观地衡量大模型应用生成的回答的质量和有效性。这些函数允许编程化地评估输入、输出及中间结果，支持使用大模型或传统的 NLP 模型进行评分。预置的反馈函数包括基于思维链的评估、忠实度、上下文相关性、答案相关性、用户情绪、公平性和偏见以及有害或攻击性语言的评估等。此外，TruLens 还支持用户自定义反馈函数，以满足特定项目或应用场景下的评估需求。

TruLens 支持 LangChain、LlamaIndex 等多种框架，并可通过可视化面板实时监控评估结果。

以下代码示例展示了如何使用不同的反馈函数来评估 RAG 系统的表现[①]。

```python
import os
import chromadb
from chromadb.utils.embedding_functions import OpenAIEmbeddingFunction
from openai import OpenAI as OpenAIClient  # 避免与 TruLens 的 OpenAI 类名冲突
from trulens.core import TruSession, Feedback, Select
from trulens.apps.app import TruApp, instrument
from trulens.providers.openai import OpenAI as TruLensOpenAI
import numpy as np
# 初始化嵌入函数
embedding_function = OpenAIEmbeddingFunction(api_key=os.environ.get("OPENAI_API_KEY"),
                                              model_name="text-embedding-ada-002")
chroma_client = chromadb.Client()
vector_store = chroma_client.get_or_create_collection("Info", embedding_function=embedding_function)
# 添加示例数据
vector_store.add("starbucks_info", documents=[
    """
    Starbucks Corporation is an American multinational chain of coffeehouses headquartered in Seattle, Washington.
    As the world's largest coffeehouse chain, Starbucks is seen to be the main representation of the United States' second wave of coffee culture.
    """
])
class RAG:
    @instrument  # TruLens 装饰器，用于跟踪函数调用
    def retrieve(self, query: str):
        """ 检索相关文档 """
        results = vector_store.query(query_texts=[query], n_results=2)
        return results["documents"][0] if results["documents"] else []
    @instrument
    def generate_completion(self, query: str, context: list):
        """ 生成回答 """
        oai_client = OpenAIClient(api_key=os.environ.get("OPENAI_API_KEY"))
        context_str = "\n".join(context) if context else "No context available."
        completion = oai_client.chat.completions.create(
            model="gpt-3.5-turbo",
            messages=[{"role": "user", "content": f"Context: {context_str}\nQuestion: {query}"}]
        ).choices[0].message.content
        return completion
    @instrument
```

[①] 需要通过pip install trulens trulens-providers-openai安装相关包。

```python
    def query(self, query: str):
        """ 完整的 RAG 查询流程 """
        context = self.retrieve(query)
        return self.generate_completion(query, context)
# 初始化 TruLens 会话
session = TruSession(database_redact_keys=True)
session.reset_database()
# 初始化 TruLens 的 OpenAI
provider = TruLensOpenAI(model_engine="gpt-4")
# 定义评估指标
f_groundedness = Feedback(provider.groundedness_measure_with_cot_reasons, name="Groundedness") \
    .on(Select.RecordCalls.retrieve.rets).on_output()
f_answer_relevance = Feedback(provider.relevance_with_cot_reasons, name="Answer Relevance") \
    .on_input().on_output()
f_context_relevance = Feedback(provider.context_relevance_with_cot_reasons, name="Context Relevance") \
    .on_input().on(Select.RecordCalls.retrieve.rets[:]).aggregate(np.mean)
# 设置 TruApp
rag = RAG()
tru_rag = TruApp(
    rag,
    app_name="RAG",
    app_version="base",
    feedbacks=[f_groundedness, f_answer_relevance, f_context_relevance]
)
# 执行查询并记录
with tru_rag as recording:
    response = rag.query("What wave of coffee culture is Starbucks seen to represent in the United States?")
    print(f"Response: {response}")
# 查看评估结果
print(session.get_leaderboard())
```

```
Initialized with db url sqlite:///default.sqlite .
Secret keys will not be included in the database.
In Groundedness, input source will be set to __record__.app.retrieve.rets .
In Groundedness, input statement will be set to __record__.main_output or `Select.RecordOutput` .
In Answer Relevance, input prompt will be set to __record__.main_input or `Select.RecordInput` .
In Answer Relevance, input response will be set to __record__.main_output or `Select.RecordOutput` .
In Context Relevance, input question will be set to __record__.main_input or `Select.RecordInput` .
In Context Relevance, input context will be set to __record__.app.retrieve.rets[:] .
instrumenting <class '__main__.RAG'> for base <class '__main__.RAG'>
        instrumenting retrieve
        instrumenting generate_completion
        instrumenting query
Response: Starbucks is seen to represent the second wave of coffee culture in the United States.
app_name, app_version, latency, total_cost
RAG      base       2.397581    0.000147
```

示例中使用 TruLens 创建了评估会话，并定义了以下评估指标。
- f_groundedness：用于评估回答的准确性。
- f_answer_relevance：用于评估回答的相关性。
- f_context_relevance：用于评估检索文档的相关性。

结果显示，系统首先初始化了一个 SQLite 数据库，用于存储评估数据，并设置了 3 个评估指标的输入源。评估结果被保存在数据库中，但此处并未展示具体结果。这些结果可以通过 TruLens 的仪表板查看，或者从数据库中导出。查询执行时间约为 2.4s，API 调用成本 0.000147 美元。

9.4.3 DeepEval：强大的开源大模型评估框架

与 9.4.1 小节和 9.4.2 小节介绍的两种评估框架的设计理念不同，DeepEval 将软件工程中的测试理念引入大模型评估领域，支持通过单元测试的形式验证大模型的性能。它是一个专门为大模型设计的开源评估框架，提供了简单易用的评估、测试和压力测试工具。DeepEval 类似于 Pytest，但其专注点在于为大模型输出提供单元测试的功能，帮助开发者利用多种评估指标快速地测试和优化大模型应用的表现，包括基于 RAG 或微调实现的应用。

开发者可通过声明式的语法快速编写测试用例，以针对特定场景验证大模型的回答准确性、安全性或响应延迟等关键属性。DeepEval 深度集成了 CI/CD（Continuous Integration/Continuous Deployment，持续集成/持续部署）流程，支持自动化执行回归测试，确保在模型迭代过程中核心性能指标不会退化。对于那些需要频繁更新知识库的行业助手类应用，DeepEval 能够有效地维护系统的稳定性，特别适合敏捷开发团队用来构建质量防护网，保证每次迭代后的模型质量和性能。

DeepEval 为 RAG 系统提供了专门的评估工具，旨在帮助开发者细致评估检索器和生成器的效果，确保大模型输出的准确性和相关性。

- 检索评估：通过上下文精确率、上下文召回率和上下文相关性等指标评估检索器的效果。这些指标能够帮助开发者确认检索到的信息不仅与查询高度相关、排序合理，而且没有过多冗余信息。
- 生成评估：通过答案相关性和忠实度等指标评估生成器的表现，确保大模型输出的信息准确无误，具有高相关性，并避免出现幻觉。
- 端到端 RAG 评估：DeepEval 支持对检索与生成进行组合评估，使开发者能够全面地评估整个 RAG 流程的表现。
- 自定义的评估指标：开发者可以通过继承 DeepEval 的基础指标类来创建自定义的评估指标，并将其无缝集成到 DeepEval 的生态系统中。

DeepEval 的使用方式非常灵活，既可以在命令行界面中执行测试文件，也可以直接在本地 Python 脚本中通过调用 evaluate 函数来使用这些指标。此外，用户还可以选择在云端运行评估任务，借助 Confident AI 提供的基础设施免费执行大规模评估任务。

以下 RAG 评估示例展示了如何使用类似 Pytest 的方式，通过 evaluate 函数批量评估整个数据集[①]。

In
```
from deepeval.metrics import ContextualPrecisionMetric, AnswerRelevancyMetric
from deepeval.test_case import LLMTestCase
# 定义测试案例
test_case = LLMTestCase(
    input=" 如果这双鞋不合脚怎么办？ ",
    actual_output=" 我们提供 30 天无理由全额退款服务。",
    expected_output=" 顾客可以在 30 天内退货并获得全额退款。",
    retrieval_context=[" 所有顾客都有资格享受 30 天无理由全额退款服务。"]
)
# 定义评估指标
contextual_precision = ContextualPrecisionMetric()
answer_relevancy = AnswerRelevancyMetric()
# 运行评估
contextual_precision.measure(test_case)
answer_relevancy.measure(test_case)
print(" 上下文精确率得分 : ", contextual_precision.score)
print(" 答案相关性得分 : ", answer_relevancy.score)
```

Out
```
上下文精确率得分：1.0
答案相关性得分：0.0
```

在上述示例中，无论是上下文精确率还是答案相关性都表现出了较高的水平。然而，输出中的答案相关性分数未能反映实际水平，这可能与该框架对汉语支持的局限性有关。如果使用英语文档进行测试，预期可能获得更加准确的评估。

DeepEval 不仅为大模型提供了强大的评估工具，还具备出色的超参数管理功能，使开发者能够记录每次测试中的关键超参数，如文本块大小、检索的 Top-K 数值、使用的嵌入模型等。这种能力确保了在研发和生产过程中可以高效且可靠地进行大模型评估，有助于及时发现并解决潜在问题，从而提高大模型应用的稳定性与安全性。

DeepEval 能够无缝集成至任何 CI/CD 环境，为大模型应用提供自动化测试支持，确保这些大模型在生产环境中持续稳定运行。它与 Confident AI 结合使用，能够在大模型的整个生命周期内进行持续评估。开发者可以利用 DeepEval 记录评估结果、分析通过或失败的指标、优化超参数、调试模型输出，并在生产环境中实现实时评估和数据集增强，从而迅速优化 RAG 流程。

9.4.4　Phoenix：交互式模型诊断分析平台

Arize 开发的 Phoenix 的特点是利用可视化分析技术，为大模型提供交互式的问题诊断能力。其核心功能包括自动检测生成的回答中的幻觉、识别知识盲区以及分析输入提示

[①] 需要通过pip install deepeval安装DeepEval包。

词等。Phoenix 内置的语义搜索功能允许开发者迅速定位失败案例，而多维度的聚类分析则有助于揭示潜在的系统性偏差。该工具在调试复杂的对话系统时表现尤为突出，工程师能够通过可视化界面追踪错误根源，例如，发现模型对特定领域术语的误解或识别易引发错误回答的提问句式。

Phoenix 也通过检索评估和响应评估两个方面对 RAG 系统进行评估。借助可视化界面，Phoenix 可以实时监控 RAG 流程的输入与输出，支持多模态数据及跨框架（如 LlamaIndex、LangChain）操作；提供可视化分析界面，并专注于跟踪长期性能趋势。

前面介绍的框架覆盖了从基础性能评估（适用 RAGAS）、安全性检测（适用 DeepEval）到长期监控（适用 Phoenix）的全链路需求。如果需要进一步扩展，可以结合 Prometheus 实现运维监控，或者使用 LlamaIndex Evaluator 优化特定框架的 RAG 系统。

9.5 小结

本章分析了 RAG 系统评估的关键点。其中，检索器评估的关注点在于检索相关文档的准确性，而生成器的评估则更为复杂，需要从多个维度进行考量。为实现全面评估，我们需要综合运用定量指标和定性指标，同时将人工评估作为不可或缺的补充手段纳入考虑范围。通过应用多样化的指标，我们可以全面了解 RAG 系统的性能，并识别出需要改进的具体领域。

表 9-1 对本章介绍的评估框架进行了对比，并提供了选型建议。

表 9-1　评估框架对比与选型建议

评估框架	核心优势	适用场景
RAGAS	无参考评估、自动化测试集生成	快速验证 RAG 系统基础性能
TruLens	三元组评估、可视化监控	多框架兼容的全面评估
DeepEval	安全检测、CI/CD 集成	企业级应用的安全与合规评估
Phoenix	长期趋势分析、多模态支持	复杂场景的可观测性需求

咖哥的观点仍然是，目前尚未存在适用于所有情况的"大一统"RAG 系统评估标准和规范。RAG 系统评估的本质取决于你具体希望达成的任务目标，这决定了你需要准备的相关评估数据、你选择的评估标准以及评估框架。如果找不到现成的合适框架，则可能需要自行构建所需的评估体系。

第 10 章
复杂 RAG 范式

小冰：咖哥，我观察到，随着 RAG 系统的发展进入更深层次，它已不再仅仅是"简单检索＋生成"模式。新的检索策略和新的范式不断涌现。

咖哥：是的。RAG 系统已经不再局限于传统的关键词，或者向量检索与生成，而是尝试将检索与推理、上下文理解、知识图谱、跨模态信息处理以及自适应优化等技术相结合，从而形成一系列高级检索策略和范式，也称复杂 RAG 范式，如图 10-1 所示。

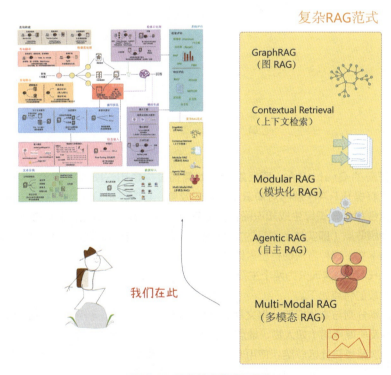

图10-1　高级检索策略和范式

小冰：能不能给我梳理一下都有哪些比较新颖的复杂 RAG 范式？

咖哥：可以。不过，由于本书篇幅限制，我会以简洁的方式介绍几种典型的复杂 RAG 范式，更多细节需要你自己去相关技术网站学习。此外，这些新范式正处于快速发展阶段。在写作本书时，许多技术仍在不断演进。因此，建议持续关注最新研究进展，通过阅读前沿文献来深入了解。随着时间推移，这些创新方法将经过实践检验，逐渐形成更加成熟和可靠的技术体系。

10.1　GraphRAG：RAG和知识图谱的整合

GraphRAG（Graph-based Retrieval-Augmented Generation，基于图的检索增强生成，简称图RAG）通过结合知识图谱（Knowledge Graph，KG），增强了大模型的检索能力。其目标是解决传统RAG系统在复杂查询、多跳推理以及全局信息整合方面的问题。GraphRAG的核心理念是将非结构化文本转化为结构化的知识图谱，并利用图数据库中的关联性检索以及社区发现（见图10-2）等算法，以提高生成回答的准确性和可解释性。

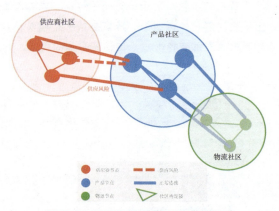

图10-2　社区发现在图数据库中的作用

微软开源的GraphRAG项目展示了如何通过构建知识图谱实现跨文档的语义连接，从而显著提升RAG系统对知识库的处理效果。与仅将知识视为独立文档集合不同，GraphRAG根据知识库生成知识图谱，将各个实体及其关系进行连接。在进行检索时，系统不仅考虑节点（即实体）本身的文本信息，还会沿着图的边查找相关实体，以获取更高层次的上下文。这种方法使得检索结果更加具有关联性和逻辑性。

GraphRAG的实现分为两个主要阶段——索引阶段和查询阶段。

索引阶段的特点如下。

- **文本分割与实体提取**：将文档分割为段落或句子单元，利用大模型提取实体、关系及关键声明（如人物、地点、事件），以此构建初始的知识图谱。
- **层次聚类与社区总结**：使用Leiden算法对图谱进行层次聚类，形成紧密关联的社区结构，并通过自底向上的方式生成社区摘要。例如，在学术论文库中，数学和物理领域可能各自形成独立的社区，每个社区都会生成关于核心主题的总结。

查询阶段的特点如下。

- **全局搜索**：针对涉及数据集整体的查询（如"过去5年AI研究趋势"），通过社区摘要进行多批次的信息整合，生成聚合响应。
- **局部搜索**：专注于特定实体（如"微软的Cosmos DB新功能"），通过向量数据库检索相关实体，并结合社区报告生成精准答案。

GraphRAG的优点和缺点都非常明显。它虽然能够大幅扩大检索的覆盖范围，揭示当前检索内容和背后关联节点间的关系链条，但同时也消耗大量的计算资源，并可能在生成过程中引入过多无关的上下文信息。针对这些问题，业界已经提出了一些优化思路。

微软紧接着推出的 LazyGraphRAG 通过简化索引构建流程，大幅降低了计算成本。LazyGraphRAG 不再依赖于大模型来提取实体关系，而是使用 NLP 名词短语和共现关系来构建轻量级图谱，其索引成本仅为传统 GraphRAG 的 0.1%。在查询时，LazyGraphRAG 动态调用大模型进行相关性评估，并结合最佳优先搜索与广度优先搜索策略，得到了与完整 GraphRAG 相当的答案质量，但查询成本显著降低。

OG-RAG 通过引入领域本体（ontology），将文档映射为超图结构，利用贪心算法选择覆盖最多相关节点的超边，以生成紧凑的上下文。例如，在农业领域，通过定义"作物－土壤"等实体关系，以提高特定领域的查询精确性。

HyBGRAG 则结合了文本检索（向量搜索）和图检索（实体关系提取），并通过路由器和反思模块优化检索策略。若初始检索结果不够准确，大模型评论器会提供反馈，调整检索模块的选择，以此提高结果的可靠性。

GraphRAG 通过结构化知识图谱与大模型的深度融合，正在重塑信息检索与生成的范式。技术的演进正在不断平衡效率与质量，而行业应用也已渗透至医疗、金融等领域。未来，随着多模态扩展与自适应框架的成熟，GraphRAG 有望成为 AI 认知能力的核心引擎，推动更加智能和可信的生成式应用的发展。

10.2 上下文检索：突破传统RAG的上下文困境

上下文检索方法由 Anthropic 提出，旨在解决传统 RAG 系统中文本分块导致的语义隔离问题。该方法通过在嵌入前为每个文本块添加特定的解释性上下文，以增强检索效果，从而提高检索的准确性和生成内容的质量。

在上下文检索中，检索器不仅考虑用户查询的语义，还会结合会话历史、用户偏好、任务目标等上下文因素进行检索。当用户在连续对话中需要前几轮问答的背景信息时，例如，询问"公司在 2025 年第二季度的收入增长"，如果块信息仅包含"收入增长 3%"而缺乏公司名称和时间，则无法准确匹配用户的查询需求。

上下文检索通过以下方式自动将这些信息纳入检索范围，从而提供更加符合当前语境的文档。

- 上下文嵌入：在分块前，利用大模型为每个文本块生成 50 ~ 100 个 token 的上下文描述。例如，将"收入增长 3%"扩展为"该分块来自公司 2025 年第二季度财报，上季度收入为 3.14 亿美元，本季度增长 3%"。
- 上下文 BM25：将原始文本与上下文描述合并后建立 BM25 索引，以增强精准术语匹配的能力。

根据 Anthropic 的实验，通过混合检索策略结合语义向量搜索与 BM25，前 20 个相关块的检索失败率降低了 49%；如果进一步加入重排，则检索失败率可以额外降低 67%。同时，借助 Prompt Caching 技术，上下文检索能够一次性将文档加载到缓存中，从而减少重复调用大模型的 token 消耗。

在进行上下文检索时可能会面临动态更新的问题，可通过结合增量式图谱构建或滑动窗口策略来优化解决。

10.3　Modular RAG：从固定流程到灵活架构的跃迁

随着应用需求的不断增长，传统 RAG 系统的复杂性也在增加，这限制了其灵活性和可扩展性。正因为如此，咖哥在本书中对 RAG 组件进行了细致拆解，并针对各个组件给出了优化方向。

同济大学的高云帆博士等在论文《模块化 RAG：将 RAG 系统转变为类似乐高的可重构框架》中提出了模块化 RAG 框架，将复杂的 RAG 系统拆分为独立的模块（组件），形成高度可重构的架构，如图 10-3 所示。通过这种模块化设计，RAG 系统可以像乐高积木一样，根据具体需求进行灵活组装和调整。

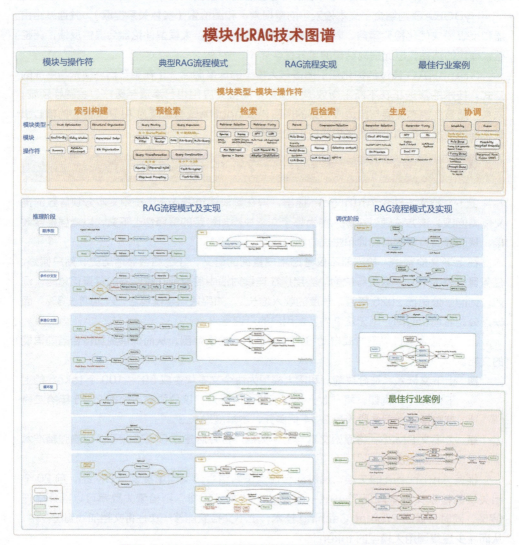

图10-3　Modular RAG把传统的RAG系统拆分成多个组件

这种设计超越了传统的线性"检索-生成"流程,引入了路由、调度和融合机制,支持更复杂的操作模式,如条件分支和循环处理。论文中给出了几种常见的 RAG 模式,如顺序型、条件分支型、多路分支型和循环型,并对其各自的实现细节进行了分析。

Modular RAG 面临的一个主要挑战是组件间的协调复杂度较高。为了应对这一挑战,通常需要引入 Agent 协作机制,例如,通过多智能体分工合作的方式,或者采用自适应决策模型来优化组件间的交互。Corrective RAG 中的自我纠正循环能够根据反馈自动调整检索和生成过程,从而提高系统的准确性和效率。

10.4 Agentic RAG:自主代理驱动的RAG系统

从 RAG 向 Agentic RAG 的过渡是一个重要趋势,这标志着系统从被动响应到主动参与信息检索和决策过程的转变。Agentic RAG 不仅能够被动地响应用户查询,还能够作为"智能代理"主动制订检索计划、选择信息源、质疑结果,并通过迭代优化提高输出质量。因此,RAG 系统从一种简单的工具演变为一种具备策略思考和决策能力的"智能信息交互体",能够主动为用户提供高质量的信息和解决方案。

Agentic RAG 通过引入自主代理实现了动态决策与任务规划,其核心模式主要包括以下 4 类。

- 反思模式:代理通过迭代评估自身的决策与输出质量来优化检索策略。例如,在医疗诊断中,代理根据患者反馈调整检索范围,提高诊断准确性。
- 规划模式:将复杂的查询分解为一系列子任务,实现多步推理。例如,金融分析代理可以规划"数据检索→趋势分析→风险评估"的流程,从而生成投资建议。
- 工具使用模式:集成外部工具(如 API、数据库等)以扩展自身的能力。例如,法律代理可以调用合同数据库与合规性规则库,生成法律意见书。
- 多智能体协作模式:多个专业化的代理分工协作,共同完成复杂任务。例如,在客服系统中,FAQ 检索代理、工单处理代理与情感分析代理可以协同工作,以提升响应效率和服务质量。

前面介绍的 CRAG、Self-RAG 和 RRR 都是对传统 RAG 系统的重要改进,它们也可以被视为迈向 Agentic RAG 的一部分。以下这些设计体现了 Agentic RAG 的特性。

- 对检索到的文档进行相关性评分。
- 在需要时重新优化查询。
- 利用网络搜索补充信息。

当初始检索的文档不够相关或全面时,Agentic RAG 能动态调整检索策略,例如,根据查询的复杂度切换单步或多步检索,从而显著增强系统回答复杂问题的能力。

10.5 Multi-Modal RAG:多模态检索增强生成技术

当信息不仅限于文本,还涵盖图像、音频、视频等多种模态数据时,就需要 Multi-Modal RAG(简称 MM-RAG、多模态 RAG)来处理。这类系统能够从图像中抽取特征向量进行检索,如从视频中选取合适的片段、从音频中提取关键字信息等,并将这些与文本检索结果融合，提供更全面的知识支持。

Multi-Modal RAG 通过整合文本、图像、音频等多模态数据，扩展了传统 RAG 系统的语义理解边界。其技术架构如下。

- 多模态编码器：使用如 CLIP（Contrastive Language-Image Pretraining，对比语言-图像预训练）等模型对齐跨模态语义，例如，将"红色跑车"文本与对应的图像关联起来。
- 动态检索策略：根据查询类型选择优先处理的模态。例如，在视觉问答场景中优先检索图像，并辅以文本描述。
- 跨模态融合：采用注意力机制整合来自不同信息源的信息，例如，在医疗报告分析中同时考虑影像和文本内容。

代表性的框架包括阿里巴巴的 OmniSearch 和 HyBGRAG。这些框架支持文本、表格、图像的混合检索，有助于减少大模型产生幻觉的情况，并通过结合图检索与多模态数据增强复杂推理能力。

典型的 Multi-Modal RAG 应用场景如下。

- 医疗影像分析：结合 CT 影像与病历文本生成诊断建议，例如肿瘤定位与分期分析。
- 工业质检：通过整合产品图像与缺陷数据库，实时检测生产线上的异常情况。
- 教育：实现多模态教材检索，例如，物理实验视频加上原理文本，促进交互式学习。
- 零售推荐：分析用户评论（文本）、产品图片（视觉）与购买记录（结构化数据），生成个性化推荐。

未来，Multi-Modal RAG 的发展潜力巨大。开发者可以利用轻量化多模态模型降低环境感知所需的算力，从而使消费级硬件也能高效运行。此外，通过引入动态路由机制，可以根据任务需求自动选择最优的模态组合，例如优先处理语音输入并输出为文本。

一个非常有前景的方向是 Agentic RAG 与 Multi-Modal RAG 的深度融合。例如，在自动驾驶领域，可以利用多模态代理实时整合路况图像、传感器数据与交通规则库，实现动态路径规划。同样，针对特定行业如医疗、制造等开发专用的垂直 MM-RAG 系统框架也显示出巨大的潜力。

10.6　小结

除了本章列出的新进展以外，RAG 领域不断涌现出新的范式和方法。下面简单列举其中的一小部分，希望能为读者提供一些启发。

- 图灵完备 RAG（Turing-Complete RAG，简称 TC-RAG）：旨在使检索过程具备可编程性，甚至接近图灵完备的能力。通过在检索流程中嵌入算子和编程逻辑，RAG 系统能够动态组合查询与数据处理步骤，从而完成复杂的推理任务。
- 迭代式检索（Iterative Retrieval，如 ITER、CRAG、Self-RAG 和 RRR 等）：在一次查询中多次调用检索模块，每次利用上一次的检索结果和生成器反馈来修正查询策略，逐步提高检索质量，使最终找到的文档更贴近用户期望。
- 自适应检索（FLARE 等方法）：依据系统状态、用户反馈、上下文变化动态调整检索策略，通过在线学习和动态优化，RAG 系统能随时间推移持续改进，不断提高检索准确性和实用性。
- IRCoT（Information Retrieval Chain-of-Thought）：将思维链理念引入检索环节，不仅返回结果文档，还能呈现检索路径和中间推理过程，帮助用户和上层生成模块更好地理解检索策略的来龙去脉，降低盲目性和误导性。
- PlanRAG：在检索阶段加入明确的规划逻辑，通过制订检索策略"计划"，例如，先查询特定领域的知识再拓展相关上下游知识点，使检索结果更有条理，便于生成器高效利用资源。
- T-RAG：在检索过程中引入任务分解与角色分工，将复杂任务切分为子任务，每个子任务由不同的检索器专门处理。然后汇总结果，为生成器提供多维度资料输入。
- AutoRAG：尝试对 RAG 流程进行自动化优化，通过自动选择最佳检索策略和参数，以及连续调优不同阶段的检索与生成模块，实现闭环优化，减少人工干预。
- RAFT：将检索信息引入大模型的微调过程。在模型训练阶段通过检索器提供的知识进行强化学习或监督微调，使模型在推理时天然具备"知识植入"特性，提高回答的准确性和实用性。

小冰：这些复杂检索策略和范式让 RAG 系统不仅仅是在内容的海洋中提取信息这么简单，而是具备了分层思考、灵活适应、多模态融合的能力。未来的 RAG 更像一个全能的信息经纪人，能够自动为用户筛选、分析并整合有价值的信息。

咖哥：正是如此。这些复杂策略的引入将 RAG 从传统的单一检索模式升级为一个多维度、多策略的知识获取和利用框架。它将与 AI Agent、MCP 以及其他大模型应用开发技术一起，为实现更高层次的智能交互铺平道路。

参考文献

[1] FAN W, DING Y, NING L, et al. A survey on RAG meeting LLMs: Towards retrieval-augmented large language models[C]//Proceedings of the 30th ACM SIGKDD Conference on Knowledge Discovery and Data Mining. New York: ACM, 2024: 6491-6501.

[2] LIN X V, CHEN X, CHEN M, et al. RA-DIT: Retrieval-augmented dual instruction tuning[EB/OL]. (2023-10-02)[2025-04-07]. https://arxiv.org/abs/2310.01352.

[3] GAO L, MA X, LIN J, et al. Precise zero-shot dense retrieval without relevance labels[EB/OL]. (2022-12-20)[2025-04-07]. https://doi.org/10.48550/arXiv.2212.10496. DOI: 10.48550/arXiv.2212.10496.

[4] KIM G, KIM S, JEON B, et al. Tree of clarifications: Answering ambiguous questions with retrieval-augmented large language models[C]//BOUAMOR H, PINO J, BALI K. Proceedings of the 2023 Conference on Empirical Methods in Natural Language Processing. Stroudsburg: Association for Computational Linguistics, 2023: 996-1009. DOI: 10.18653/v1/2023.emnlp-main.63.

[5] SARTHI P, ABDULLAH S, TULI A, et al. RAPTOR: Recursive abstractive processing for tree-organized retrieval[EB/OL]. (2024-01-18)[2025-04-07]. https://arxiv.org/abs/2401.18059.

[6] NOGUEIRA R, CHO K. Passage re-ranking with BERT[EB/OL]. (2019-01-14)[2025-04-07]. https://arxiv.org/abs/1901.04085.

[7] XU F, SHI W, CHOI E, et al. RECOMP: Improving retrieval-augmented LMs with compression and selective augmentation[EB/OL]. (2023-10-06)[2025-04-07]. https://arxiv.org/abs/2310.04408.

[8] JIANG H, WU Q, LIN C Y, et al. LLMLingua: Compressing prompts for accelerated inference of large language models[C]//Proceedings of the 2023 Conference on Empirical Methods in Natural Language Processing. Stroudsburg: Association for Computational Linguistics, 2023: 13358-13376.

[9] YAN S Q, GU J C, ZHU Y, et al. Corrective retrieval augmented generation[EB/OL]. (2024-01-29)[2025-04-07]. https://doi.org/10.48550/arXiv.2401.15884. DOI: 10.48550/arXiv.2401.15884.

[10] EDGE D, TRINH H, LARSON J. LazyGraphRAG: Setting a new standard for quality and cost[EB/OL]. (2024-11-25)[2025-04-07]. https://www.microsoft.com/en-us/research/blog/lazygraphrag-setting-a-new-standard-for-quality-and-cost/.

[11] SHARMA K, KUMAR P, LI Y, et al. OG-RAG: Ontology-grounded retrieval-augmented generation for large language models[EB/OL]. (2024-12-12)[2025-04-07]. https://arxiv.org/abs/2412.15235.

[12] LEE M C, ZHU Q, MAVROMATIS C, et al. HybGRAG: Hybrid retrieval-augmented generation on textual and relational knowledge bases[EB/OL]. (2024-12-16)[2025-04-07]. https://doi.org/10.48550/arXiv.2412.16311. DOI: 10.48550/arXiv.2412.16311.

[13] GAO Y, XIONG Y, WANG M, et al. Modular RAG: Transforming RAG systems into LEGO-like reconfigurable frameworks[EB/OL]. (2024-07-21)[2025-04-07]. https://arxiv.org/abs/2407.21059.

[14] JIANG X, FANG Y, QIU R, et al. TC-RAG: Turing-complete RAG's case study on medical LLM systems[EB/OL]. (2024-08-09)[2025-04-07]. https://arxiv.org/abs/2408.09199. DOI: 10.48550/arXiv.2408.09199.

[15] SHAO Z, GONG Y, SHEN Y, et al. Enhancing retrieval-augmented large language models with iterative retrieval-generation synergy[C]//Proceedings of the 2023 Conference on Empirical Methods in Natural Language Processing. Stroudsburg: Association for Computational Linguistics, 2023: 9248-9274.

[16] JIANG Z, XU F F, GAO L, et al. Active retrieval augmented generation[EB/OL]. (2023-05-06)[2025-04-07]. https://arxiv.org/abs/2305.06983.

[17] TRIVEDI H, BALASUBRAMANIAN N, KHOT T, et al. Interleaving retrieval with chain-of-thought reasoning for knowledge-intensive multi-step questions[C]//Proceedings of the 61st Annual Meeting of the Association for Computational Linguistics. Stroudsburg: Association for Computational Linguistics, 2023.

[18] ZHANG C, SHOEYBI M, CATANZARO B, et al. RankRAG: Unifying context ranking with retrieval-augmented generation in LLMs[EB/OL]. (2024-07-02)[2025-04-07]. https://arxiv.org/abs/2407.02485.

[19] LEE M, AN S, KIM M S, et al. PlanRAG: A plan-then-retrieval augmented generation for generative large language models as decision makers[EB/OL]. (2024-06-18)[2025-04-07]. https://arxiv.org/abs/2406.12430.

[20] ASAI A, WU Z, WANG Y, et al. Self-RAG: Learning to retrieve, generate and critique through self-reflection[EB/OL]. (2023-10-17)[2025-04-07]. https://arxiv.org/abs/2310.11511.

[21] YU T, ZHANG S, FENG Y. Auto-RAG: Autonomous retrieval-augmented generation for large language models[C]//Proceedings of the International Conference on Learning Representations (ICLR). Location: Publisher, 2025. https://openreview.net/

forum?id=jkVQ31GelA.

[22] FATEHKIA M, LUCAS J K, CHAWLA S, et al. T-RAG: Lessons from the LLM trenches[EB/OL]. (2024-02-07)[2025-04-07]. https://arxiv.org/abs/2402.07483.

[23] ZHANG T, PATIL S G, JAIN N, et al. RAFT: Adapting language model to domain specific RAG[EB/OL]. (2024-03-15)[2025-04-07]. https://arxiv.org/abs/2403.10131.

[24] MA X, GONG Y, HE P, et al. Query rewriting for retrieval-augmented large language models[EB/OL]. (2023-05-23)[2025-04-07]. https://doi.org/10.48550/arXiv.2305.14283.

后记　　一期一会

当我完成这本书的最后一页时,耳边仿佛仍有秋日微风轻轻拂过。就如同开篇时北京那金色的季节——银杏叶飘落,远处传来鸟鸣,那一刻恬然的画面,我希望留存在书的字里行间。即使书中探讨的是前沿技术与复杂系统,并深入解析了 RAG 这样精妙且务实的框架,我仍希望你在阅读过程中能感受到那一抹秋色的温暖。

我们的旅程始于法源寺附近,那里古韵悠长又不失现代都市的繁华。在一条充满人间烟火与历史沉淀的小巷中,我们开始了对技术与人文交织的回顾。从最初的疑问出发,随着小雪、咖哥和小冰等创业伙伴的对话,我们见证了从零开始构建 RAG 系统的全过程,探索了向量数据库的选择、嵌入模型的尝试以及生成策略的考量。每个环节的思考与权衡,都如同建筑师为心中理想的城市精心雕琢轮廓。在 RAG 系统的世界中,创新的火花与实践的努力相互交织,开拓者们怀着激情,手持画笔,在知识与文本的领域中挥洒创意。

学至此处,你也许已经对 RAG 系统形成了自己的理解。这本书并不是终点,而是要通过对 RAG 组件的拆解,使你在未来的旅途中面对未知时少一分迷茫、多一分从容。或许在明日清晨,你会亲手实验新的嵌入模型,尝试不同的分块策略,或在实践中将企业数据与技术相融合,创造出令客户与用户惊喜的智慧体验。

RAG 的检索范式在持续演进,新的架构、流程和体系不断涌现。如果你在 Google 学术或者 Arxiv 网站上搜索 RAG 这个关键词,每天都能发现大量新论文。这些微小的改进和新颖的思路,都在为读者和用户带来更贴近实际需求、更高质量的信息获取体验。技术不是冰冷的指令与代码行,它是架构师与实践者们心血的结晶,是他们思想的延续与理想的投射。

就像《黑神话:悟空》的故事为山西文旅增添了奇幻色彩一样,RAG 技术也将为知识获取的未来添上一抹亮色。当你合上这本书时,或许已经听到内心那个温柔而坚定的声音:我可以做得更多,我能够让信息的海洋变得更加清澈。我希望这段旅程能使你意识到,无论时代如何变迁,技术如何演进,我们所追求的始终是让理解更深刻、让交流更坦诚、让人与知识的关系更为生动自然。

感谢你在这段旅程中与我同行。每年通过一本书与咖哥、小冰、小雪及朋友们相聚,已成为我的日常、我的习惯、我生命中的一个重要部分。书虽已尽,思考未止。愿你在今后漫步于数据的长廊时,仍能保持心中的淡然与热忱,如同那秋风轻拂的小巷、那金色银杏树下的闲庭信步。愿你铭记,这一切的努力与创造,都源于人与信息对话时的纯粹渴望。期待未来的相遇更加精彩。

一期一会,我们下次再会。

黄佳 /DeepSeek/ChatGPT/Claude
2025 年春